小百科丛书

生活礼仪小百科

许庆龙　主　编

黄河水利出版社
·郑州·

图书在版编目(CIP)数据

生活礼仪小百科/许庆龙主编. —2版. —郑州:黄河水利出版社,2012.2
(小百科丛书)
ISBN 978-7-5509-0213-8

Ⅰ.①生… Ⅱ.①许… Ⅲ.①礼仪-少儿读物 Ⅳ.①K891.26

中国版本图书馆CIP数据核字(2012)第017820号

出 版 社:黄河水利出版社
地址:河南省郑州市顺河路黄委会综合楼14层 邮政编码:450003
发行单位:黄河水利出版社
发行部电话:0371-66026940、66020550、66028024、66022620(传真)
E-mail: hhslcbs@126.com
承印单位:河南地质彩色印刷厂
开本:787 mm×1092 mm 1/16
印张:13.5
字数:236千字　　印数:1—1 100
版次:2012年2月第2版　　印次:2012年2月第1次印刷

定价:28.00元

前　言

礼仪是人类为维系社会正常生活而要求人们共同遵守的最起码的道德规范，它是人们在长期共同生活和相互交往中逐渐形成，并且以风俗、习惯和传统等方式固定下来的道德规范。对一个人来说，礼仪是一个人的思想道德水平、文化修养、交际能力的外在表现；对一个社会来说，礼仪是一个国家社会文明程度、道德风尚和生活习惯的反映。重视、开展礼仪教育已成为道德实践的一个重要内容。

《生活礼仪小百科》是一本专门为少年儿童量身打造的有关生活礼仪的小百科全书，集知识性和适用性于一体。本书的核心内容是介绍一般日常生活礼仪、社交、工作及在公共场合的礼仪与国际礼仪，其目的在于使读者认识礼仪、了解人际和谐与社会秩序的重要性，熟悉生活礼仪的基本知识与规范，从而养成优雅的仪态与气质。

编　者

2011 年 9 月

目　录

前　言

第一章　礼仪概述

第二章　日常生活礼仪艺术

第三章　外交商业礼仪技巧

第一章　礼仪概述

礼仪的本质

人类区别于动物的一个显著特征是人类的社会性。人类的活动不但受着自然规律的影响和制约，而且受着社会规律以及由社会规律决定的各种社会规范的影响和制约。在这些社会规范中，除了道德规范和规律规范外，还有一个很重要的方面，这就是礼仪规范。礼仪，作为在人类历史发展中逐渐形成并积淀下来的一种文化，始终以某种精神的约束力支配着一个人的行为，从一个人对它的适应和掌握的程度，可以看出他的文明与教养的程度。因此，礼仪是人类文明进步的重要标志。

礼仪这门学科，具有非常丰富的内容和复杂的结构。为了正确理解和把握一系列礼仪规范，有必要先阐明礼仪的本质。

本质是一种规定，礼仪的本质规定，可以通过礼仪本身揭示出来。

礼仪的含义

在欧洲，“礼仪”一词最早见于法语的“etiquette”，原意是“法庭上的通行证”。

作为法庭，无论是在古代还是在现代，为了显示司法活动的威严性，保证审判活动能够合法有序地进行，总是既安排得庄严肃穆，又要求所有进入法庭的人员必须十分严格地遵守法庭纪律。例如，按照《中华人民共和国刑事诉讼法》和《中华人民共和国人民法院组织法》等法规规定，为了保证法庭的特有气氛和特殊秩序，开庭之前应由书记员当庭宣读法庭纪律。这些纪律包括：不准大声喧哗；未经审判长许可不准提问；未经法庭许可不准摄影、录像等等。

古代的法国法庭也有类似的规定，不过它不是当庭宣读，而是将其写在或印在一张长方形的“etiquette”即通行证上，发给进入法庭的每一个人，作为其入庭后必须遵守的规矩或行为准则。

在社会交往中，人们必须遵守一定的规矩和准则，这样才能体现人之所以为人的特有风范，才能保证文明社会得以正常维系和发展，所以当“etiquette”一词进入英文后，便有了“礼仪”的含义，即“人际交往的通行证”。后来，经过不断的演变和发展，“礼仪”一词的含义逐渐变得明朗起来。

中国作为一个具有悠久文化历史的文明古国，素有“礼仪之邦”之美称。“礼仪”一词，很早就被作为典章制度和道德教化使用。在古汉语中，“礼”主要包含三层意思：

第一，我国奴隶社会和封建社会的等级制度，以及与之相适应的一整套礼节仪式。如，《论语·为政》：“殷因于夏礼，所损益，可知也。”《礼记·曲礼上》：“礼不下庶人，刑不上大夫。”

第二，表示尊敬和礼貌。《左传·襄公二十二年》：“执事不礼于寡君（执事：指晋国国君。寡君：指郑国国君）。”

第三，礼物，即赠送的物品。《晋书·陆纳传》：“及受礼，唯酒斗，鹿肉一柈。”

在现代汉语中，“仪”既指容貌和外表，又指礼节和仪式。

现代文豪梁实秋先生在其《秋室杂文·谈礼》中说：“礼是一套法则，可能有官方制定的成分在内，亦可能有世代沿袭的成分在内，在基本精神上还是约定俗成的性质，行之既久，便成为大家公认的一套规则。”

日本也是一个讲究礼仪的国家。当代礼仪专家松平靖彦先生在日本全国社出版的《正确的礼仪》一书中认为：“礼仪是人们在日常生活中为保持社会正常秩序所需要的一种生活规范……礼仪本身包含了人们在社会生活中应遵守的道德和公德，人们只有不拘泥于表面的形式，真正使自己具备这种应有的道德观念，正确的礼仪才得以确立。”这是从礼仪和道德的相互关系来揭示礼仪的本质。

从古今中外对于礼仪的描述，我们可以发现，所谓礼仪，从广义上讲，指的是一个时代的典章制度；从狭义上讲，指的是人们在社会交往中，由于受历史传统、风俗习惯、宗教信仰、时代潮流等因素的影响而形成的既为人们所认同，又为人们所遵守，以建立和谐关系为目的的各种符合礼的精神、要求的行为准则或规范的总和。

礼仪的上述含义主要表达了以下几层意思：

第一，礼仪是一种行为准则或规范。礼仪表现为一定的章法。所谓

“入乡随俗，入境问禁”，就是说你要进入某一地域，你就要对那里的人的习俗和行为规范有所了解，并按照这样的习俗和规范去行动，这才是有礼的。礼仪与胡作非为是水火不相容的。

第二，礼仪准则或规范是一定社会的人们约定俗成、共同认可的。在社会实践中，礼仪往往首先表现为一些不成文的规矩、习惯，然后才逐渐上升为大家认可的，可以用语言、文字、动作来做准确描述和规定的行为准则，并成为人们有章可循、可以自觉学习和遵守的行为规范。

第三，讲究礼仪的目的是实现社会交往各方的互相尊重，从而达到人与人之间关系的和谐发展。在现代社会，礼仪可以有效地展现施礼者和受礼者的教养、风度与魅力，它体现着一个人对他人和社会的认知水平、尊重程度，是一个人的学识、修养和价值的外在表现。一个人只有在尊重他人的前提下，自己才会被他人尊重，人与人之间的和谐关系，也只有在这种互相尊重的过程中，才会逐步建立起来。所以，从某种意义上可以说，遵守礼仪是人获得自由的重要手段和途径之一。

礼仪的真谛及其发展

我们现在所说的礼仪，在我国古代就叫做礼。《康熙字典》里把礼解释为“履也，所以事神致福也”。说明古代的礼是人们祭祀天地、鬼神、祖先以求造福人间的仪式。古代的礼字是这样写的：“豊”。后来在它的左边加上了“示”，成了“禮”。这表明：第一，我国古代人十分重视礼仪；第二，必须严格地把礼与其他类似的东西区别开来。《周礼》中说：“礼也者，理之不可易者也。”孔夫子也曾经说过：“礼者，理也。”由此可见，古代人把礼仪理解为道理，讲礼就是讲理，讲礼仪就是讲道理，就是谦让、礼让之举。而这个道理不是其他什么道理，而是专指正确的人与人之间各种关系的道理。因此，礼仪就是人们在长期社会实践过程中不断总结提炼，而成为定型了的人与人之间应该遵守的规矩。这就是我们现在所说的礼仪的真谛。

据史书记载，我国自夏代开始，人们就逐渐总结出一些礼仪方式，这是我国礼仪的雏形。到了商代，礼仪已经被人们广泛接受，上至统治者，下至平民百姓无不讲究礼仪。周代时期，礼仪已经发展成为一种制度，达到相当完备的程度，在《周礼》和《仪礼》中都有许多记载。古代的礼仪，不论是奴隶制社会还是封建制社会都是纵向的，是等级制的礼仪制度，君臣、父子、长幼、男女的次序是绝对不能动摇的。此外，古代社会的礼仪还具有神秘性和迷信化的倾向，有些地方礼仪的宗教色彩相当浓厚。这些都是与当时的社会环境和提倡礼仪的动机紧密联系在一起的。因此，对古代社会礼仪的继承必须分清良莠，去粗取精，去伪存真，不可盲目崇拜，全盘吸收，照搬照抄。

处在当代国际环境条件下的中华人民共和国是社会主义制度，现在正在建立社会主义市场经济，所以在这种新形势和新环境里的礼仪修养是全方位的礼仪修养，既有纵向的，也有横向的，而且是以横向为主的礼仪修养。所谓纵向，是指上下级服从关系中的礼仪，民主集中制中的少数服从多数的礼仪。所谓横向，是指社会主义制度下的人人平等，只有分工的不同，没有高低贵贱之别。因此，我们现在所讲的礼仪修养是人与人之间的关系在平等基础上的相互尊敬，这是现代社会里礼仪修养的主体，也是我们所要学习的礼仪知识的主要内容。

现代社交礼仪的含义

现代社交礼仪泛指人们在社会交往活动过程中形成的应共同遵守的行为规范和准则。具体表现为礼节、礼貌、仪式、仪表等。

礼节即礼仪节度。礼本意为敬神，后引申为敬意的通称。《礼记·儒行》：“礼节者，仁之貌也。”礼节指人们在社会交际过程中表示致意、问候、祝愿等惯用形式。

礼貌指人们在相互交往过程中表示尊重、友好的行为规范。

仪式泛指在一定场合举行的具有专门程序、规范化的活动。《说文解字》说：“仪，度也。”本意指法度、准则、典范。后引申为礼节、仪式。

仪表指人的外表，包括容貌、服饰、姿态、举止等方面。

总之，现代社交礼仪是现代人们用以沟通思想、联络感情、促进了解的一种行为规范，是现代交际不可缺少的润滑剂。

一、现代社交礼仪的特点

现代社交礼仪的特点有以下几点。

（一）普遍性

古今中外，从个人到国家，礼仪无时不在，无处不在。凡是有人类生活的地方，就有各种各样的礼仪规范。远古时候，人类为了求生存要祭神以求保护，这种礼仪形式至今在一些偏僻地区依然存在，如春节时，家家户户要摆起烛台祭祖宗，祭天神、地神和灶神，以求来年风调雨顺，阖家幸福。这是人类一种美好愿望的寄托。尽管有封建迷信的色彩，但仍旧作为一种礼仪而存在。现代社交礼仪的内容已渗透到社会的方方面面，从政治、经济、文化领域，到人们的日常生活方面，礼仪活动普遍存在。比如，大到一个国家的国庆庆典，小到一个企业公司的开张之喜，再到人们日常生活中的接待、见面谈话、宴请等，都需要讲究礼仪规范，遵守一定礼仪行为准则。

礼仪是人类在社会生活的基础上产生的行为规范，全体社会成员均离不开一定的礼仪规范的制约。在生活中，许多礼仪是不随人的意志而转移的，它的存在本身具有很强的普遍性，无时无刻不约束着人们的行为规范，反映着人们对真、善、美的追求愿望。比如最简单的问候语："你好""再见"等，这几乎是全世界通用的一种问候礼节，具有绝对的普遍性。

（二）继承性

具有"礼仪之邦"的泱泱大国，人类的礼仪文化自然也源远流长。在礼仪发展的源流中，礼仪文化的发展是一个剔除糟粕、继承精华的过程。那些反映劳动人民的精神风貌、代表劳动人民道德水平和气质修养的健康高尚的礼仪得到了肯定和发扬，而那些代表剥削阶级帝王将相封建迷信的繁文缛节得以根除。比如，古代的磕头跪拜早已被现代的握手敬礼所替代，至于古代朝见天子所需的三跪九叩，也早已被抛进历史的垃圾堆。而那些"温良恭俭让""尊老爱幼"的行为规范则得到了弘扬。以往老人生日寿辰时，晚辈得行祝寿礼仪，置办寿辰酒宴以祝老人福寿无疆、万事如意；而如今的年轻人除了摆寿酒外，还在电台点歌、电视台点节目以祝老人生日快乐、寿长福远。这种变迁不仅反映了人类礼仪的一脉相承，也反映了礼仪在继承过程中得到了丰富发展，更突出了人类对那些代表礼仪本质东西的倾心向往。可见，礼仪的继承性必将随着人类历史的不断进步而发展。

（三）差异性

人说"百里不同风，千里不同俗"，不同的文化背景产生不同的礼仪文化，不同的地域文化决定着礼仪的内容和形式。我国疆土辽阔，是一个多民族的大家庭，不同的民族，其风俗习惯、礼仪文化各有千秋。就说见面问候致意的形式就大不一样，有脱帽点头致意的，有拥抱的，有双手合十的，有手抚胸口的，有口碰脸颊的，更多的还是握手致意。这些礼仪形式的差异均是由不同地方风俗文化决定的，具有约定俗成的影响力。

礼仪的差异性除了地域性的差异外，还表现在礼仪的等级差别上，对不同身份地位的对象施以不同的礼仪。同样是宴会，就会因招待对象的身份地位高低的差别而有所不同，身份和地位高的，可能就会受到更高级的款待，身份低的相对就低一等。

（四）时代性

礼仪作为一种文化范畴，必然具有浓厚的时代特色。任何时代的礼仪由于其时代的特色和内容，往往决定了它的表现。因为礼仪本起源于原始的祭神，所以人类最初的礼仪是从祭神开始的。例如，古代把裸体怀孕的妇女陶塑像作为生育女神来祭拜，这正是基于人类在蒙昧时期无法更好地保护自己而产生的强烈的对生殖崇拜的一种礼仪表现。

时代特色对文化冲击的烙印是巨大的，可以说，每个时代的文化正是时代变迁的缩影，而礼仪文化也如此。如辛亥革命的爆发，猛烈地冲击了封建社会的上层建筑及其意识形态，也影响了人们的日常生活，于是就造就了一代新风尚。据 1912 年 3 月 5 日时报记载："清朝灭，总统成，皇帝灭……新礼服兴，翎顶礼服灭，剪发兴，辫子灭，爱国帽兴，瓜皮帽灭，放足鞋兴，菱鞋灭，鞠躬礼兴，跪拜礼灭，卡片兴，大名刺灭……"

可见，礼仪文化是一个时代的写照。如"文革"时期，清一色的服饰文化正是当时人们思想行为统一到一个文化模式中的反映。而现在丰富多彩的服饰文化也正是现代人丰富内心世界的反映，也是社会改革开放的投影。

（五）发展性

时代在不断地前进，礼仪文化也不是一成不变的，而是随着社会的进步而不断发展。一方面，礼仪文化随时代的不断进步而时刻发生着变化。如现代人所拍发的礼仪电报、电视点歌祝寿、贺喜等礼仪形式就是时代进步而产生的新生事物。另一方面，随着国家对外开放的不断扩大，各国的政治、经济、思想、文化等诸多因素的互相渗透，我国的传统礼仪自然也被赋予了许多新鲜的内容。礼仪规范更加国际化，礼仪变革向符合国际惯例的方面发展。如何形成一整套既富有我们国家自己的传统特色，同时符合国际惯例的礼仪规范已成为必需。这种礼仪文化的培养和形成有助于我们国家走向世界，更好地与国际接轨，成为地球村上一个真正的礼仪之邦。

礼仪规范的发展是与时代精神密切地结合在一起的。礼仪文化的发展受时代发展变化的推动，因此时代在前进，礼仪文化的内容自然也会得到很好的发展。由此可见，时代性、发展性和继承性都是相辅相成的。总而言之，随着时代的不断进步，人类的礼仪规范必将更为文明、优雅、实用。

二、学习现代社交礼仪的意义

现代社会文明程度的提高，自然促进了人的素质的提高，高素质的人对礼仪文化也就更加重视。在当今社会，学习现代社交礼仪具有深远的意义。

（一）学习礼仪是适应对外开放的需要

对外开放的国策打破了长期封闭的环境，使得人们深刻地意识到“坐井观天”只做“井底之蛙”已难以适应形势，唯有从井底跳出，走出国门、走向世界，才是现代人应有的思想观点。要从狭小封闭的环境中走出来，除了应具备一些必备的专业技能外，还必须了解与人相处的法则和规范。这些规范就是社交礼仪。礼仪的学习能够帮助你顺利地走向社会，走向世界，能够使你更好地树立起自身的形象，在与人交往中给人留下彬彬有礼、温文尔雅的美好印象。

（二）学习礼仪是适应市场经济发展的需要

市场经济的发展带来了大范围的分工协作关系和商品流通关系，促进了人与人之间、组织与组织之间、地域与地域之间的相互依赖和相互合作，同时带来了激烈的市场竞争，“皇帝女儿不愁嫁”“酒香不怕巷子深”的局面已一去不复返。对于一个企业或服务行业而言，就更需要积极地适应这种由“卖方市场”向“买方市场”的转变，而这种转变总是需要具体的人去实施、操作的，若这些实践者不懂得现代的社交礼仪，那么就很难在市场上站稳脚跟。比如说一个推销员上门推销产品，如事先不敲门径直而入，那是不礼貌的，甚至会被人误解。所谓“礼多人不怪”，在市场经济的氛围下，人们不管是为自己还是为组织均应更多地了解学习社交礼仪的知识，帮助自己顺利走向市场、立足市场。

（三）学习礼仪是适应现代信息社会的需要

现代信息社会飞速发展的传播沟通技术和手段日益改变着人们传统的交往观念和交往行为，尤其是人们交往的范围已逐步从人际沟通扩展为大范围的公众沟通，从面对面的近距离沟通发展到了不见面的远程沟通，从慢节奏、低频率的沟通变为快节奏、高频率的沟通。这种现代信息社会的人际沟通的变化给人类社交礼仪的内容和方式均提出了更高的要求。如何在这种沟通的条件下实现有礼有节的交往，去实现创造“人和”的境界，这是学习礼仪的另一意义。

（四）学习礼仪是争做现代文明人的需要

我们生活在社会主义大家庭中，人人均是大家庭的成员。我们国家提倡每个公民均应争做“四有”新人，即做一个有道德、有文化、有纪律、有知识的人。要争做“四有”新人，那么掌握必要的礼仪知识也是其中的一个方面。我们经常会对擦肩而过的一位女士或先生行注目礼，这是因为他们高雅的气质或潇洒的风度深深吸引了我们。那么如何在与人交往中，给人留下好印象呢？最基本的一点就是多学一点社交礼仪，它可以免除你在交际场上的胆怯与害羞，它可以指点你交际场中的迷津，它可以给你平添更多的信心和勇气，使自己知礼懂礼，做一个有教养的、有礼貌的、受人欢迎的现代人。

现代社交礼仪的职能

社交礼仪作为人类的行为规范和准则，必然具有其内在的职能。社交礼仪具有四大职能：第一是塑造形象，第二是沟通信息，第三是联络感情，第四是增进友谊。

一、塑造形象

塑造形象是现代社交礼仪的第一职能，包括塑造个人形象和组织形象两方面。

人类生活在大千世界中，与世界存在着息息相关的各种人际关系。人际关系其实也是一种社会关系，它有两方面内容：一是人人均生活在一定的国家，归属于一定的民族和阶级，因而人人都处于一种宏观关系中；二是人人都有自己的亲朋好友同事等人际联系，因而人人均处于一种微观关系中。在社会生活中每个人均以自己特定的身份和角色去与人相处。有时人们以个人身份去待人接物，此时表现的纯粹是个人形象，而有时人们又以个人形式代表组织去与人相处，此时表现的就是组织形象，故人们在现代社会交往中，总是以两种形象出现：一种是个人形象，一种是组织形象。社交礼仪就其职能而言，不仅能帮助树立良好的个人形象，还能帮助树立优秀的组织形象。

（一）个人形象塑造

在人们社会生活的大部分时间里，人们往往以个体形象出现在生活中，人类大部分时间是代表着自身的存在意义，比如生活在家庭中，生活在朋友之间，人们总是以自身最好的形象去表现，但有时人与人之间互相相处时，也会出现诸多障碍，某某不拘小节，某某不知礼、不知情，某某行为粗暴、态度恶劣等等。那么如何才能使自己的生存更有意义，做一个受欢迎、受喜欢的人呢？标准和条件均是多样化的，有人喜欢潇洒的风度，有人喜欢高雅的气质，有人喜欢率直的个性，有人喜欢有板有眼等等。总而言之，青菜萝卜各有所爱，但是不管怎么说，社交礼仪总能帮助你塑出可爱的个人形象。

何况当今社会，在人们普遍重视气质的前提下，人们也普遍重视起人类量的方面的诸多标准。这些标准就是社会礼仪的规范，那么什么样的个人形象才是受欢迎的呢?

一般而言，一个具有高尚情趣、优雅气质、潇洒风度的人总是备受欢迎的。

高尚情趣，指一个人的性情和志趣高远不低俗。要培养自己高尚的情趣，就得知情知礼，不懂礼不知礼者难成高尚之人。所谓彬彬有礼，然后君子也。比如，一个人唯有懂得尊重他人，才能在生活中与人为善，处处为他人着想。在行动上，才能乐于助人、不计报酬。如果一个人时时想着自己，心中没有他人，生活中势必斤斤计较、寸利必争，甚至为此还会损公肥私，乃至飞扬跋扈、为非作歹。这种人，自然就是一个心胸狭隘、情趣低劣的小人。

一个富有高尚情趣的人，必然是一个心胸开阔、心底无私的君子。他既懂得外在礼仪方面的涵养，更注重内在品质的锤炼。

优雅的气质，即个人的一种吸引人的个性特征。气质本是心理学的一个概念，指个人典型稳定的心理特征，是构成个人个性的组成部分。不同的人就有不同的气质，不同气质的人看待问题和处理问题的方法又不同，即待人接物的礼仪就会有差异。如何发扬个人气质的长处，运用礼仪的手段来弥补气质的短处呢?

根据古希腊医学家希波拉底的研究，把人的气质分为四种，即胆汁质、多血质、黏液质和抑郁质。

一般而言，胆汁质类型的人，为人直率、热情、精力旺盛、勇敢、敢于承担责任，但情绪易激动，脾气暴躁，有时甚至独断专行，故在社交场合中，容易获得他人好感，不容易得罪他人。这种脾性的人就应该特别注意发扬优点，避免自己的弱点，在社交场合，应该特别注意控制自己的性情，遇事不要过分急迫而自信，多一份谦虚、容忍。在与他人交谈时，多听少讲，做一个热情的听众比热情的说客更好。

多血质类型的人，往往活泼好动，情感丰富而外露，反应迅速敏捷，但注意力不集中，兴趣多变，做事有时虎头蛇尾，甚至投机取巧。在社交场合，往往很容易投入，也能成为社交中心人物，但难以持久。因此，要求这种人应该特别注意培养自己的恒心和耐心，以诚取信，凡事要持之以恒，以“认真”二字去对待人和事，以取得他人的信任。

黏液质类型的人，往往沉静，稳重，少言谈，能忍耐，情感内向，反应较慢，比较固执，不易接受新事物。这种人在社交场上很难顺利入圈子，交际不广。因此，要想做一个受欢迎的人，应适当改变一下自己的脾性。如在与人相处时，多一些热情，多一分信心，礼字当头，礼多人不怪。你知礼行礼，那么即便你少言寡语一些也仍然会受欢迎的。

抑郁质类型的人，往往感情细腻丰富，善于察觉别人未觉之事。但往往又孤僻，心事重重，不善交际而孤芳自赏，行动迟缓，刻板、守旧。这种人往往很难打开交际的场面，要想改变现状，唯有努力改变一下自己的个性，多与人交往，多参与各种社交活动，让现实逐渐打破自己气质抑郁的枷锁，争取塑造一个崭新的个人形象去面向社会。

潇洒的风度是指一个人受人欢迎的内在素质修养和他外部行为的总称。这种风度具体表现在人的形态、言谈、举止、装束打扮等方面，这是生活中逐步凝练而成的，并不是一蹴而就的。个人形象是否优美，很大程度上是通过个人的风度体现出来的。比如一个人的言谈举止如果得体优雅、风趣幽默，那么大家会认为他很美。同时，如果他在装束打扮上非常邋遢，不整洁，那么即便他言语幽默，同样也是不美的。可见，个人形象之美是多方面的，不仅需要有丰富的内涵，也需有外在的表现。现代社交礼仪不仅可以丰富你的内涵，同时可以教会你许多外在的礼仪规范，使你成为一个真正受欢迎的人。

（二）组织形象塑造

我们说，人是社会的人，大部分的人总隶属于一个部门、一个公司，即人是组织化的个人。人在工作中，往往代表着自己为之工作的组织的利益，显然，工作中的各种形象也就代表着组织的形象。比如，你作为一个秘书，你的职业角色决定了你的工作性质，自然也决定了你应有的组织形象。工作时，你更多的是属于组织的，故你的待人接物必须注重组织规定的礼仪要求。与个人交往时，你若不喜欢交往的对象，那么你就可以不必与之交往。但在工作中，你没权选择，工作的需要，组织的形象，是首选的条件。所以，在现代组织管理中，均特别强调员工对组织的忠诚心和责任心。这种忠诚心和责任心在个人的工作中均应得到充分的体现。如得不到充分体现，那么你个人所代表的组织形象是不佳的，由此会给你所代表的组织带来损害。很简单的一个例子，一个公司电话总机接线员的声音就具有很强的渗透性。如声音是温文尔雅、彬彬有礼，自然留给客人的印象是组织形象优秀；相反，印象就很差。因此，从组织角度出发，无论是领导还是员工，应有强烈的形象意识。

商品社会，形象就是对外交往的门面和窗口，良好的组织形象可以给组织带来无穷的社会效益。从礼仪角度而言，任何组织内的个人，均应重视社交礼仪的学习和再教育，自觉掌握现代社交礼仪的常识，为塑造良好的组织形象服务。

二、沟通信息

沟通信息是现代社交礼仪的第二职能。

礼仪行为是一种信息性很强的行为，每一种礼仪行为均可以表达一种甚至多种信息。根据礼仪表现的方式，可以把礼仪分成三种类型：一种是言语礼仪，一种是行为表情礼仪，一种是饰物礼仪。这三种类型的礼仪行为均具有很强的信息性。

（一）言语礼仪

言语礼仪是指通过口头或书面语言的方式表达的一种礼仪，即直接用语言来传达的某种礼节，比如，问候语“你好”“早安”“身体好”“万事如意”等等。这种礼貌问候语本身就包含一种很强的信息，通过语言本身的字面含义传递给对方这样一种信息，或是祝福，或是尊重，或是一般性礼貌，或是一种随意的问候等等。

（二）行为表情礼仪

行为表情礼仪是指通过人的身体语言来传情达意的一种礼仪行为。人的身体语言属非自然语言，也称无声语言，有时也称“态势语”“体态语”等。它泛指人际沟通中除语言信息外的一切由人类行为所产生的信息。它可作为人们传情达意的一种重要辅助的工具。如果说人的有声语言是人的思想的物质外壳，那么人体语言可以说是人的行为和情感的物质外壳。按照美国心理学家、人类学家霍尔的看法：无声语言所显示的意义要比有声语言多得多、深刻得多。国外心理学家甚至提出这样一个公式：一个信息的传递 = 7% 词语 +38% 语音 +55% 表情。我们且不论此公式有多大科学性，但它强调无声语言在人际传播中所占的比例是很大的。像手势语言，在人际传播中所占的比例是有很大现实性的。握手是社交活动中最频繁的动作，而不同的握手姿势所表达的信息显然不同：如用双手紧紧握住对方并使劲摆动，自然表示了一种久别重逢或深深的感激或浓浓的鼓励；如松松垮垮握一下对方的手，可能传达不重视或希望快结束等等的信息。可见，手势的不同，传递的信息是全然不同的。因此，要求人们既要通过态势语言准确地表达自己所想传达的信息，同时得学会准确地猜度他人传递给你的信息。唯有如此，才能在社交活动中，如鱼得水，顺利地步入社交圈子。

（三）饰物礼仪

饰物礼仪是指通过服饰、物品等表达思想的一种礼仪。在社会活动中，人们经常通过服饰打扮或各种物品来传情达意，表达一种礼仪。不同的饰物所具有的礼仪信息是不同的。比如红色衣服适合喜庆场合，黑色衣服适合隆重、庄严的场合，白色表示纯洁、高尚等等。又如现在社交场合盛行的送花礼仪就特别有讲究。花作为一种礼物，在历史发展中，人们已赋予花许多象征意义，所谓的"花语"也即花所能代表传递的信息。比如，在欧洲一些国家中，人们习惯用一枝红蔷薇表示求爱。如回赠一枝香石竹就表示拒绝，紫藤花表示喜欢，水仙花表示尊敬。送一枝并蒂莲，表示夫妻恩爱；送一枝红豆树，表示使人最相思等。在社交活动中，应多多了解"饰物语言"，通过饰物来传情达意，往往能达到"此时无声胜有声"的境界。

三、联络感情

联络感情是社交礼仪第三大职能。

礼仪是人们在社交活动中形成的行为规范和准则，表现为一些礼节、礼貌、仪式等。这些礼节、礼貌在社交活动中不仅表示一种礼数，更主要的目的是联络双方的感情，为个人或组织营造一种和睦的人际环境和顺畅的社会氛围。比如，现代社交礼仪中的宴会礼仪，它作为招待亲朋好友迎来送往的一种礼节，首先表达的是一种礼数。这种礼数的目的是联络双方的感情，增进彼此的了解和信任。宴请已成为社交场合的一种有效的礼仪手段。

联络情感不仅是社交礼仪的重要职能，也是社交礼仪的一个重要特征。一方面，表达感情、联络情感既是社交礼仪的重要目的；另一方面，行使礼仪行为的基础又必须是情感。因此，情感既是行使礼仪的基础，又是礼仪的重要职能。所谓有感而发，礼仪行为也如此。一定的情感基础，才能产生和颜悦色的礼仪行为。否则，礼仪只不过是一套僵化的程序和手段而已。我们在一定的社交场合，向对方施行礼仪行为时，只有在真挚的感情基点上，发生出一系列的行为，才能让对方感受到你的行为是真诚的、友好的。否则就会产生虚情假意之嫌。比如与他人握手时，你心里还想着刚才发生的另一件事，以至于你的眼神也是不专注的，手势也是无力的，这样的握手势必让对方感受到你缺乏真诚，让人觉得不够重视，也许一次很好的机会因此而丧失。长此以往，就会给你的社交生活带来重大损失。因此，必须充分认识社交礼仪的"情感"特征。

社交礼仪最重要的情感特征是真诚。以真诚的心换取他人之心，以真诚的行为款待他人，以真诚的语言取悦他人。真诚是社交成功的一半，所以在社交场合，尤其需要付出自己一颗真诚的心，方能收获温暖。由此，礼仪联络感情的职能才能得到尽情地发挥。

四、增进友谊

增进友谊是现代社交礼仪的又一职能。现代社会由于通信和传媒的发展，人与人的交往更多地被现代高科技取代，面对面的人际交往相对减少。一般而言，面对面的人际交往更能加强相互的了解，增进双方的友谊，故在现代社交中，社交礼仪往往能更快更顺利地带人进入社交的境界，为双方的交往带来意想不到的成功，能迅速地增进双方的友谊，为此后的友好发展铺平道路。

社交礼仪增进友谊的职能有两个方面：一是在个人的社交圈子中，能为个人交往架设友谊桥梁；二是在组织的相互交往中，能为组织之间互相了解、增进友谊带来便利。

某人在省级机关某部门工作，接到某校的一份请柬，特邀其参加该校举办的一次隆重的庆典活动。但他准时到达校门口时，不但没有得到应有的接待，反而被学校门卫拦住审问了很长时间。之后，虽放他进校，来到庆典的地点，居然没有专门人员迎接。等了很长一段时间，也没有得到引导安排。于是他心情沮丧地离开了会场。这样一件事，后果是可想而知的。从这个学校发出请柬的出发点而言，自然是诚意可取，目的是想通过举办一次庆典活动，达到联络各方面的目的。然而由于在庆典的筹划中，许多应有的礼仪没有得到足够重视，连起码的接待、司仪人员也没有。这样一来，不仅原先的目的达不到，反而产生了更糟糕的影响。往好处想，全当是工作疏忽；往坏处想，客人会以为厚此薄彼，只重视所谓重要的客人，而忽视一些别的客人。从礼仪角度而言，凡是被邀请的客人，均是贵宾，理当得到足够的重视，唯有如此，才能起到加强联系、增进友谊的目的。而往往很多的时候，一次礼仪行为不慎，就会带来负面影响。就说刚才所述的例子，如果这位被邀请的朋友对此事耿耿于怀，那么以后如果该校有事相求，自然进展就不会顺利，甚至于也会遭受同样的“礼遇”。

社交礼仪增进友谊的职能是显而易见的，在社交场合中，唯有慎重处理各种礼仪行为，了解各类场合的不同礼仪，方能起到事半功倍之效。

现代社交礼仪的原则

在社交场合中，如何运用社交礼仪，充分发挥礼仪应有的效应，从而创造最佳人际关系状态，这同遵守礼仪原则密切相关。

一、真诚尊重的原则

苏格拉底说：“不要靠馈赠来获得一个朋友，你须贡献你诚挚的爱，学习怎样用正当的方法来赢得一个人的心。”可见，在与人交往时，真诚尊重是礼仪的首要原则。只有真诚待人，才是尊重他人；只有真诚尊重，才能创造和谐愉快的人际关系。真诚和尊重是相辅相成的。

真诚是对人、对事的一种实事求是的态度，是待人真心实意的友善表现。真诚和尊重首先表现为对人不虚伪、不骗人、不侮辱人，所谓“骗人一次，终身无友”；其次表现为对于他人的正确认识，相信他人、尊重他人，所谓心底无私天地宽，真诚的奉献，才有丰硕的收获，只有真诚和尊重方能使双方心心相印，友谊地久天长。

当然，真诚和尊重是重要的，然而在社交场合中，真诚和尊重也会出现许多误区：一种是在社交场合，一味地倾吐自己所有的真诚，甚至不管对象如何；一种是不管对方是否能接受，凡是自己不赞同的或不喜欢的一味地抵制排斥，甚至攻击。如果在社交场合中，陷入这样的误区也是很糟糕的。因此，在社交中，必须注意真诚和尊重的一些具体表现，在你倾吐忠言时，有必要看一下对方是否是自己真能倾吐肺腑之言的知音，如对方压根儿不喜欢听你的真诚心声，那你就徒劳了。另外，如对方的观点或打扮等你不喜欢、不赞同，也不必针锋相对地批评他，更不能嘲笑或攻击，你可以委婉地提出或适度地有所表示或干脆避开此问题。有人以为这是虚伪，非也。这是给人留有余地，是一种尊重他人的表现，自然也是真诚在礼貌中的体现。就像在谈判桌上，尽管对方是你的对手，也应彬彬有礼，显示自己尊重他人的大将风度。这既是礼貌的表现，同时也是心理上战胜对方的表现。要表现你的真诚和尊重，在社交场合，切记三点：给他人充分表现的机会，对他人表现出你最大的热情，给对方永远留有余地。

二、平等适度的原则

在社交场上，礼仪行为是表现为双方的。你给对方施礼，自然对方也会相应地还礼于你，这种礼仪施行必须讲究平等的原则。平等是人与人交往时建立情感的基础，是保持良好的人际关系的诀窍。平等在交往中，表现为不要骄狂，不要我行我素，不要自以为是，不要厚此薄彼，更不要傲视一切、目空无人，更不能以貌取人，或以职业、地位、权势压人，而是应该处处时时平等谦虚待人，唯有此，才能结交更多的朋友。

适度原则即交往应把握礼仪分寸，根据具体情况、具体情境而行使相应的礼仪。如在与人交往时，既要彬彬有礼，又不能低三下四；既要热情大方，又不能轻浮谄谀；要自尊却不能自负；要坦诚但不能粗鲁；要信人但不能轻信；要活泼但不能轻浮；要谦虚但不能拘谨；要老练持重但不能圆滑世故。

三、自信自律原则

自信的原则是社交场合中一个心理健康的原则，唯有对自己充满信心，才能如鱼得水、得心应手。自信是社交场合中一种很可贵的心理素质。一个充分自信的人，才能在交往中不卑不亢、落落大方，遇到强者不自惭，遇到艰难不气馁，遇到侮辱挺身反击，遇到弱者伸出援手；一个缺乏自信的人，就会处处碰壁，甚至落花流水。

自信但不能自负。自以为了不起、一贯自信的人，往往就会走向自负的极端，凡事自以为是，不尊重他人，甚至强人所难。那么如何剔除人际交往中自负的劣根性呢？自律原则正是正确处理好自信与自负的又一原则。自律乃自我约束的原则。在社会交往过程中，在心中树立起一种内心的道德信念和行为修养准则，以此来约束自己的行为，严于律己，实现自我教育、自我管理，摆正自信的天平，既不必前怕狼后怕虎而缺少信心，又不能凡事自以为是而自负清高。

四、信用宽容的原则

信用即讲究信誉的原则。孔子曾有言："民无信不立，与朋友交，言而有信。"强调的正是守信用的原则。守信是我们中华民族的美德，在社交场合，尤其讲究：一是要守时，与人约定时间的约会、会见、会谈、会议等，决不应拖延迟到；二是要守约，即与人签订的协议、约定和口头答应他人的事一定要说到做到，所谓言必信，行必果。因此，在社交场合，如没有十分的把握就不要轻易许诺他人，许诺做不到，反落了个不守信的恶名，从而会失信于人。

宽容的原则即与人为善的原则。在社交场合，宽容是一种较高的境界，《大英百科全书》对"宽容"下了这样一个定义："宽容即容许别人有行动和判断的自由，对不同于自己或传统观点的见解的耐心的公正的容忍。"

宽容是人类的一种伟大思想，在人际交往中，宽容的思想是创造和谐人际关系的法宝。宽容他人、理解他人、体谅他人，千万不要求全责备、斤斤计较，甚至咄咄逼人。总而言之，站在对方的立场去考虑一切，是你争取朋友的最好方法。

现代社交礼仪的类型

礼仪是人们交际过程中的一些行为规范和行为方式，其内容表现的形式是多种多样的，就礼仪使用媒介划分，可以把礼仪表现分为语言类礼仪、身体语言类礼仪、饰物类语言礼仪、酒宴类礼仪。

一、语言类礼仪

根据《辞海》的解释：语言即人类所特有的用来表情达意、交流思想的工具，由语音、词汇、语法构成的符号体系，有口语和书面语之分。由此，语言类礼仪又可以分为语音类、口语类和书面语类三种礼仪形式。

语音类礼仪指通过不同的语音来表示礼仪的意思，即通过声音的高低、音色、语速、声调来暗示不同的意义。比如，同样是一个“先生，早上好”，如用不同的语音来表达，那么所传递的含义就有所不同。如采用一种平淡的、毫无激情甚至是很低的音调来表达的，同用亲切的、富有激情的、高昂的音调所传递的含义就有差距。但很多时候，语音类的礼仪不是独立使用的，而是同另外两种礼仪结合产生作用。而正确使用语音类礼仪显得特别重要。其中应特别注重声音的独特功能。首先声音的表达要让人感到真实、朴实、自然，切忌装腔作势、嗲声嗲气；其次音量要控制得当，需轻柔时勿高昂，需低沉时勿喧哗。总之，一般情况下，首先音量要以适中为宜，其次音调要注意抑扬顿挫、和谐悦耳。

口语类礼仪是通过口头语言的方式所表达的各种礼仪，即以谈话的方式表示礼节。这种礼仪往往被使用在人际交往中，与人相见会谈，首先要互相问好，会谈结束，要互相道别，这均是通过口头语言来表达的，故在迎来送往时，口语类礼仪是最常见的。口语类礼仪表达要注意时间原则、地点原则、对象原则。所谓时间原则，即不同的时间应有不同的口语礼仪。比如白天上班时间和晚会时的口语礼仪就不同，上班时，同事相见问声好便可，如在晚会上，那么口语礼仪就应相对复杂些，除了问好外，还可以进行适当的交流。地点原则即不同的地点口语礼仪的表达就应有所区别。对象原则即不同的人就应有不同的口语礼仪表示。不同民族、不同国家的人自然有所不同，同一个国家的人，也可能因年龄、职位等的不同而有所区别。

书面语类礼仪是通过书面语的方式表达的礼仪。这种礼仪不是直接在面谈时表现的，而是在非面对面人际交往时所运用的。书面语类礼仪往往通过感谢信、贺电、函电、唁电、请柬、祝词等礼仪书信形式来传情运意。书面语类礼仪的形式有两大特点：①礼节性。书面语类礼仪是为了表示一定的礼仪而行使的礼仪，所以在交往中，尤其讲究礼到情到。礼尚往来，如对方有祝贺信来，你就应有相应的感谢信去，以表示应有的礼节。②规范性。书面语类礼仪均有一定的规范，什么场合用什么礼仪均有讲究。每一种礼仪自身从内容到形式又有其特定的要求，尤其是语言上更有特别的讲究，即语言表达要准确、简练、有分寸。所谓语言准确，就是表达时要正确、明白，不得有误，特别要注意各种形容词和副词的运用，欢迎词和答谢词应有明显区别。简练即语言表达应简明扼要，切忌啰嗦重复。有分寸指语言表达要适度，既不要伤害对方，又不能损伤自尊心。在语言表达上把握情和理的分寸。

二、身体语言类礼仪

身体语言类礼仪即通过人的身体各部位所表现出来的礼仪行为。人的身体语言包括表情语言和动作语言两大类。由此，身体语言类礼仪也可以划分为表情语言类礼仪和动作语言类礼仪两种。

表情语言类礼仪指通过人的脸部各种各样的表情来传递的礼仪。人的脸部表情是人世间最丰富多彩的一道风景线。一个人的脸部表情包括眼、眉、嘴、鼻、颜面肌肉的各种变化以及整个头部的姿势等。人的五官除耳朵无法支配外，其余皆能通过大脑来随意地表现特定的情感，比如人的眼睛，是人的表情语言中语汇最丰富的。我们常说眼睛是心灵的窗户，眼睛能传达心灵的喜怒哀乐，“眼语”就像灵魂的一面镜子。心理学家研究表明，人在兴奋时，瞳孔会马上放大，甚至可以放大到平常的4倍。相反，人在生气难过时，瞳孔就会缩小。在与人交往时，往往可以通过“眼语”观察对方是喜欢你、支持你，还是讨厌你、反对你。一般来说，深沉的注视表示崇敬，横眉冷眼指仇敌，眉来眼去指情人暗送的秋波。

在人际交往中，人的脸部表情是交往时的门面和窗口，通过脸部表情所传达的礼仪往往是最真切、最直接的。可想而知，一个拉长面孔的人向你连呼“欢迎”，是丝毫激不起你的好感的。可见，在社交场合中，我们应适时地动用我们的表情语言类礼仪，为自己创造出更美好的情景。

动作语言类礼仪指通过人的各种身体动作传达的礼仪。人的身体动作非常多，有手语、肩语、腿语、腰语、足语等等。中国人常用手舞足蹈、措手不及、手忙脚乱、拍手称快、赤手空拳、搓手顿脚、袖手旁观、握手言欢等动作语言来表达人的思想行为。在人际交往中，这些动作语言所显示出来的礼仪是非常常见且有深意的。所以，我们必须了解这些语言礼仪的具体含义。比如人的“手语”是语义最丰富的动作语言，各种场合均少不了“手语”的作用。人们在谈话中，可以借用“手语”来辅助有声语言难以表达的意义；在谈判和演讲中，“手语”的作用更为关键，故人们常常用手来表示各种各样的情感。如中国人跷起大拇指表示赞扬，伸出小拇指表示鄙视，在人背后指指点点表示不礼貌等。西方一些民族则把拇指朝上表示“好”，朝下表示“坏”。向上同时伸出中指和食指成“V”字，表示胜利；用拇指和食指圈成“O”形表示“OK”。总而言之，动作语言所表示的礼仪是丰富多彩的。我们应根据具体场合、对象和时间等来施行这种动作语言礼仪。

三、饰物类语言礼仪

饰物类语言礼仪指通过服饰、物品等非语言符号表达一定的思想和情感意义的礼仪行为。一种是由服装、饰物、化妆美容等代表的礼仪，一种是通过各种物品代表的礼仪。

服饰和物品作为一种非语言符号，在现实生活中，人们有意无意地通过服饰和物品传达着一些特定的信息，或反映社会的精神风貌，或代表着自己的审美情趣，或体现民族的传统文化等等。这些非语言符号或多或少、或有意或无意地传递着社会的礼仪要求和规范，而且在社交礼仪功能上具有很强的演示性。首先，服饰和物品昭示着社会风尚。任何时代的社会风尚均可以在服饰和物品中寻找出它的影子，可以说服饰和物品是一个时代的象征和缩影。比如“十年动乱”时期，中国人民是清一色的灰蓝色的服饰海洋，在我们父母辈的影集里我们就可以直接采集到那高度集中的服饰样本：蓝色的中山装和灰色的春秋衫、黄军装和白衬衫。在那个时代，这是一种革命的美的标志，同时体现了那个时代的人们不愿显山露水的心理特征。恰恰相反的是，改革开放以后，人们的服饰正如那灿烂的山花和雨后的彩虹，艳丽而又多变。人们不再满足服饰保暖遮羞的功能。人们从多彩的服饰中重新寻回了失去的自我，人类的个性在服饰中得到了宣泄，社会的风尚在服饰中找到了自己应有的位置。其次，服饰和物品是一种情感的象征。每一种服饰和物品均可表达特定的情感。比如宴会上人们穿着晚礼服，婚礼上新娘的礼服，人们在追悼会上穿的丧服，婚礼上送的鲜花和清明上坟时所送的鲜花，均代表特定的情感意义。再次，服饰和物品是一种对美的演绎。谁也不会把不美的衣服披挂上身，谁也不会把不美的礼品赠送给别人。人们在采用或审视某种服饰或物品时，总是因为它本身内在的美而选择了它，比如医生的大褂，白色是纯洁和无瑕的，这象征着医生的职业也是崇高的，于是乎白大褂就成“白衣天使”的一种美的标志。

四、酒宴类礼仪

酒宴类礼仪指通过设宴喝酒吃饭表示对客人的尊重和欢迎的一种礼节。古今中外，以酒宴款待亲朋好友已成为惯例。一是通过美味佳肴表达对朋友亲人的深情厚谊；二是通过宴席上的种种礼仪表示对客人的尊重礼貌，以求此后友好地发展互相的关系。唐代著名诗人王维曾有诗云：“劝君更尽一杯酒，西出阳关无故人。”这著名的诗句既表达了王维对朋友的依依惜别之情，同时是古代一种送客的礼节，同现代饯行同义。

总而言之，每一种礼仪形式并不是独立使用的，更多的场合，几种礼仪形式均是同时起作用的。比如在重大的商务谈判中就涉及迎来送往、宴请、致辞、签字仪式等等环节，其中就包含了语言类礼仪、身体语言类礼仪、饰物类语言礼仪和酒宴礼仪。

五、其他划分法

对礼仪的研究，目的在于让它更好地服务于社会。对礼仪进行分类也是为了更好地研究礼仪、发展礼仪、从目前礼仪发展的状况，以及礼仪的实际需要出发，我们也可以把现代社交礼仪分成以下几种类型。

从内外区分：把礼仪分成国内礼仪和涉外礼仪两大种。这种分类着重于礼仪服务对象的内外区别。

国内礼仪指在本国范围内通行的一些礼仪规范和区域特征。国内礼仪除了一些通行的礼仪外，有一些礼仪内容是属于某个民族或区域所特有的，因此具有极强的独特性，比如一些少数民族所特有的礼仪。

涉外礼仪指参与外事活动应遵循的礼仪规范。涉外礼仪的内容和范围极广，除了一些国际惯用的礼仪外，还有很多不同国家的风俗礼仪均是涉外礼仪研究的内容。不同的国家和不同的民族均有自己特定的礼仪风俗，涉外工作人员就有必要了解掌握不同的礼仪内容。比如同样是送鲜花，在法国人家里做客，就不能送菊花，尤其是黄色的菊花，因为黄色表示不忠诚，更何况菊花常常被用在葬礼之中。在拉丁美洲的一些国家，菊花被看成一种“妖花”。在德国人家里做客，千万不要给女主人送红玫瑰，那是赠送情人的礼品。在日本，人们忌讳荷花，而荷花在我国却是一种圣洁的“出污泥而不染”的象征。

从主体应酬的工作对象分：把礼仪分为内务礼仪、公务礼仪、商务礼仪和个人社交礼仪四种。

内务礼仪是指人们在家庭中、亲朋好友之间应酬交往时应遵循的礼仪规范，包括家人间的问候、祝贺、庆贺、赠礼、宴请等等。

公务礼仪指人们在公务活动中应遵循的礼仪规范，包括公务行文礼仪、公务迎来送往礼仪、公务会见会谈礼仪和公务宴请招待礼仪。

商务礼仪指人们在商务部门工作应酬中应遵循的礼仪规范，如商务接待、商务谈判、商务庆典等礼仪。

个人社交礼仪指个人参加社交活动时应遵循的礼仪规范，包括一些基本的礼节，如握手、介绍、交谈、馈赠等。

礼仪知识的重要性

一、礼仪知识的实用价值

在现代社会里，世界变成了“地球村”，国家与国家、民族与民族、团体与团体、个人与个人之间的接触和交往越来越频繁，有政治往来、军事接触、体育比赛、文化交流、学术讨论、科技协作、商业贸易、情报交换、信息沟通等。在这些众多的活动中，处处需要适当的礼仪方式，使相互的交流能达到预期的目的和满意的效果。

从我们日常生活来说，经济生活所占的份量最大，包括家庭生活、邻里相处、同事往来、朋友交往，还有大量的出行、购物、参加各种活动，都要与陌生人相遇交往。所以，可以这样说，凡是与他人接触、与社会交往都时刻离不开礼仪知识，几乎是每一言、每一行都需要礼仪修养。每个人都会有亲身的体验。比如，某一天，小王收到了一封远方亲戚要来北京的电报，约于当晚10点钟到北京。小王骑自行车到北京站去接人，一路上骑得飞快，到了某处，路边有一位年纪六七十岁的老太太正要横穿马路，由于判断的失误，小王正好把她撞了，老太太身子向后一仰，倒身在地。当时小王立即停下车，赶快过去把老太太扶起来，一边替她拍打衣服上的土一边问道：“大妈，撞疼了没有？伤着没有？我送您上医院去吧？”并且连连道歉：“对不起，对不起，让您老人家受惊了！”这时旁边走过来一个五十多岁的男人，指责小王说：“你这人怎么回事，看把老太太撞成了什么样子，还不赶快送医院！”但这时老太太一边拍打着自己身上的泥土，一边看看小王站了起来，稍过了一会儿，她说：“没事，你走吧！”这时小王才长出一口气，又问道："要不要上医院检查检查？"老太太说："不需要，这不好好儿的，检查什么？"最后，小王又向老太太道声歉，就飞身上车赶路了。小王闯了祸，而没有造成什么麻烦，其中一个重要原因是小王诚恳和气的态度以及有礼貌的连连道歉。这与他自己平时注重礼仪的修养有很大关系。当然，老太太也是个宽厚、仁慈的老者，一句责怪的话也没说。如果当时小王采取其他态度或方式，比如说，不下自行车就企图跑掉，肯定会被别人挡回来；或者态度不太谦和，或者话语说得不能使老太太满意，恐怕此事就不会处理得这样快、这样圆满；或许上一趟医院，到处检查一遍，即使没有什么伤，钱要花，时间要耽误，他接亲戚的事自然就全吹了。这个例子只是说明讲礼仪可以化解矛盾，讲礼仪的实用价值还有很多，例如，与陌生人交往可以获得别人的好感；与熟人交往可以保持友好和谐的气氛；在事业上你可以获得合作伙伴的信赖与支持；在谈判桌上你可以化不利为有利；在生意场上你可以多一分成功等等。这里就不举实例了。读者可以从自己身上，或自己的周围找到许多的实例。

二、学习礼仪知识，加强品格修养

我国古代人有礼以节人的说法。孔老夫子也曾经这么说过，质胜文则野，文胜质则史。文质彬彬，然后君子。这里所说的"质"就是本质、人格、人的品德修养。这里所说的"文"就是仪表、举止和言谈。只是人品优良，而行为举止不合礼仪要求，就会使人感到粗俗、野蛮；只注重表面的礼节方式，而没有崇高的品德修养，就必定使人感到虚伪、浮华，甚至厌恶。只有把外表的礼仪修养与内在的品格修养二者紧密结合起来，融于一个人的一身，才会成为一个真正有礼貌、讲文明、处处受到人们欢迎的人。《礼记·曲礼上》中有这样的话："鹦鹉能言，不离飞鸟……人而无礼，虽能言，不亦禽兽之心乎！"《孔子家语·礼运》中说："礼之与人，犹酒之有蘖也。"都是说明同一道理。

怎样才能把内在品质的修养和外在礼仪的修养有机地结合起来呢？这就需要长期的学习、锻炼和提高。就拿学习来说吧，要成为一个高尚的人、讲礼仪的人，就要根据自己所处的环境、条件不断学习政治、学习文化、学习各种科学知识，从中汲取丰富的营养。此外，还要学习先辈的高尚情操，学习先进模范人物的高贵品质，学习各种著名人物的优秀思想和奋斗精神。在社会实践中学习，包括学习各种礼仪知识等。学习的内容是十分丰富的，只有不间断地学习，才能有所进步。在学习中注意培养自己的品质，有意识地塑造自己的高尚人格，全面提高自己的综合素质。

有人曾经提出过这样一个问题：文化水平高的人是不是就是一个品德高尚、讲文明礼貌的人呢？我们说，文化知识与文明礼貌的关系是十分密切的，一般来说，文化水平高的人，品德修养和礼仪规范都是比较好的。但是，二者并不能画等号。在现实生活中，有些人文化知识不算少，内心却装满了肮脏的东西，像争权夺利、阿谀奉承、吹牛拍马屁，无所不用其极，这种人应是被人唾弃的。有些人由于所处时代的条件限制而没有学到多少文化知识，但却在丰富的实践过程中铸就了坚强的意志，培养成了优良的品格，也很讲究人际关系中的礼节和艺术。

我们这么说，千万不要引起误解，误认为学习就不重要了，可有可无了，绝对不是的，尽管文化知识与人的品格修养和文明程度二者之间不能画等号，但是，学习是绝对需要的，尤其在现代社会，科学技术发展飞快，不学习就不能获得新的知识，没有知识的不断更新，就不会有大的进步，也就不能为社会作出大的贡献，人的价值就无从体现出来。因此，一定要根据自己的具体情况，不断地学习，刻苦地学习，创造性地学习，只有这样，才能不断提高自己、完善自己，不断实现自己的人生价值。

日常礼节

一、介绍的礼节

介绍包括自我介绍和介绍他人。

自我介绍首先应该注意的是把姓报清楚，因为在中国一般只知道姓就可以称呼，如“小马”“张主任”等。

中国人的名字一般都有寓意，为了让对方记住自己的名字，可以按字面解释，如果用幽默、谐音来解释，会更显得生动、有趣。如“马千里，千里之马”等。

自我介绍时，要注视着对方，这表现了对对方的尊重，同时也表现了对自己的尊重。

介绍他人时，应注意一定的介绍顺序。一般是把年幼的介绍给年长的，把地位低的介绍给地位高的，把男性介绍给女性。如：“张经理，这是我的同事李××。”若是介绍客人，则要把客人介绍给主人，客人之间，把后来的客人介绍给先到的客人。若是忽然想不起客人的名字，可让客人自我介绍。如：“来，你向大家自我介绍一下吧。”这样，就避免了可能出现的尴尬局面。

二、握手礼节

握手在人类社会中起源较早，据说原始人表示友好时，首先亮出自己的手掌，并让对方摸一摸，表示自己手中没有武器。后来逐渐演化，成为现在的握手礼。现在的握手礼已没有最初的用意，只是一种交往礼节。比如老同学、老朋友见面握手表示亲热，初次见面握手表示欢迎等。

（一）握手的次序

两人见面，谁先伸手握手，也是对人的尊敬问题，一般的次序是：

年龄较大、身份较高的人先伸手。年龄较小，身份较低的人不宜先伸手，而要等对方伸出手后，立即上前回握。

女方首先伸手。男女之间，当女方伸出手后，男方再伸手轻轻地握。如果女方不伸手，或无握手之意，男方可点头示意或鞠躬。不要贸然伸手，让女方有非握不可之感。

主人首先伸手。主人与客人之间，主人有先伸手的义务。当客人到来时，不管客人的身份如何，性别如何，主人都应首先伸出手表示欢迎，若是等客人伸手，则显得主人有怠慢之感。但无论是谁先伸出手，对方都应该毫不迟疑地回握，以避免一方一直伸着手，无所适从。

（二）握手的方式

伸出右手，四指并拢，拇指伸开，掌心向内，手的高度大致与对方腰部上方齐平。同时，上身略微前倾，注视着对方，面带微笑。不可一边握手，一边左顾右盼。

如果两人比较熟悉且感情比较激动，握手的力度可以大些，握手时间可以长些，并可双手加握。若对方是长辈或上级，则用力应稍小，否则给人一种强迫的感觉。与晚辈或下级握手只需象征性地轻轻一握即可。但无论对方是谁，都不可被动地让对方握，自己毫无反应，这样会给人一种应付的感觉。

男性不可戴着手套与他人握手，这是礼貌性的问题。当对方伸出手后，应迅速脱去手套上前相握。女性可戴着薄手套同他人相握，这不算失礼。

不要用湿手、脏手同他人握手。若你正在干活，对方热情地伸出手来，你可以一面点头致意，一面亮出双手，简单说明情况并表示歉意，以取得对方的谅解，同时，赶紧洗好手，热情接待。

（三）握手语

在握手时，常伴有一定的问话，称为握手语。常见的握手语有以下几种：

问候型。这是最常见的一种握手语。一般的接待关系可用这种形式。如：“你好！”“最近怎么样？”“工作还那么忙吗？还在那个单位吧？”等。

祝贺型。当对方有突出成绩、受到表彰或遇到喜事，在接待时可用这种形式。如：“恭喜你！”“祝贺你！”等。

关心型。这种形式特别适用于长辈对晚辈、上级对下级或主人对客人等。如“辛苦了！”“一路很累吧？”“天热吧？”等。

欢迎型。第一次来的客人、女士或公务接待，均可用欢迎语。如：“欢迎光临！”“欢迎你！”等。

致歉型。自己有地方做得不对或表示客气时可用此类握手语。如：“照顾不周，请多包涵。”“未能远迎，请原谅。”等。

祝福型。送客时多用此握手语。如：“祝你一路顺风！”“祝你走运！”等。

三、递名片的礼节

现在有很多人用名片代替了自我介绍，所以应掌握递名片的礼节。

名片一般都有一定的规格，长9厘米，宽5.5厘米，上面印着姓名、职位、地址、电话等。

一般递名片的顺序应是地位低的先把名片交给地位高的，年轻的先把名片交给年老的。不过，假如是对方先拿出来，自己也不必谦让，应该大方收下，然后拿出自己的名片来回报。

向对方递名片时，应该让文字正对着对方，用双手同时递出或用右手递出，千万不要用食指和中指夹着名片给人。在接到对方递过来的名片时，应双手去接，接过后仔细看一遍，有不认识的字应马上询问，不可拿着对方的名片玩弄。看完后应将名片放入名片夹或认真收好，不可随手扔到桌子上或随便放入口袋，这都是对他人的不尊重。

四、点头礼

微微地点头，以对人表示礼貌。点头礼适用于比较随意的场合。如在路上行走或在公共场合与熟人相遇，可行“点头礼”，友好地点点头即可，忘记对方姓名或只觉得对方面熟时，可点头致意，但点头时要面带微笑，这是对人的礼貌。

五、分手的礼节

向他人提出告辞后，应立即从座位上站起来，不能提出要走，而丝毫没有走的意思。当主人送行时，要让主人留步。作为主人，当他人提出告辞后，应诚心挽留；若对方没有要留下的意思，也应随同客人站起来相送。让客人走在前面，并送出房间，不可一只脚在房间里，另一只脚在房间外相送，也不可客人刚一出门，就砰地关门，或是不等客人走远就开始议论客人。客人走时，要说些“欢迎下次再来！”“慢走！”之类的话，以示礼貌。

礼貌用语

俗话说：“良言一句三冬暖，恶语伤人六月寒。”礼貌用语就属于良言之列。礼貌用语在公关活动中起着非常重要的作用。

一、招呼用语

招呼用语表示的是打招呼人与被打招呼人之间的一种交往关系。如果遇到熟人不打招呼或者别人给你打招呼你装作没听见，都是不礼貌行为。打个招呼发生在瞬间，却影响久远。下面分析几种招呼用语。

（一）“吃饭了没有？”

这是中国历史上沿用比较长久比较普遍的招呼语。“民以食为天”，在中国漫长的封建社会中，大多数劳动者求的就是能够吃饱肚子。因此，问对方有没有吃饭便是对对方的一种关心。

随着我国人民生活水平的提高，吃饭问题已经得以解决，然而，“吃饭了没有”这句问候语却流传了下来。但是，现在的这句招呼语基本上没有了原来的意思。它只成为一种形式，不再包含原来的内容。问声“吃饭了没有”成为一种招呼，表示“我看见你了，跟你打招呼呢”。至于对方真的吃饭没吃饭，都无关紧要。所以，在经济比较发达的地区，“吃饭了没有？”的问话逐渐被新的招呼语所代替。

（二）“你干什么去？”

这也是一种比较原始的招呼语。与对方擦身而过，为了表示一下看见了对方，以此语代替一切语言。至于对方干什么都无关紧要，只是表示一种问候。在西方发达国家，基本上没有这种招呼语，因为“自己干什么”是属于私人的事情，他们不希望别人过多地干涉自己的私事。这句问候语出现在中国，也反映了中国人的一种心态，随着经济的发展，这句话也将逐渐被新的招呼语代替。

（三）“你在哪儿发财？”

这是中国近些年才时兴起来的问话。在中国漫长的历史中，“君子重义不重利”的观念在人们的头脑中已根深蒂固，但随着中国改革开放的进行和深入，“利”越来越被人们看重，“允许一部分人先富起来”的政策促使全国人民奔富裕，并以“发财”相互祝福。所以，这句招呼语如实反映了近些年来从上到下以经济建设为中心奔富裕的文化心理，折射出了温饱后人民的更高追求，是一种历史的进步。

（四）“你好！”

这句招呼语简洁明了，通用性强，同时又是对他人的一种祝福，因此这句话常出现在经济发达、不同社会群体交往频繁、生活节奏快捷的开放型社会中。特别是在一些城市，随着生活节奏的加快，每个人都来去匆匆，以前那种交谈型的招呼语已经不适用了，彼此见面时一声节奏明快的“你好”，同时伴以微笑、点头等动作便是礼貌。所以，这是随时代发展应运而生的新型的招呼语。

此外，在一些特定的场合，如离得比较远不适于讲话，或者是关系比较一般的人之间，只要相互微笑，或者点一下头，也算是一种招呼语了。

二、告别语

在分别时常用告别语以示礼貌。告别语有以下几种类型。

（一）主客之间的告别语

客人向主人告别时，常伴以“请回”“请留步”等语言，主人则以“慢走”“恕不相送”等语回应。如果客人是远行，可说“祝你一路顺风”“一路平安”“代问××好”等告别语。

（二）熟人之间的告别语

如果两家距离较近，可说“有空再来”“有时间来坐坐”“有空来喝茶”等，也可说“代问家人好”以示礼貌。

（三）“再见”

这是当今比较流行的告别语，适用于大部分场合的告别。类似的还有“Byebye”“晚安”等。

三、请求、道歉、道谢用语

在社会交往中，难免有请人帮忙、麻烦别人或引起别人不快的情况，这就要讲关于请求、道歉、道谢的礼貌用语。

（一）请求

表示请求的礼貌词使用频率最高的是“请”字。如当主人要客人进门时可单用一个“请”字，要客人入座时可单用一个“请”字，并且附加一些动作。“请”也可同其他词语同时使用。如“请进”“请坐”“请把手放下”等。另外，“麻烦你”“劳驾”等也是表示请求的话语。

（二）道歉

当自己的行动妨碍了别人要用道歉语。“对不起”是比较常用的道歉语。如在公共汽车上踩了别人的脚，无意碰了别人或自己的行为给别人带来了不好的后果，都可以道一句“对不起”。另外，“不好意思”也是比较随便的道歉语，当别人向你真诚地道歉时，你必须有所反应，应该原谅他、安慰他，可说“没关系”“别介意”“没什么”等。

（三）道谢

道谢是对对方的好意或某种高尚的行为的一种回敬。由于对方的好意或得到对方的帮助时，要真诚地说一句“谢谢”，即使只是一件微不足道的事。如在公共汽车上别人给你让了座、别人为你倒了一杯水，应说声“谢谢”。如：“谢谢你的帮助”“谢谢你，这件事多亏了你”等等。当别人向你道谢时，一般可以说“不用谢”“别客气”等，也可以说诸如“这算不了什么，不要太客气了”等。如果听到对方的道谢而毫无反应，也是不礼貌的表现。

第二章　日常生活礼仪艺术

探病礼仪

当熟人或挚友生病时，要及时去医院看望他们，这是人之常情，也是公关活动的必需。

在探病时，要注意交谈的内容。人在生病时，往往思想紊乱，情绪波动，有些人还会顾虑重重，所以探病应了解病人的心理，要尽量安慰病人。可以介绍一些经治疗而很快恢复健康的病例，以解除病人的疑虑。也可以谈一些病室外的新鲜事，讲一些生动有趣的事情或病人所熟悉的一些人的变化等。因为病人久居病房，这些消息正是他所渴望听到的。同时要注意病人的忌讳，如对吃不下饭的病人最好不要问他饭量如何。一般来说，患了绝症的病人，家属不会把真实情况告诉他，同病人交谈时要注意这一点。

在探病时，要注意气氛，不可在病房内大声喧哗、吸烟。同病人交谈时注意表情不可严肃沉重，对待病人的态度要和蔼可亲。

在探病时，要注意所带的礼物。礼物不在轻重，而要以尽快使病人恢复健康为原则，它可以是一束鲜花，甚至是一本杂志。给病人的食品要根据病情而定，如探望患糖尿病的人可带点豆制品，也可适当带些肉松、鸡蛋、牛奶等制品；探望血脂过高或动脉粥样硬化症的病人，可送些含维生素丰富的食物，像新鲜水果、麦乳精等；探望慢性便秘的人，可拿些蜂蜜、水果之类的食品等。

在探病时，要注意探望的时间。如果病人刚做完手术，身体很虚弱，则尽量不要前去探望，因为这样会增加病人的负担。病人休息时不要去探病。另外，注意探病的时间不宜太长，以防有碍病人的身体康复。

馈赠礼仪

俗话说："礼轻情义重"。在必要时送一些礼物给对方，是公关活动的一项内容。

馈赠要注意时间，要把握好时间和机会，最好能在传统的馈赠时间。传统的馈赠时间有以下几个：

第一，传统的节日或重大纪念日。我国的传统节日如春节、元宵节、中秋节、元旦等。重大的纪念日如“五一”“六一”“七一”“十一”等。

第二，厂庆、校庆等。在这样的日子馈赠礼物给对方，能表达自己的一份祝福。

第三，老人的诞辰或孩子的生日。

第四，一些富有意义的活动。如职工大会、联欢会、表彰会等。

馈赠要注意礼物的选择。选择礼物要根据具体的情况或场合。如给孩子可送些糖果或玩具等；给老人可送些寿糕或保健用品等；给病人可以送些食品、花束等；厂庆、酒会、招待会可送些花篮、花束等；逢新年、圣诞节，可送年历、烟、酒、糖、茶等；而到外地出差或从外地归来，则可适时地送些当地的土特产，如北京的果脯、新疆的葡萄干、沿海的海产品等。

馈赠时要注意方式，馈赠的礼品要用礼品纸包装。礼物一般应当面赠送，但像祝贺节日、赠送年礼等，可派人送上门或邮寄。

当代流行花语。送花已渐渐地成为一种时尚，与此相联系，在国际上也形成了公认的花语，即各种花所代表的含义。如：玫瑰代表爱情，紫罗兰表示诚实、朴素，白菊代表真实，白桑表示智慧，松柏表示坚强伟大，竹子表示虚心正直，橄榄表示和平，百合花表示高洁，康乃馨象征母亲，牡丹花象征富贵，菟丝花表示战胜困难，万年青表示友情长存等等。所以，送花时可根据具体情况送不同的花束。如探望病人时，多用康乃馨和百合花组成花束，表示祝他早日康复；勉励别人时，常用鸟不宿、红丁香、菟丝子组成花束，表示愿君成功；送别亲友时，常用松枝、胭脂花组成花束，表示友情长存。

商务往来中的礼仪

在现代商品经济和市场经济中，商务往来是司空见惯的事情，所以我们每一个人都应该了解和学习一些商务往来中的礼仪知识。但是，商务活动的内容极其丰富，涉及的范围也十分宽广，商务活动中的礼仪知识是非常多的，并且各个国家也有各自的特殊礼仪要求。因此，我们不可能把所有的知识都一一讲到，这里只就一般性的、最常用的、国际通行的一些礼仪知识做些简要的介绍。

第一，在初次商务活动中，必须深入了解对方。这里所说的商务往来，不是指一般的商业零售活动，而是指商务活动中的批发商与销售商、商场、商店和商业公司与生产企业或公司间的买卖活动。了解对方的方式很多，如交谈、询问、调查、查找有关资料、实地考察、通过有关部门查询等。通过这些方式，掌握对方目前的经营状况、信誉程度、地理位置、交通状况、发展潜力、发展规则等。对商家来说，还要特别注意了解厂家的产品质量、花色品种、成本情况以及数量等。有人认为，商务活动就是一手交钱、一手交货，没有什么礼仪可讲。这种认识是肤浅的，是因为对礼仪缺乏认识。事实上，大宗的商务活动，钱与货的易位不是同时进行的，中间还有一个很大的时间差，即使是钱与货的易位同时进行，商品买卖实质上是人们行为的交换，是当事人的行为交换，是劳动的交换，所以必须体现出人们相互间的各种关系来，这样就必须做到相互了解、相互尊重、平等、互惠互利，这本质上就是礼仪的要求。

第二，商务洽谈中，必须按章办事，千万不可感情用事。有些人认为是认识的人、了解的人，或是老同事、老部下、老上级、老朋友、老相识，邻居、乡亲或者是经过熟人介绍、引荐来的，就有求必应，满口承诺，不好意思拒绝，也不好意思提出一些条件，更不好意思提出签订合约之类的事情。这些都是感情用事的表现。商务洽谈中所涉及的一切实质内容，必须从商业活动的实际出发，该怎么办，就怎么办，不能迁就，不能简单从事，更不能图省事而简化手续。洽谈之前要做好准备，有关的资料要预备齐全，在一些关键问题上，必须反复思考，细节问题也不能忽略。在商务活动中，不要崇洋媚外，也不能轻信漂亮的言词，一切以事实为根据，按规章办理。

第三，商务进行过程中，必须按约办事，信守承诺。如果遇到重大突发事件，必须更改合约，要事前与对方协商，取得对方的同意，最好要有书面材料或文字为据。信誉是商务活动的核心，也是商务往来中礼仪修养的关键点。无信誉的商务活动只能是一槌子买卖，而且仅这一槌子很可能就是致命的失败。要树立信誉高于一切的观念，宁可赔本，也要坚守信誉。只要信誉在，这次亏了本，下次就有可能赚回来，或许还会赚得更多。如果失去了信誉，在短时间里是无法再重新树立起来的。所以，商务活动中的信誉比赚钱更重要。

第四，商务活动中必须严格遵守时间。进行商务谈判时，按照事前约定的时间，必须准时到达洽谈地点。这可是分秒必争的事，千万不能马虎。在现实经济生活中，有很多这样的事例，就是由于耽误了几分钟时间，一大笔生意就被别人抢走了。在商务进行过程中，必须恪守时间，什么时间发货，什么时间付款，必须按照合同规定严格遵守，不得以任何理由拖延。万一出现特殊情况，货或款要拖延几天，就要主动要求按照合同规定接受罚款处理或赔偿。

第五，文明经商是商务活动中的又一个重要问题。当然，文明经商有广义和狭义之分，广义包括的内容很宽，这里主要指狭义而言，即举止文雅，行为文明，语言得体。前些年报纸曾经披露过这样一条消息，说某一家乡镇企业的厂长与外商洽谈一笔生意，本来生意已经基本上谈妥了，但是，由于这位厂长在不经意的情况下，当着外商的面随便吐了一口痰，外商立即要求终止谈判，好端端的一笔生意最终因为一口痰而告吹。我们中国人的随地吐痰、随地丢弃废物的习惯很不好，有损于我们中华民族的形象，应该在商务活动中与日常生活中注意克服和改正。

打电话的礼仪

随着我国经济的快速发展，人民生活水平的不断提高，市场经济的信息量猛增，竞争也越来越激烈，人们的生活节奏加快，电话已经进入千家万户。充分利用这个现代化的通信设备，对发展经济、提高人们的生活质量都有极大的好处，所以人人应该学会熟练地使用电话，有礼貌地、文明地通过电话与各方面的人士取得联系，这就需要了解一般性打电话的礼仪知识和规矩。

第一，给某人打电话时，要事前做好准备，想好要说的事情。比如要谈一笔生意，从何处说起，用什么方式交谈，说到什么程度，还要估计对方的情况，考虑好应变的方法等，这样才能用尽可能短的时间达到预期目的，而不浪费对方的时间。

第二，在电话里说话和平时说话没有什么不同，就一般的电话设施来说，虽然打电话双方只能听到声音，而看不见形象，但是双方都能感觉得到，所以打电话时，也要面带笑容，语气要温和、缓慢，口齿要清楚，语言要简洁，第一句话要说“您好”，紧接着切入正题。如果是代表单位或公司打电话，就要说明领导的意图和目的，或者厂长、经理、主任、书记有什么具体要求、希望。最后要把重要内容确认一下，或者必要时录下音来，然后结束通话。

第三，持电话时要轻，一般情况下要等对方先放下电话机后，你再轻轻挂断电话。特别是与长辈、领导、女士通话后，一定要等他们挂断电话后，你再轻轻放下话筒。

第四，接电话时，要用温柔的语调先说“您好”，再问是哪位？找谁？或某单位？如果被找的人正巧不在，就说明情况，问一下有什么重要事情，要不要传达或留一字条等。

第五，一般情况下，电话铃响三遍后立即接通，且在铃响的间隙拿起话筒。如果电话铃响了好几遍之后接通时，就要先说“久等了”“对不起”之类的抱歉话。如果在接电话的过程中，有紧急事情插入时，要向对方说：“对不起！稍等”，然后可以用手按住话筒，以免声音传给对方。电话不清楚时，不要大声吼叫，要把说话的速度放慢，口齿再清晰些。有些人打电话时，出现听不清楚或者有杂音时，就用手使劲拍打电话机，这个做法和习惯不好，如果电话机有毛病，可以立即修理，等故障排除以后再打。通话结束时都要说“再见”“谢谢”之类的礼貌语。

餐桌上的礼仪

第一，入座的礼仪。先请客人入座上席，再请长者入座客人旁，依次入座，最后自己坐在离门最近处的座位上。如果带孩子，在自已坐定后就把孩子安排在自己身旁。入座时，要从椅子左边进入，坐下以后要端正身子，不要低头，使餐桌与身体的距离保持在 10 ~ 20 厘米。入座后不要动筷子，更不要弄出什么响声来，也不要起身走动，如果有什么事情，要向主人打个招呼。动筷子前，要向主人或掌勺者赞赏其手艺高超、安排周到、热情邀请等。

第二，进餐时，先请客人、长者动筷子，夹菜时每次少一些，离自己远的菜就少吃一些，吃饭时不要出声音，喝汤时也不要发出声响，最好用汤匙一小口一小口地喝，不宜把碗端到嘴边喝，汤太热时等稍凉些再喝，不要一边吹一边喝。有的人吃饭时喜欢用劲咀嚼食物，特别是使劲咀嚼脆食物，发出大的声响。这种做法是不合礼仪要求的，特别是和众人一起进餐时，就要尽量防止出现这种现象。如有的人喝汤时，不是用嘴使劲吹，就是发出吸溜吸溜的声音，这也是不合乎礼仪要求的。

第三，进餐时不要打嗝，也不要出现其他声音。如果出现打喷嚏、肠鸣等不由自主的声响时，就要说一声“真不好意思”“对不起”“请原谅”之类的话，以示歉意。

第四，如果要给客人或长辈夹菜，最好用公用筷子，也可以把离客人或长辈远的菜肴送到他们跟前。按我们中华民族的习惯，菜是一个一个往上端的，如果同桌有领导、老人、客人的话，每当上来一个新菜时，就请他们先动筷子，或者轮流请他们先动筷子，以表示对他们的尊敬和重视。

第五，吃到鱼头、鱼刺、骨头等物时，不要往外面吐，也不要往地上扔，要慢慢用手放到自己的碟子里，或放在紧靠自己的餐桌边，或放在事先准备好的纸上。

第六，要适时地抽空和左右的人聊几句风趣的话，以调和气氛。不要光低着头吃饭，不管别人，也不要狼吞虎咽地大吃一顿，更不要贪杯。

第七，最好不要在餐桌上剔牙，如果要剔牙，就要用餐巾挡住自己的嘴巴。

第八，要明确此次进餐的主要任务。现在商海如潮涌，很多生意都是在餐桌上谈成的，所以要明确以谈生意为主，还是以联络感情为主，或是以吃饭为主。如果是前者，在安排座位时就要注意，把主要谈判人的座位相互靠近便于交谈或疏通情感；如果是后者，只需要注意一下常识性的礼节就行了，把重点放在欣赏菜肴上。

第九，最后离席时，必须要向主人表示感谢，或者就在此时邀请主人以后到自己家作客，以示回谢。

总之，和客人、长辈等众人一起进餐时，要使他们感到轻松、愉快，气氛和谐。我国古代就有所谓的站有站相，坐有坐相，吃有吃相，睡有睡相。这里说的进餐礼仪就是指吃相，要使吃相优雅，既符合礼仪的要求，也有利于我国饮食文化的继承和发展。

男女交往的礼仪和艺术

男女异性间的交往，首要问题是要有一个正常的心态。和比自己年纪大些的异性交往，就如同是自己的师长、兄长、大姐；同自己年纪相当的异性交往，就如同是自己的同学、同事、战友、兄弟、姐妹；和比自己年纪小些的异性交往，就如同是自己的弟弟、妹妹。不论是与什么样的异性交往都要大方、自然、有礼貌和有分寸的热情。有些人与异性交往表现出拘谨的样子，有些人与异性交往表现出冷淡的样子，有些人与异性交往表现得过于热情，这些都是不恰当的，既不符合我们中华民族的文化传统和习惯，也不符合现代国际间通行的礼仪要求。应该怎么做？下面分两个方面简单加以叙述。

一、女士的礼仪修养

第一，女士要庄重、沉稳，切不可轻浮、随便。这是有教养、有知识的女性共有的特点，也是礼仪修养的要求。不管与什么样的男士交往，这一点是绝对需要的。有些女性见到男士后，说起话来滔滔不绝、手舞足蹈、眉飞色舞，不论是出于什么目的，都是不可取的。

第二，女士与男士交往分寸感要强。这里所说的分寸感就是指要掌握一定的度，以合适为好，不要太热情，也不要太冷淡。即使是熟悉的人，或者关系亲密的人，在公共场合交往时，也不要表现出亲密无间的样子，更不要给别人以亲昵的感觉，以免给别人造成错觉，留下难以挽回的不良印象。

第三，女士得到男士的照顾是很自然的事情，但是一定要明察秋毫，弄明白男士是出于礼仪还是有其他什么用意，然后根据具体情况恰当处理。

第四，女士要自尊自爱、光明正大、自强不息，工作中不要挑肥拣瘦，拈轻怕重，随便把重活推给男士，使男士产生反感。女士不要轻易给男士增添麻烦或造成额外的负担，也不要随便接受男士的邀请或约会，一般不要随便与男士一起进餐，更不要让男士掏钱请客。俗话说，好吃难消化，谨防出现不良后果。

第五，要公私分明。在办公室里、在工作时间就专心致志地办理公务，私人的事不要在工作时处理，特别是与男士有私事商量不要在公众面前进行。要不断提高自身的素养，培养事业心和责任感，与可信赖的男士多交往，在交往中相互学习，取长补短。

第六，青年女性，或大中专女学生与异性交往要保持自己的年龄特征，即纯朴、自然、大方、活泼的本性，切忌弄虚作假和装腔作势。有些女青年喜欢把自己打扮得艳丽出众，与异性交往就表现出矫揉造作、卖弄风情的样子。正直的男性是很讨厌这种做法的。有的女学生把自己打扮成贵妇人的样子，与自己的身份很不相称，给人以老练油滑的感觉，是不可取的。

二、男士的礼仪修养

第一，男性一定要正直、正派，使人感到你是一位充满正气的人，这样就会自然、大方地和女士交往，如果是照顾女士就必须从礼仪出发。当然具体做法还要根据当时当地的客观情况恰当处理，我国与外国不同，美国和阿拉伯国家也不一样。就国内来说，大城市与小城市不同，城市与农村就更不相同了。因此，在原则上，要把国际通行的礼仪要求和中华民族的文化传统、风俗习惯结合起来，在具体实施上要区别对待。例如进出门，要把女士让在前面，上下车为女士打开车门，在使用体力的情况下把轻活让给女士等，都要根据当时的环境而恰当处理。

第二，男士要把信誉放在第一位，说话算数，办事负责，工作认真。与女士交往要谦虚、和气、有礼貌、有责任感，这样就会取得女士的信任。清朝的李子潜编写的《弟子规》一书中说："凡出言，信为先，诈与妄，奚可焉"，"凡道字，重且舒；勿急疾，勿模糊"。不仅说话必须讲信用，而且任何时候都不得有诈与妄的行为。交代事情必须说得清清楚楚，便于女士理解和帮忙。

第三，大度是男性最突出、最重要的特征之一，从大处着眼，目光远大，胸怀大志，不计较小是小非，宽厚待人，这样就很能赢得周围人们的好感，更会获得女性的赞赏和亲近。

第四，男性要刚柔相济，根据具体情况和环境，该刚则刚，该柔则柔，大事清楚，小事糊涂，尤其与女性交往和接触，必须善于体察其实际情况和需要，以礼相待，给予必要的关心、照顾。

约会的礼仪

第一，不论是什么性质的约会都要事先商定好，把约会的时间和地点确定下来，最后在约会前夕再互通电话确认一下时间和地点，并且问明白行走路线。

第二，如果是对方提出的约会要求，目的和内容不清楚时，就要问一下有什么事，要不要事先准备些什么东西。如果是自己主动提出来的约会要求，就要向对方说明白约会的用意，请对方事先做些什么准备，带些什么东西，使约会在充分准备的基础上进行，其效果必然是较好的。如果对方有拒绝之意，就不要勉强，为难对方，可以有礼貌地问问以后什么时候方便再进行约会，并表示歉意。

第三，赴约时，必须准时到达约会地点，最好能提前几分钟，如果有什么特殊情况迟到了，就要向对方说明原因并表示歉意，请对方谅解。

第四，赴约时，必须服饰整洁得体，可根据当时的具体情况，如季节、早晚、约会场所、约会对象等进行简单的化妆和修饰。如果是男士，就需要刮刮胡子，理理发，剪剪指甲，擦擦皮鞋之类；如果是女性的话，除了把头发理好外，还需要适当抹些口红、擦些粉之类。

总之，依据约会的具体情况，事先做好准备，把精神状态调整到最佳位置，使约会在有充分准备的基础上进行，不仅使约会双方都能在良好的气氛中进行，而且使约会效果达到预期的目的。

书信礼仪

第一，要按照书信格式写信，即抬头要顶格写尊称，另起一行空两格写问候语，下面一段才是正文，正文写完后，要写上期望或祝贺的话语，最后才是写信人的落款和时间。有些人写信易忘记写时间，这是不应该疏忽的。如果信写完以后又想起了什么事需要写在信里的话，就在信的最后加一个附言，把要补充的话写上去。外文书信与中文书信的内容要求是完全一样的，格式上有所不同。如果要用外文写信，就要根据该国文字的常规要求和书信规格进行书写，不要随心所欲。

第二，一般书信内容要求把想要说的事情说清楚，把想要说的话都写上就可以了，只要收信人能读懂你写的全部意思就算达到了目的。如果是商务往来和其他经济业务性质的书信，在内容的叙述上就要讲究一些，把重要的因素必须全部包括在内容中，不得遗漏。例如商业往来方面的业务信函，就要说明商品名称、牌号、规格、数量、质量、价格、起运时间、出厂时间、合约签订情况或规定，交付款项的时间、地点、方式，运输过程中的保护、保险、到货时间、提取方式，万一发生意外之后如何赔偿等，并且商务和其他经济业务方面的往来信函要留下底稿，收到来函要妥善保存，以便将来查询，万一出现什么问题就有可靠的证据。

第三，如果是传达信息、联络感情等方面的书信，要做到及时、准确，感情表露要恰当，遣词造句要和缓，字要书写工整，不要出现错别字，避免造成收信人的误解和不悦。

第四，写信时禁用红笔或铅笔，私人的书信最好不用打印的字体，如果是公函可以打印，但是末尾的签字必须用手亲笔书写。信不能开着口子发出去，如果是请人带信的话，就要开着口子当面交给带信人，以示信任。如果别人让你带信，就要当面把开口信封好，以表示谨慎、认真。

第五，信写完以后，一定要检查一下，至少阅读一遍，看看有无遗漏、错别字等，如果有，就要纠正过来。遗漏的话写在附语里，附语写多少都无关紧要。还有一点要特别注意，即在同时写几封信时，一定要把信封和信纸

（内容）弄正确，不要张冠李戴，把给老王的信寄给老张，而把老张的信又寄给老王，一错就必然是两个同时错，在现实生活里经常出现这样的马虎事，关键还是没有足够的警惕，是注意不够所致。

第六，关于信封的书写，传统礼仪中收信人的名字后面要写“同志”，因为这不仅是给邮递员看的。但是在现实生活里，人们不大愿意接受，尤其是给领导、长辈写信时，名字后面写“同志”二字感到难下笔。主张从礼仪的原则出发，应该灵活机动，不必强求一律。

日常人际交往的礼仪和艺术

俗话说，瞎子还有个跛朋友。人人都有关系密切的人，不过有的人多些，有的人少些，而交友的情况又是千差万别的，不过还是可以找到一些共同规律的。这里我们从礼仪的角度谈谈日常人际交往的方法和艺术。

第一，从思想上重视人际关系。有人说，头几年的工作是为事业成功打基础的阶段，这个基础就是建立自己的信誉和良好的人际关系，做到工作认真负责，能拿得起，放得下，获得上司的信赖和群众的认可。人际关系在东方文化环境中表现得十分重要和突出，搞好了就大大有助于事业的成功。

第二，关心自己周围的人。包括自己的家人、亲戚、朋友、同事、同学等。要主动关心、主动帮助，有些还需要主动体贴关照。这样就可以形成良好人际关系的氛围，使你周围的人时刻在关怀着你，指导着你，这就会使你感到前进有方向，工作有劲头。

第三，时刻牢记别人对自己的恩典。我们常说滴水之恩，当以涌泉相报，在人际关系中，这一点要大力提倡，在礼仪修养中也是必须要遵守的。人生活在社会中，每一个人都时刻处在人际关系的包围之中，人们相互间以德报德，以恩报恩，关系必然是融洽的；如果人们相互间总是以怨报怨，以牙还牙，必然弄得人心四散，鸡犬不宁，还哪有心思搞工作、搞事业！

第四，求人帮忙时，要选好时机。当别人心情好、方便、闲暇时提出要求，如实说明情况，态度要谦和、礼貌，语言要恰当、周全，不要给别人造成麻烦，更不能使别人冒什么风险。如果条件不具备，没能帮上忙，也要理解别人，说些理解的话、礼貌的话，消除别人的失落感，等以后条件具备时再帮忙。

第五，当别人求助时，要热情对待。在具体做法上，应该了解清楚有关的情况以后再作决定，不要大包大揽，更不能违法乱纪、损公肥私，毁坏自己的形象。如果真实情况了解以后，有条件帮助，也不一定能帮成，所以说话时要留有余地，以免万一帮不成时，失了自己的面子，也失去别人对你的信任。如果条件不具备，就要如实说明白，只要是有诚实的心情和符合事实的言词，会取得别人的谅解和理解的，当然也需要表示出自己的歉意。

第六，对于较熟悉的人和交往较频繁的人要十分注意自己的信誉，说话算数，办事可靠，答应了的事情就要认真办好，办不好的事情要说明情况。好友帮的忙要时刻记在心上，并表示感谢，以后有机会时再图回报。经常沟通感情，节假日互送纪念卡、贺卡等。

第七，每个人都是一个相对独立的个体，所以再亲密的朋友也要保持一定的距离。这里所说的保持距离，不是说思想感情、理论认识、对某些事物的态度等，而是说在个人生活方面。事实上，没有完全一样的两个人，不论是个人爱好、秉性、品格、情操，还是家庭教育、为人处世等差异的存在总是绝对的，所以从一定的意义上来说，能在某些方面保持一定的距离，防止相互影响，友好关系才能长久维持。

第八，与什么人交朋友，要进行十分认真的选择，尤其是年纪轻、阅历浅的人更要十分注意。古语说：近墨者黑，近朱者赤。农村还有一句更通俗易懂的话是说：跟上好人学好人，跟上巫婆跳家神。孔子也曾经说过益者三友，损者三友的道理。人是具有社会性的，什么样的环境，什么样的社会氛围，造成什么样的人。所以，俗话说：学好三年，学坏三天。当然这是针对教育小孩子说的，但是也适用在重视人际交往和选择朋友的问题上。

第九，好友之间要真诚赞美优点，欣赏特长，相互学习，取长补短，共同进步。对于缺点要相互容忍，主动克服，求大同存小异。

第十，不论是对什么人，初次认识，既要热情、真诚，也要谨慎。人总是需要有个相互了解的过程，相互了解的过程也就是建立感情的过程，了解得越深，基础就越好。要真正了解一个人不是一件简单的事情，需要较长的时间，切不可轻信花言巧语。不是有一句古话叫路遥知马力，日久见人心吗，这是千真万确的。了解一个人除了需要较长时间外，还要看他的行动。看行动不是看一两次行动，而是要看一贯的行动和实际表现，一贯的言行是否一致。历史和实践归根到底是检验事物的试金石。

总之，对待好友要真诚、热情。有个成语叫“倒屣相迎”，说的是东汉时期的大学问家蔡邕，他是蔡文姬的父亲，文史、辞赋、音乐、天文无不精通，官任皇室右中郎将。人称“人学显著，贵重朝廷，常车骑填巷，宾客盈座”。但他从不摆架子，从不傲慢，很善于和人交往，好朋友很多。有一次，他的好友王粲来拜访，正逢蔡邕睡午觉。家人告诉他王粲来到门外，蔡邕听到后，迅速起身跳下床，急急忙忙踏上鞋子就往门外跑，由于太荒忙，把右脚的鞋子踏到了左脚上，把左脚的鞋子踏到了右脚上，而且两只鞋都倒踏着。当王粲看到蔡先生是这么个模样，便抿着嘴笑起来。“倒屣相迎”这个典故就是这么来的，说明对待朋友的热情和诚意。

慰问的礼仪

这里所说的慰问是指广义的慰问，包括对军属、烈属、劳模、英模以及各种优秀奖章、奖励获得者的慰问；对孤寡、残疾、特困户的慰问；对病人或因某些突发事件而致伤、致残者，或亲朋好友、邻里、同事遇到不幸事件时的慰问等。慰问礼仪的原则是要看具体对象说话，做到热情、诚恳。下面讲点具体的礼仪要求。

第一，慰问礼仪的针对性很强，不论是代表单位还是个人去慰问，都要针对具体的慰问对象说话、行事。例如：去慰问军烈属，就要针对军人保卫祖国的功绩说话；如果是慰问勇敢保卫国家财产而被坏人伤害者，就要针对公而忘私、疾恶如仇、大义凛然的英勇气概说话。

第二，慰问时一定要带些东西，如钱、物、纪念品或荣誉性的奖励品等。带什么东西，要根据对象而定，如果是特困户，带些衣物、粮食都可以；如果是光荣负伤者，除慰问品外，还应有荣誉方面的奖励。

第三，慰问时，不论是若干位一起去还是一个人单独去，都要热情、主动、和颜悦色、说话谦和、语调温柔，给人一种春风暖意的感觉，这就从气氛上达到了慰问的目的。

与残疾人交往的礼仪

残疾人属于特殊的人群。由于我国人口基数很大，所以残疾人的数量不可小视，有5 000多万。在社会交往活动中，往往会遇到他们，如何正确、恰当地对待残疾人，就成为一个很现实的问题。

由于残疾人这个特殊群体的情况很复杂，残疾部位不同，形成的原因不同，每个人的经历差别很大，其中有不少人在长期的实践中经过艰苦的磨炼，锻炼了他们的意志，培养了超越常人的心理承受能力，增强了信心和勇气，造就了吃苦耐劳、自强不息的品格，为社会作出了贡献，像我国的张海迪和美国的海伦·凯勒等就是突出的代表。她们是国内外知名人物，也是我们健全人学习的好榜样。但是，就大多数人来说，或者就一般情况而言，由于身体的残疾，而造成了他们的心理状态与一般正常人是不同的，如自卑感强、性格内向的人多，有的残疾人还胆怯、害羞、怕与人交往，甚至形成了孤僻、古怪的性格。因此，对待残疾人要根据他们的心理特征和具体情况，在很多地方要有不同于对待正常人的礼仪要求。

第一，在称呼上一定要做到尊重、亲切。年龄小些的，就称呼小王、小李等；年龄大些的，就根据本人的具体情况，可以称呼李师傅、张大伯、王大妈等；年龄和自己差不多的，就称呼赵大哥、宋女士、刘大姐等。在称呼的口气、语调上要亲切、亲近。千万不能叫李瞎子、张跛子之类，就是很熟悉的人，也最好不要这样称呼，即使开玩笑，在对他们的称呼上也要十分注意。

第二，和残疾人相遇时目光很重要，必须要做到以下两点：一是要用正常的目光看待，千万不要一看见残疾人就显示出奇怪或好奇的样子来；二是不能把目光停留在他们的残疾部位。如果事先不知道，一看见后就很快把目光移开去；如果事先知道的话，就根本不要看其残疾的部位。有的人见到陌生人以后，习惯于上下打量一番，这对健全人来说关系并不算大，但是绝不能这样看待残疾人，因为他们就是由于身体的残疾而感到不如人，如果有人仔细上下打量，就等于在他们的伤口上撒盐，这会再次伤害他们。

第三，和残疾人谈话，要特别注意回避与其生理缺陷有关的词语和内容。如果要谈及残疾人的事，就多谈些残疾人的事业、奋斗精神，社会的助残活动，个人的助残行为，在社会主义市场经济中的残疾人服务的企事业单位和发展前景等。一般情况下，不要涉及残疾人的事情，就像和正常人交往一样，谈话内容可以宽泛一些，根据谈话对象的爱好，天文、地理、历史、经济、政治、文化、新闻、趣事、国际、国内都可以谈，使其感到人们并没有对他们另眼看待。

第四，帮助残疾人时要特别注意方式方法。在帮助他们之前，一定要征得他们的同意后再进行具体的帮助。例如，遇到了盲人正要横穿马路时，就应该恭恭敬敬地走到他旁边，说明自己的身份，然后再问“我领你过马路，好不好”？如果他同意了就帮助他穿过马路。因为有些残疾人很好强，他们不喜欢甚至反感别人对他们的怜悯，如果不征得他们的同意，一上去就帮忙，可能会被他们拒绝，或者说些不好听的话，反而使你陷入尴尬局面。

总之，对待残疾人与对待一般正常人是不同的，要更多一些理解、关心和耐心，一定要用正常的心态和平等的态度与他们交往。

尊老敬老的礼仪

孝敬老人是我们中华民族的优良传统之一。有句古话说：人生在世，孝字当先。有的地方也这么说：作为人子，孝道当先。这两句话意思是相同的。实际上尊敬老年人是个世界性的问题，像美国对老年人就有许多优惠待遇，坐火车买车票时价格优惠许多。从老年人本身来说，他们的阅历丰富，经验很多，为社会作出了很多贡献，现在年纪大了，虽然不能像青壮年一样工作了，但是，他们的大量知识、丰富经验是整个社会的宝贵财富，他们应该毫不保留地传授给青壮年，作为社会不断发展、不断前进的推动力量。因此，老年人理应受到社会的尊敬和重视。事实上，社会越发展，文明程度越高，尊老敬老的风气就越浓。从另一个角度来说，对待老年人的态度就是社会文明程度和社会风气好坏的一个显著标志。对老年人越尊敬，越能激发老年人对社会的爱心和责任感，越能把自己多年积累的知识、经验和教训传授给后代人，也越能启迪青壮年人更加奋发图强，为社会多作贡献。尊敬老年人的一些具体礼仪知识有如下几点，应该特别注意。

第一，见到老年人以后要说敬语。敬语的运用要根据当时当地的具体情况。像青少年们见到了老年人，应该称呼大爷、奶奶，如说“李大爷您好！”“王奶奶身体还好吗？”；如果是壮年人见了老年人后应该称呼您老或大伯、大婶，像说“您老好！”“刘大婶身体还硬朗吗？”“张大伯您早！”等。现在有一些人见了老年人不使用敬语，经常连一个您字也没有，有的人就直呼老头儿、老太婆。这是很不礼貌的表现，表明这些人连起码的教养都没有，更不要说什么礼仪修养了。

第二，对待老年人必须从心底里要有一种尊敬的感情。例如：在公共汽车上、地铁里主动让个座位，上下车时主动让老年人先上下，或帮助拿一下东西、扶一下等；遇到老年人时，根据具体情况，或起立、或下车、或行礼、或问候、或谦让、或主动为其服务等。这些事情看起来虽然很微小，但是却能表现一个人的精神风貌和内在涵养。如果能这样对待老年人，就表现了我们中华民族的优良传统和整个社会的文明进步。

第三，要不断向老年人学习。我们不仅要尊敬老年人，更要虚心向老年人学习，学习他们的社会经验、科学知识、人生教训、做人的道理和方法、修身养性的秘诀。老年人的丰富阅历本身就是人生的无价之宝，如果是一位聪明的年轻人，就应该自觉向老年人学习，这样就如虎添翼，前途无量。任何一个正常的老年人，都有值得我们学习的很多东西，关键在于我们每个人自己的学习态度和学习方法。

教育子女的礼仪

由于每个家庭的经济状况、人员构成、文化层次、社会地位、追求目标、价值观念、周围环境、社会交往等的千差万别，体现在教育子女的方法、态度上也就各不相同。我们中华民族很重视教育子女，这也是我们的优良传统之一，代代相传的教子方法有成千上万种。现在，由于我国实行计划生育政策，独生子女越来越多，教育子女的难度越来越大，这就需要我们更加重视这个问题。从教育子女的方法上来说，没有优劣之别，因为每个小孩因其家庭情况的不同，而各有各的秉性、特点、爱好等，关键是要有针对性，即针对不同的孩子，采取相应的教育方法。因此，检验教育子女方法的好坏，只有效果这么一个标准，只要有好的效果，就是好的教育方法。下面从礼仪的角度谈谈教育子女的若干个极其重要的原则和方法。

第一，要正确理解和处理教与爱的关系。教子是为了爱子，爱子就必须进行严格的教子。这里说的爱子，不是溺爱子女，而是真正地爱子女，正确地爱子女。要真正地爱子女，就必须着眼于子女的未来、子女的前途。现在有不少父母，对自己的子女爱若掌上明珠，当做小皇帝侍奉着，事事依着小孩。这种怜惜性的爱是短视的爱。有人把教育完全放在了爱的对立方面。例如小孩子们打架，有的家长不问清原因，只是一个劲儿地庇护自己的孩子，如果打架的事就是由你的孩子引起的，这无异于纵容孩子的错误。古人说得好：安危在于是非，不在强弱；存亡在于虚实，不在众寡。孩子长大以后走入社会，是要为人民服务，为社会作贡献的。如果把孩子教育成刁钻、蛮横、不讲道理的人，恐怕其前途是不言而喻的。

第二，从小培养孩子的吃苦耐劳精神至关重要。俗话说，吃得苦中苦，方有甜中甜。人的伟大就在于能创造财富，能创造世界。要创造就要劳动，要劳动就要吃苦耐劳。不论是脑力劳动，还是体力劳动，不吃苦是无法创造出卓越成绩的。吃苦精神就要从小培养。在吃的方面，只要小孩不是太小，尽可能和家人吃一样的饭菜，把给小孩的零吃、单吃、偏吃尽可能减少到最低限度；在穿的方面，平时一定要朴素一些，新衣服、好衣服最好在过节、走亲威、参加集体活动等时穿；在平时的各种活动中，要鼓励孩子尽最大努力去参与，不要怕累、怕脏、怕流汗、怕出力；如果碰到什么困难，就要启发孩子动脑筋、想办法去克服困难，战胜困难。

第三，重视培养孩子的独立人格和独立精神。从小时候起，就要让孩子学着干事情，从吃饭、穿衣、穿鞋袜开始。随着年龄的增长，逐渐让孩子学着做日常生活中的一些事情。如清洗衣被、收拾房屋、做饭、做简单的针线活、采购东西、帮助家人处理一些较复杂的事务等。现在不少家长怕耽误孩子的学习，不让孩子干家务活，这对孩子自立能力的培养是不利的。干家务活是利用茶余饭后的零星时间、课余时间，不是用大块时间。和大人一起干家务劳动的过程中，大人随时可以了解孩子的所思、所想、所作、所为，及时掌握孩子的思想动态和感情变化，便于针对性地进行教育。更重要的是在一点一滴的劳动过程中培养孩子的劳动观念、创造意识、动脑筋的习惯，久而久之就会形成独立的人格和独创精神。

第四，培养孩子的爱心是不可忽视的重要一环。培养孩子的爱心要从点点滴滴的小事做起，由小到大，循序渐进，即教会孩子爱惜一针一线到爱惜粮食、爱惜衣服、爱惜花草、爱惜飞鸟和益虫、爱惜财物、爱护别人、乐于助人等，从爱护一草一木到爱父母、爱祖国、爱人民、爱事业，逐步塑造出一种乐观向上的情操来。

第五，要重视孩子的习惯养成。俗话说：习惯成自然。古语中也有习惯之后如绳索的说法。这些都说明习惯对一个人的作用之大。如果一个小孩子能从小养成良好的生活习惯，就不用大人操心，自觉地该学习就学习，该玩要就玩要，该洗手就洗手，该吃饭就吃饭，该睡觉就睡觉。这样就养成了很强的自制能力，从而提高了孩子的自觉性，长大以后，必然是位严于律己、素质很高的人。

第六，注意观察孩子，发现其特殊兴趣后，尊重孩子的兴趣，加大培养力度。但是千万不要拔苗助长，要循序渐进，在德、智、体、美、劳全面发展，提高孩子综合素质的基础上，特别发展其兴趣，按照人才成长的规律进行培育。

打招呼的礼仪与学问

第一，对打招呼要有正确的认识。有的人不重视打招呼，认为天天见面的人就用不着打招呼，有的人认为自己家里的人也用不着打招呼，有的人认为无关紧要的人就用不着打招呼，有的人不愿意先向人打招呼。我们常常听到有人说：“干吗我要先给他打招呼！”等等。这些认识都是不正确的。打招呼是联络感情的手段，沟通心灵的方式，增进友谊的纽带。所以，绝对不能轻视和小看。对自己周围的人，包括单位的同事、家里的亲人、邻里、同学、朋友等，不论其身份、地位、性别、年龄，都应该一视同仁，只要照面就要打招呼，表示亲切、友好，这也是一个人内在修养程度高低的重要标志。至于打招呼的先后是无关紧要的，有的人喜欢拉架子，不愿意先向人打招呼，其实，先打招呼是主动的表现，是热情的象征，获得了人际关系的主动权，有什么不好呢？

第二，打招呼的方式可以灵活机动，多种多样，有的可以问好、问安，有的可以祝福，有的可以握手，有的甚至可以拥抱，有的点头，有的挥手、招手，有的微笑，有的喊一声，有的叹一声等等。打招呼的时候，要根据具体情况，表示出对他人的尊敬和重视，如在行走的过程中打招呼时，或是停下脚步，或是放慢行走速度；如骑自行车的时候，或是下车，或是放慢行驶速度；在室内或非行进过程中时，或是起立，或是欠欠身、点点头都可以。但是，不论在什么地方和什么时候，打招呼的时候，都要面带微笑，眼睛看着对方，表示诚心诚意地向别人奉上一个见面礼，不是敷衍了事、客套一番而已。

第三，要认真回谢对方。别人向你打招呼时，要向别人认真地、及时地、热情地回谢。把“谢谢”二字说得恰到好处也很有学问，口与眼要紧密配合，嘴里说“谢谢”时，眼神里一定要表现出出于真心，不是漫不经心地随便应付一句。否则，毫无表情，连看都不看一眼，就随便敷衍一句，别人立刻会感到你的虚伪，从而会从心底里泛起反感和不快，甚至产生厌烦情绪，回谢之意起到了相反的作用。人多的时候，要向大家致谢，或一一道谢，或一起道谢，使每个人都感受到你的诚意。

忌开玩笑过度

朋友之间、熟人之间开开玩笑是免不了的。它不但可以活跃气氛、融洽关系、增进友谊，还可以使开玩笑的人具有幽默感。但是，凡事都有个“度”，超越了这个“度”，不但达不到预想的目的，还会弄巧成拙、适得其反。开玩笑也是如此。

开玩笑的“度”，没有固定的衡量标准。它是因人、因时、因环境、因内容而定。具体如下：

一要看对象。由于每个人的性格、秉性各不相同，使得他们的承受能力也有所不同。有的人开朗活泼，为人豁达、大度，有的人寡言少语、谨小慎微，也有的人生性多疑。因此，同样的玩笑对有的人可以开，对有的人就不能开；对男性可以开，对女性就不能开；对青年人可以开，对老年人就不能开。如果不注意这些分别，很可能因一句玩笑而影响了人与人之间的感情。

二要看时间。同一个人，在不同的时间里会有不同的心境和情绪。有时情绪好，有时情绪低落。同样一句玩笑，在对方心情开朗时，他不会计较，而当他心情坏时，就可能耿耿于怀。因此，开玩笑最好选择大家心情都比较舒畅时。

开玩笑还要看场合和环境。一般来说，在安静的环境中，最好不要开玩笑。如，别人学习和工作时，在庄重、紧张的场合，不宜开玩笑。如参加庄重的会议或社会活动时，在悲哀的环境中，不应该开玩笑。如参加吊唁活动或探望病人时，在大庭广众之下，应少开或不开玩笑。

三要看内容。开玩笑要讲究内容健康高雅，注意情调。切忌拿别人的生理缺陷开玩笑；忌揭别人的"疮疤"；忌开庸俗无聊、低级下流的玩笑；忌开捕风捉影、以假乱真的玩笑。不要把自己的快乐建立在别人的痛苦之上。而应在开玩笑过程中融入知识性和趣味性，使大家在开玩笑中学到知识、受到教育、陶冶情操、增加乐趣，从而收到积极的效果。

忌随便发怒

喜怒哀乐，本是人之常情，也是人的内心世界的真实表现。本不足为怪，也不应干涉。然而，在社交场合却不能随便发怒。这是因为随便发怒至少会产生两种不良后果：一是对发怒的对象不友好，可能会伤了彼此的和气和感情，失去熟人或朋友之间的信任与友谊。二是对发怒者本人不利。俗话说"气大伤身"，发怒者会给自己的身体带来不良的影响不必说，还要影响发怒者的自身形象。因为人们常会认为发怒者缺乏修养，不宜深交。

那么怎样才能克制自己少发怒甚至不发怒呢？主要应做到以下几方面：

一是遇事冷静思考。心理学研究表明，人的愤怒情绪按其程度可以分为9个梯级：不满，气恼，愠，怒，愤懑，激愤，大怒，暴怒，狂怒。当人处在第一、二梯级时，还不一定发脾气，但已有发脾气的情绪基础了；在三、四梯级时，脾气有点发出来了，但还能听规劝或可进行情绪转移；到五、六梯级时，自我克制能力已经很差，而且已具有某种“主动进攻”的色彩；到七梯级以上时，脾气就很大了，几乎完全丧失理智，往往会造成破坏性的后果。然而人的脾气与怒火，会随着距事情发生时间的加长而出现递减的状态。因此，遇事不要急，先静下心来想一想，怒气就会大减，以至息怒。

二是多为他人着想。人的习惯和本能是不断地为自己的行为、信念和感情辩解。在社会交往中，有的人就不知不觉地把自己与他人分别对待。对别人比较苛求，对自己则比较宽容，久而久之就变得事事不顺心，看谁都不顺眼，进而变得易怒。对于这种人，要正确地对待他人，凡事都要从别人的立场和角度去考虑，多为他人着想，从中找出自身的问题，以便改掉易怒的脾气。

三是平等待人。在我们今天的社会里，人与人之间是平等互助、互相尊重、互相理解的关系。充分认识这一点，你就能平和礼貌地与人相处，也就不会动辄对人发怒，拿别人当出气筒了。

忌恶语伤人

所谓恶语，是指那些肮脏污秽、奚落挖苦、刻薄侮辱的一类语言。这些语言是极不文明极不礼貌的。如果在社交活动中口出恶语，不但伤害他人的感情，而且有损自身形象，会成为不受欢迎之人。

俗语说：“良言一句三冬暖，恶语伤人六月寒。”在社交活动中应极力避免恶语的出现。要做到这一点，主要应从以下几方面努力：

三思而后言。在与人交谈过程中，要冷静思考，每说一句话都应经过大脑的分析，避免不假思索而出口不逊。

回避发怒的人。恶语往往出现于人的盛怒之下。因此，要避免恶语的出现，首先应做到控制自己的怒火，同时回避正在或正要发怒的人。

注意沟通。恶语有时是在双方发生误解和矛盾的情况下出口的。因此，要避免恶语，就要先消除双方的误解，解决双方的矛盾。而误解和矛盾的消除必须借助于彼此的沟通。

语言本是人们交流思想、传递信息和沟通情感的工具，但恶语却是损害别人尊严、刺痛别人神经和破坏相互关系的祸根，是社交之大忌。但是，只要我们每个人都从我做起，不断提高自身素质和修养，注意语言美，充分认识到尊重别人，就是尊重自己，伤害和侮辱他人的同时也贬低了自己，那么，在社会交往中就不会出现恶语伤人之事了。

忌飞短流长

所谓飞短流长，意思就是说长道短，随意评论他人的好坏是非。这同样是社交之大忌。常言道，人与人交往贵在真诚，要以诚相见。那种当面是人背后做鬼，私下议论别人是非的做法，是不利团结的，而且会伤害朋友之间的感情，最终使你失去朋友。因此，在社会交往中要注意以下几点：

不要干涉别人的隐私。我们提倡朋友之间以诚相待，胸怀坦荡。但这并不是说个人全然没有秘密，必须把自己的一切公诸于众。只要是不违背法律和道德，不损害他人利益和侵犯他人权利，每个人都可以有自己的隐私。这种隐私应该受到尊重和保护。到处试探别人的隐私当新闻来传播的行为是不道德的，是对当事人人格的侵犯。

不要主观臆断，妄加猜测。在日常生活和工作中，有些人喜爱捕风捉影，无事生非，制造所谓的新闻。殊不知，这样做既制造了人与人之间的矛盾，也损害了当事人的名誉，不利于人与人之间正常交往的顺利进行，这种人为多数人所不齿。因此，在社会交往中要学会用善良的眼光看人，不能听风就是雨。

不要传播不负责任的小道消息。小道消息往往是未加证实的消息，有的甚至是凭空捏造的。因此，一个道德高尚、有修养、会交际的人应该自觉抵制小道消息，而不是随波逐流，津津乐道。

对朋友的过失不能幸灾乐祸。人非圣贤，孰能无过！一个人在工作和生活中出现差错和过失是在所难免的。对待朋友的错误不能熟视无睹，更不应幸灾乐祸，而应积极相助，指点迷津。这才称得上是真正的朋友。只有这样的人在社会交往中才会赢得朋友的信赖，交到更多更好的朋友。

忌言而无信

社会交往中，“信用”二字至关重要。自古就有“一诺千金，一言百系”“一言既出，驷马难追”的说法。因此，要让别人相信你、尊重你，你就必须要言而有信。

古人云：“人无信，不可交。”如果言而无信，在社交场合中就不会有自己真正的朋友。而要做到言而有信，必须从以下几个方面约束自己：

一是对朋友以诚相待。与朋友相处要坦诚，只有牢记这一点，才能与朋友建立相互信赖的关系，朋友才会信任你。

二是记住自己的许诺。前面谈到的“一诺千金”就是告诉我们，不能轻易向别人许诺，一旦许了诺，就要记住，并不遗余力地去兑现，否则会使你失信于人。

三是言而有信，行而有果。一个人要时刻对自己的言行负责，说了就要做，做不到就不要说。要严守信誉，绝不食言。

见面礼仪

一、公关人员与公众见面

人与人交往的第一步就是见面。见面及见面时的礼节就是公关人员留给公众第一印象的重要部分。公共关系的过程实际上是一个组织与公众之间交流信息的过程，这种信息交流很大程度上又是依靠公关人员的直接参与而进行的。同时，传播的效果首先是通过公众对公共信息的注意而表现出来的。人们往往凭自己的直觉去判断对方是否能够信任，是否可以继续交往、交流和沟通。心理学的研究成果表明：人们初次和他人接触时形成的印象往往最为深刻，而且对以后的人际交往起着指导性作用。也就是说，当不同的信息结合在一起时，人们往往重视前面的信息，而忽视后面的信息，即使人们同样注意到了后面的信息，也会倾向于认为后面的信息是“非本质性的”“偶然的”；当前后信息不一致时，会屈从于前面的信息，按照前面的信息来解释后面的信息，从而形成整体一致的印象。为此，公关人员对见面的礼节及其礼仪规范应予以特别的重视。

其实，我国自古以来就十分重视初次见面礼节及礼节实施的规范。常见的有“揖”，即“拱手为礼”。其方法是身微俯，手与心齐，双手交合。这种礼仪始自先秦，至今偶尔还可看到；“拜”，包括跪地叩头、打躬作揖等，以表示敬意。自推翻帝制后，跪拜为鞠躬所替代，三鞠躬至今被视为重礼。随着社会的进步，日常社交场合中普遍为人们接受和使用的见面礼仪融进了更加文明、更加丰富的内容。因此，为了给别人留下一个良好的印象，取得公共活动的成效，不仅在一般普通人际交往中，而且在公共关系活动中尤其需要掌握和遵循见面礼仪。

二、致意礼仪

除握手礼外，在国内的社交场合人们使用的见面礼还有举手、点头、脱帽、欠身等等。它们主要适用于已经相识的友人之间在大庭广众中相互致意。

致意的基本规则是男士应先向女士致意，晚辈应先向长辈致意，未婚者应先向已婚者致意，职位低者应先向职位高者致意。一般而言，作为女士，唯有遇到长辈、上司以及自己特别敬佩的人时，才需要首先向对方致意。遇到别人首先向自己致意时，不管自己心情如何，感觉如何，都必须马上用对方所采用的致意方式“投桃报李”回敬对方，绝不可视若不见、置之不理。

由于致意主要是在不宜多谈时以动作去表达对他人的问候，所以致意的动作不能马马虎虎，表情也不能过分呆板，或显得萎靡不振。

致意是一种不出声的问候，故向他人致意时一定要使对方看到、看清，才会使自己的友善之意被对方接受。致意时不要同对方相距太远，比如站在几十米之外，也不要站在对方的侧面或背面。假如对方由于看不到或看不清楚而对你的致意毫无反应，是令人非常难堪的。

举手向朋友们打招呼致意，通常不必作声。只要将自己的右臂抬起，向前方伸直，轻轻摆摆手即可，不需要反复的摇动。以举手致意作为见面礼，适用于同与自己距离较远的熟人相逢之际。

用点头作为见面礼，大多适用于与对方不宜交谈的场合。例如，会议或会谈正在进行，行进在人声嘈杂的街道上，或是置身于影剧院或歌舞厅之中。与仅有一面之交者在社交场合相逢，或是与相识者在同一场合中多次见面，点头也可以派上用场。在外交场合，遇到高身份领导人，应有礼貌地点头致意，表示欢迎，不要主动上前握手问候。只有在领导人主动伸手时，才可向前握手问候。

在国外，信奉伊斯兰教的女士按教规规定，不能与男士握手，但点头礼尚可。美国人在日常交往中大都不拘小节，因而两人初次见面时，点头礼用的也比较频繁。

点头为礼的正规做法应是用头部向下稍许晃动一两下，同时目视被致意者。不应把头高高扬起，用鼻孔“看”人，或是头部晃动的幅度过大，点头不止。

点头礼多用于不宜高声谈论的场合。但如果双方距离很近，并且有可能交谈，则不妨降低音量谈几句话，否则便显得不近人情。

微笑即面含笑容，是不显著、不出声、不露齿的笑。在社交场合中，它可以替代其他见面礼向友人“打招呼”致意。具体而言，它可以用于同不相识者初次会面之时，也可以用于向在同一场合反复见面的老朋友“打招呼”之际。微笑的要旨，是要求真诚、自然、朴实无华，否则会有悖于与人为善的初衷。

欠身礼，即全身或身体的上半部分在目视被致意者的同时，微微前倾一下，意在表示对他人的恭敬。其适用的范围比较广泛，可以向一个人欠身致意，也可以向几个人欠身致意。欠身为礼时，双手不应拿着东西或插在裤袋里。

在一些场合，男士会向女士脱帽行见面礼。脱帽礼具体做法如下：戴着礼帽或其他各种有沿帽的男士，遇到友人特别是女士时，应微微欠身，用距对方较远的那只手摘下帽子，并将其置于与肩膀平行的位置。这样做显得姿势优雅，同时便于同对方交流目光。离开对方时，脱帽者才可使帽子复位。

若是在室外与友人相遇，可以其他见面礼向对方致意，也可以一言不发行脱帽礼。此刻行脱帽礼不用摘下帽子，只要用距离对方较远的那只手轻轻地把帽子向上掀掀就可以了。遇到男士行此礼，女士应当用适当的方式向对方致意，但女士是不行脱帽礼的。

上述各种致意方法，在同一时间里面对同一个人时，可以只选用一种，也可能数种并用。例如，点头、欠身、微笑等等，是可以一气呵成的。关键要看对方是谁，以及致意人想将自己对对方的友善之意表达到何种程度。

三、其他见面礼

除前面介绍的见面礼节外，公关人员还有必要了解其他国家的一些见面礼节，以在一定场合见机行事，应付自如。

（一）拱手礼

拱手礼即中国旧时的作揖。亲朋好友聚会、聚餐或祝贺、登门拜访、开会发言等，见面时相互施以此礼。拱手礼的行法，是行礼者首先立正，两手合抱前伸，然后弯身，并将合抱的双手上下稍作晃动。行礼时，可向受礼者致以祝福或祈愿，如“恭喜发财”“请多关照”等等。自己握住自己的手摇，代替握别人的一只手摇。来华的外国人认为这种礼仪东方气息浓厚，既文明又有趣。现在一般用在非正式场合或气氛比较融洽时，如春节拜会、宴会、晚会等。

（二）鞠躬礼

在朝鲜、韩国，特别是在日本，人们以鞠躬礼作为见面礼。鞠躬，意即弯身行礼，是对他人郑重其事地表示尊重与敬佩的一种方式。鞠躬礼源于中国，在先秦时代，两人相见，以弯曲身体待之，表示一个人谦逊恭谨的姿态，但还没有形成一种礼仪。而在西方所谓的骑士时代，鞠躬则象征了对敌手的屈膝投降。在今天，鞠躬已成为一种交际的礼仪，在下级对上级、同级之间，初识的朋友之间，为表示对对方的尊敬都可行此礼。

以日本为例，虽然人们见面时都行鞠躬礼，但不同的弯身程度表示的尊敬程度并不相同。对同事或平辈行鞠躬礼时，应立正站好，背部挺直，双手分别贴放在双腿两侧，随后弯身低头，对他人表示敬意。若是对长辈和上司行鞠躬礼，弯身的幅度更要大一些，行礼者的双手应放在双腿正面，随着弯身将手指尖下垂到大腿中部。向名人、贵宾或有恩于己的人表示特别的敬意或感激时，鞠躬弯身的幅度要大，其双手的指尖应垂至双膝为止。

行鞠躬礼时，必须注目，不得斜视，以示一心不二，受礼者也同样，而且行礼时不可戴帽。需脱帽时，脱帽所用的手应与行礼的边相反，比如向右边的人行礼，则左手脱帽；向左边的人行礼，则用右手脱帽。此外，行礼时口中不能含着食物或香烟。上级或长者还礼时，可以欠身点头或同时伸出右手以答之，不鞠躬亦可。

（三）拥抱与吻手礼

在欧美各国，人们在见面或告别之时，经常使用拥抱礼。在正式的场合和仪式中，礼节性的拥抱是两人相对而立，上身稍前倾，各自抬起右臂，将右手搭放在对方左肩之后。左臂下垂，左手扶住对方的右后腰，然后按自己的方位，双方均向各自的左侧拥抱对方，然后向右侧拥抱，最后再次向左侧拥抱。礼节性拥抱一般时间很短，拥抱时双方身体也不必贴得很近。这种做法相对正规。在普通场合，大可不必如此讲究，重要的是将自己的热情友好之意表达出来。西方人在商务往来中并不使用拥抱礼。

阿拉伯人是使用此礼的，但仅限于同性之间使用。在亲人、熟人的日常交往中使用较多，如夫妻间是拥抱亲吻；父母与子女之间是亲脸、亲额头；兄弟姐妹等平辈之间是贴面颊。

在公共场合，关系亲近的女士之间是亲脸；男士之间是抱肩拥抱；男女之间是贴面颊；长辈对晚辈亲额头；男士对尊贵的女士则行吻手礼。

吻手礼是欧美男士在较为正规的社交场合以亲吻女士手背或手指的方式，表示敬意的一种隆重的见面礼。做法是：男士行至女士面前，首先立正欠身致敬，然后以右手或双手轻轻抬起女士的右手，同时俯首躬腰以自己的双唇靠近它，最后用微闭的嘴唇象征性地轻轻触及一下女士的手背或手指。行吻手礼仅限于室内，在街道上或是车站、商店等公共场合均不适用。对未婚少女是不行此礼的，它主要被男士用于向自己敬爱的已婚女士表示崇高的敬意。

吻手礼的吻只是一种象征，故要求干净利索，不发声响，不留“痕迹”，否则就显得无礼。

在波兰、法国和拉美的一些国家里，向已婚女士行吻手礼是男士有教养的一种标志。在一般情况下，中方女士遇到外方男士在社交场合向自己行吻手礼，是可以接受的。若推脱，或是面红耳赤、不知所措，会使对方感到丢面子。

（四）合掌礼

此礼在东南亚和南亚信佛教的国家里十分流行。它的做法是：面对受礼者，两个手掌在胸前对合，五指并拢向上，手掌向外侧稍许有些倾斜，然后欠身低头，并口诵“佛祖保佑”。

通常合掌礼的双手举得越高，表示对对方的尊敬程度越高。向一般人行合掌礼，合掌的掌尖与胸部持平即可，若是掌尖高至鼻尖，那就意味着行礼者给予了对方特别的礼遇。唯有面对尊长者时，行礼者的掌尖才允许高至前额。

在以合掌礼为见面礼的国家里，人们认为合掌礼比握手礼高雅，而且要卫生得多。因此，当别人向我们施以这种礼时，应尊重对方习俗，以同样的礼节还礼。

除以上介绍的几种见面礼外，还有缅甸人常用的跪拜礼，在尼泊尔、斯里兰卡、也门及波利尼亚等地人们盛行的吻足礼，以及盛行于西亚与北非沙漠地区和新西兰毛利人的碰鼻礼。见面礼虽多种多样，且各自的讲究也不尽相同，但最重要的是行礼者要做到心中有底、真诚热情、用心专一。

介绍礼仪

一、为他人作介绍

介绍，简单地说就是向有关人士说明有关情况，使双方相互认识，通过符合礼仪的介绍可以使互不认识的人之间解除陌生和畏惧，建立必要的了解和信任。这其中的奥妙不在于介绍本身，而在于介绍过程中应当循礼行事。

属于社交场合的介绍基本上有两种，即为他人作介绍和自我介绍。

为他人作介绍，就是介绍不相识的人相互认识，或是把一个人引见给其他人。为他人作介绍时须注意以下几个方面的问题。

（一）掌握介绍的顺序

介绍时要坚持受到特别尊重的一方有了解对方的优先权的原则，即介绍要有先后顺序。在社交活动中，为他人作介绍的先后顺序大体上有以下六种：

其一，把男士介绍给女士，即把男士引见给女士而不是相反。这是“女士优先”精神的具体体现，也是最常见的一种方式。唯有在女士面对尊贵人物时，才允许有例外。

其二，把晚辈介绍给长辈，即优先考虑被介绍人双方的年龄差异，通常适用于同性之间。

其三，将客人介绍给主人，它适用于来宾众多的场合，尤其是主人未必与客人个个相识的情况。

其四，把未婚者介绍给已婚者，它仅仅适用于对被介绍人非常知根知底的前提之下。要是拿不准，还是不要冒昧行事。

其五，把职位低者介绍给职位高者，它适用于比较正式的场合，特别适用于职业相同的人士之间。

其六，把个人介绍给团体，当新加入一个团体的人初次与该团体的其他成员见面时，负责人要是介绍他与众人一一相识太费时间，此刻往往会采取这种方式来避免麻烦。至于想认识每个成员的话，那么留待适当的时间相互作自我介绍就好了。

以上几种方式，基本精神和共同特点是“尊者居后”，即应把身份、地位较为低的一方介绍给相对身份、地位较为尊贵的一方，以表示对尊者的敬重之意。在口头表达时，得体的做法是，先称呼受尊敬的一方，再将介绍者介绍出来。介绍的顺序已为国际所公认，颠倒和错乱顺序的后果是不会令人愉快的。

在社交场合，究竟应当采用哪种方式，应具体问题具体分析。比如，有时可能会遇到一些难以按常规处理的情况，如需要介绍两位地位不相上下的经理先生或是两位经理夫人相识。对前者，不能按照“把职位低者介绍给职位高者”的惯例行事，因为两位经理先生的职位高低难分伯仲。对后者，恐怕也不能按照“把晚辈介绍给长辈”的规矩去介绍，因为女士的年龄属于个人秘密，更何况没有一位女士愿意承认自己“显得老”的。在这种职位难分高下、年龄大小不便明说的情况下，只有采取“先温后火”，或“先亲后疏”的办法，才能“过关”。“先温后火”，意即把脾气好的一方介绍给脾气欠佳的一方；“先亲后疏”，意即把与自己关系密切的一方介绍给自己较为生疏的一方。一般而言，脾气好的人、自己的熟人，总归好说话。而脾气欠佳的人、自己较为生疏的人，却可能喜欢挑礼，是不好得罪的。

还有些时候，需要把一个人介绍给其他众多的在场者。此刻最好按照一定的次序，如顺时针方向或逆时针方向，自右至左或自左至右，依次进行。若没有地位非常尊贵的人在场，就不该破例，挑三拣四地“跳跃式”进行。那样做的话，弄不好会伤人的。

（二）明确介绍人的职责

为他人作介绍的介绍人，在不同场合由不同的人来担任。在公务活动中，公关人员是最适当的介绍人人选。若是接待贵宾，则介绍人应是本单位职位最高的人士。而在社交场合，例如参加舞会、出席宴会时，介绍不相识的来宾相互认识，是主人义不容辞的责任。在另外一些非正式场合，与被介绍人双方都相识的人也可以担任介绍人，介绍自己的朋友们相识。此外，如果想认识一个人，可主动要求另外一个与双方都比较熟悉的人来为引见人，根据礼节来讲，这是允许的。

介绍人为他人作介绍时，处于当事人之外，因此介绍前，必须充分考虑到被介绍人双方有无相识的必要或愿望，必要时，可询问被介绍人的意见，以防为他人作介绍时冷场。在为不同国籍人士作介绍时，宜先考虑两国之邦交。除此以外，作为介绍人要注意介绍时的陈述及介绍时的神态，这是介绍成功与否的重要因素。

介绍人的陈述，就是介绍人在为他人作介绍时应当说的话。介绍人陈述的时间宜短不宜长，内容宜简不宜繁。通常的做法是连姓带名加上尊称、敬语。较为正式的话，可以说：“尊敬的约翰·威尔逊先生，请允许我把杨华先生介绍给您。”比较随便一些的话，可以略去敬语与被介绍人的名字，如“张小姐，让我来给你介绍一下，这位是李先生”。或以手势辅助介绍，先指向一方，说“王先生”，再指向另一方，说“刘先生”。只有对于儿童，才可以称其名，而略去其姓。

为他人作介绍时，要避免给任何一方厚此薄彼的感觉。不可以对一方介绍得面面俱到，而对另一方介绍得简略至极。也不可以对被介绍的一方冠以“这是我的好朋友”，因为这似乎暗示另外一个人不是你的朋友，所以显得不友善，也不礼貌。要是介绍人能找出被介绍双方的某些共同点，会使初识的交谈更加顺利。必要时介绍人还可以说明被介绍者与自己的关系，便于新结识的人相互了解和信任。要是介绍人感到时间宽裕、气氛融洽，在为被介绍人作介绍时，除了介绍姓名、单位和所任职务外，还可以介绍双方的爱好、特长、个人学历、荣誉等，为双方提供交谈的机会。

介绍时的神态，主要涉及介绍人在作介绍时的动作表情与被介绍人届时的所作所为两个方面。作为介绍人，在为他人作介绍时，态度要热情友好、认认真真，不要给人以敷衍了事或油腔滑调的感觉。作介绍时，介绍人应起立，行至被介绍人之间。在介绍一方时，应微笑着用自己的视线把另一方的注意力引导过来。手的正确姿态应是手指并拢，掌心向上，胳膊略向外伸，指向被介绍者。但绝对不要用手指去对被介绍者指指点点。

作为被介绍者，在被介绍给他人时，应表现出结识对方的诚意。一旦介绍人开始介绍，除贵宾与长者外，被介绍者一律应起立，并以正面面向对方，不能只看介绍人，还要目光柔和但又专心致志看着对方的眼睛。随着介绍人的介绍，向对方点头致意，或用一些感叹词来呼应他的介绍。待介绍完毕后，应热情和对方握手，并互问“你好”。如在“你好”之后再重复一遍对方的姓名或称谓，则不失为一种亲切而礼貌的反应。对于长者或有名望的人，重复对其带有敬意的称谓无疑会使对方感到很愉快，同时将对方名字重复一遍还可以加深记忆。至于讲话时的语气则要看想表达感情的程度而定，可以用兴奋的口吻，也可以用不在意的腔调，即使不喜欢甚至厌恶某人，也不妨对他们彬彬有礼。但也不要对尊敬的人过于殷勤，如“久仰久仰”“久闻大名，如雷贯耳，今日得见，幸甚幸甚”之类的客套话，最好还是免了。否则显得矫揉造作，缺少诚意。如果确实很高兴，可以说“很高兴认识你”。切记要注意自己的语气和腔调，它们往往比语句本身更能表明态度。

如果在会谈或宴会的进行中被介绍给他人，可不必起立，但仍应当面对对方，微笑着点头，或欠身致意。

无论从哪个角度讲，自己在介绍时的所作所为都直接关系到留在他人心目中的第一印象的好坏，因此必须慎重对待。

二、自我介绍

在许多社交场合，往往为了有意去接触某人，为了多结交一些朋友，需要主动趋前介绍自己给对方，这就是自我介绍。在一般情况下，要掌握好自我介绍的艺术，必须注意以下几个方面。

（一）自我介绍要寻找适当的机会

要想使自我介绍取得成功，即使自己能够给对方留下深刻的印象，并使其对自己产生好感，首先应考虑当时的特定场合是否适宜进行自我介绍。显然，若是对方正忙于工作，或是正与他人交谈，或是大家精力集中在某人或某件事情上的时候，作自我介绍有可能打断对方，效果一定不会太好。如发现对方心情欠佳，或疲惫不堪时，也不应上前打搅。如果对方一个人独处，或春风得意之时，他对你的自我介绍不仅洗耳恭听，而且肯定会有良好的反应。此外，在大家闲谈的时候，或出现冷场的时候，抓住时机进行自我介绍。这样，在场的人就不会觉得很唐突，而且会很愉快、很乐意接受你的自我介绍。

（二）必须镇定而充满信心

自我介绍时，介绍者就是当事人，其基本程序是先向对方点头致意，得到回应后再向对方报出自己的姓名、身份、单位及其他相关情况，语调要热情友好，充满自信，眼睛要注视对方。如“您好，我是××××××的业务员”，同时递上事先准备好的名片。要自然、大方，不要扭扭捏捏。一般人对于自信的人会另眼相看的，如果你充满信心，对方会对你产生好感，如自我介绍时流露出羞怯心理，会使人感到你不能把握好自己，可能会使对方对你有所保留，彼此之间的沟通便有了障碍。

（三）根据不同的交往目的，注意介绍内容的繁简

在社交场合，自我介绍的内容大体由三个要素构成，即本人姓名的全称、本人供职的单位及本人的职业（职务）。自我介绍的三要素简明扼要，能使他人对你初步有所认识。一般的自我介绍大都需要将三者一气呵成地报出来。须强调的是初次见面时的自我介绍，本人姓名一定要报全称，否则随便一句“叫我小张好了”，就明显地带有不愿进一步深谈、拒人千里之外的意思。如“我叫张小丽，在××××××负责营销工作……”要是三要素无一遗漏，再加上辅以交换名片，对方恐怕就不会再忘你了。

虽然自我介绍的内容由三个基本要素构成，但不一定每次都面面俱到，而应视交际需要来决定介绍的繁简。一般参加聚会、沙龙或演讲，发言前的自我介绍应简明扼要。有些社交场合，如果对方不一定有多大的兴趣去深入地了解你，这时只报出自己姓名的全称，为对方提供称呼自己的方便就足够了。而在另外一些情况下，例如自己很想认识对方，或者对方显然也有认识自己的愿望，或者对于公开招标过程中的投标者来说，自我介绍仅仅局限于三要素，恐怕就不够了。此时，还可以简略地介绍一下自己的籍贯、出生地、母校、专长、兴趣等等。

（四）自我评价要掌握分寸

自我介绍时措辞要注意适度。有些人唯恐别人不识眼前“君子”，一开始便炫耀自己的身份、门第和博学多才，显得锋芒毕露，让人觉得夸夸其谈，华而不实；对自己所在的组织也不要大吹大擂，以免给人留下虚假、不诚实的印象，损害组织的声誉。也有些人正相反，喜欢作一番自我贬低式的介绍，以示谦虚和恭敬。比如“小人才疏学浅”之类的话，其实大可不必。因为那样对方会以为是客套话，言不由衷，或以为是故意摆摆噱头。而西方人则会信以为真，认为不屑一谈。只有实事求是、恰如其分地介绍自己，才会给人诚恳、坦率、可以信赖的印象。总之，自我介绍中，既要表现出友好、自信和善解人意，还应力戒虚伪和媚俗。介绍的语言既要简单明了，又能使对方从介绍中找到继续谈下去的话题，既要使对方通过你的介绍对你有所了解，又不使对方觉得你在自吹自擂。

此外，在自我介绍之后，对对方的自我介绍以及随后的交谈要表示出耐心与兴趣，尽量多谈一些对方感兴趣的事情。不要把对方当成一名听众，只顾自己侃侃而谈。以礼待人的态度要始终如一。

三、名片的使用

（一）名片的用法

宾主相见，互换名片，早已成为人们在现代社会中互作介绍并建立联系的一个重要环节。在公关活动中，名片的使用也越来越频繁，越来越普遍。使用名片有两个比较大的好处，一是自我介绍方便，这是名片的一项最基本的功能。在口头自我介绍时，少不了需要字斟句酌，考虑时间的长短，留意对方的表情，然而即使做得再好，也不一定能够促使对方记忆清楚。也有许多人介绍时对自己的职务总是不好启齿，觉得一介绍，就有自吹自擂之嫌，特别是身兼数职时更是如此。例如，“我是张凯，××厂厂长，××协会理事，××研究会理事，××开发公司经理，××校顾问”。这样的介绍不仅对方感到有些烦，自己说也不是滋味，在公关活动中这些情况往往又有必要介绍给对方，只有使用名片方能处理好这个矛盾。因为名片上的“内容”既简明扼要，又一目了然。二是便于保持联系，且印象深刻。由于每天接触的人较多，如果只是口头介绍，常常会过一两天就忘记了对方的姓名、职务，使双方都感到尴尬。使用名片易于保存这些资料，这些资料都是日后与新结识的朋友深化友情、保持联系的必不可缺的要素。经常看，就起了不断介绍的作用。因此，把这些资料提供给对方，这就证明了对对方充满信任，并有进一步交往的愿望。也正因为如此，名片不宜广为散发，见谁给谁，谁要给谁。

使用名片，须注意以下几点：

第一，交换名片（递名片）。一是要事先将名片准备好，放在上衣口袋里或提包的专用名片夹里，在与人初识时，自我介绍之后或经他人介绍之后进行。否则忘记放在什么地方，左翻右找，显得不礼貌，又给人一种忙乱、无序的感觉，对进一步了解对方，给对方一个好印象不利。二是单方递名片时，要用双手恭恭敬敬地把自己的名片递过去；双方互递名片时要用右手递。在此须强调的是，国人交换名片一般是双手递、接，同外宾交换名片，要先留意一下对方用几只手递过来，然后跟着模仿。西方人、阿拉伯人和印度人习惯用一只手与人交换名片；日本人则喜欢在一只手接过他人名片的同时，用另一只手递上自己的名片。无论属哪种情况，都要求名片的正面向着对方。同时，应用诚挚的语调附上一句“××经理，这是我的名片，以后多多联系”，给对方一种谦逊大方的感觉。

如果是事先约定好的面谈，或事先双方都有所了解，不一定忙着交换名片，可在交谈结束、临别之时取出名片递给对方，以加深印象，并表示愿保持联络的诚意。

第二，接名片。有许多人不重视接名片，当对方递名片时，他却忙着拿烟倒水，一个劲地招呼对方“请坐、请坐”，或随手往口袋一塞，然后又忙着接待。虽然表现很热情，但对方看到这样对待自己的名片，心里肯定不是滋味，可能还有反感。正确的做法是，对方递名片进来时，立即放下手中的事，双手接过来（如互递名片，要右手递，左引接），并点头致谢。不要立即收起来，也不要随便玩弄和摆放，而应该当着对方的面，用30秒以上的时间，仔仔细细认认真真地读一遍，有时还可以有意识地重复一下名片上所列对方的职务、学位以及其他尊贵的头衔，以示敬仰。有看不懂或理解不清的地方，可当即向对方讨教，然后把名片慎重地收藏起来。这样做绝非有意做作，而是以一定的形式使对方感受到对他的尊重。如果接过他人名片后一眼不看，或是漫不经心地随手一扔，甚至掖进裤袋或裙兜里都是对人失敬的表现。万一需要暂时把他人刚递过来的名片放在桌上，记住不要在它的上面乱放东西。

值得注意的是，第一次见面后，应在名片背后记下全面认识的时间、地点、内容等资料，最好能简单记下对方的特征，如爱好、习惯、擅长等。待下次见面时，不仅能一下子说出姓名，还能随口以其爱好、擅长为话题，对方必然感到意外，感到高兴，有宾至如归的感觉。这样积累起来的名片就成了社交的档案，为再次会见或联络提供线索与话题。但要记住，如果对方情况有变，要及时掌握、更改，否则使自己被动。比如，初次见面时对方是副总经理，现已升任董事长了，而仍以原职务相称就不合适了。因为不能迅速掌握情况的变化对工作不利，也不够礼貌。

倘若一下子要与许多人交换名片，最好不要匆忙行事。应依一定顺序，如座次等等来互换名片，这样便于记住对方的姓名和其他特征，以免将名片与人“张冠李戴”。

在公共场合欲索取他人的名片，要想留下“退路”，就不要直言相告，而应以婉转的口气相机行事。对长辈、嘉宾或地位、声望高于自己的人，可以说：“以后怎样才能向您请教?”对平辈和身份、地位相仿的人，可以问：“今后怎么和您保持联系?”这两种说法都带有“请留下一枚名片”之意，即使对方依然拒绝，双方也都好下台。

通常不论他人以何种方式索要名片都不宜拒绝，不过要是真的不想给对方，在措辞上一定要注意不伤害对方，如可以说：“不好意思，我忘了带名片。”或是说：“非常抱歉，我的名片用完了。”这样都比直言相告“不给”，或盘问对方要高雅得多。

（二）名片的其他用途

名片除用于自我介绍，保持联络外，还有以下一些用途。

第一，可用于替代便函在人际交往中，有时必须对友人作出礼节性的表示，例如向其祝贺新年、恭贺新婚、庆祝升职、表示感谢或慰问病人等。但当时由于公务繁忙，没空写长信或是当面致意。此时在自己名片的左下角写上祝福的问候，然后寄给对方，一样可以表达自己浓浓的情意。在名片上写祝福或问候，宜短不宜长。可以是一个词，也可以是一句短语。在涉外活动中以名片替代便函，一般应按国际惯例用铅笔在其左下方写上表示特定含义的法文缩写。常用的有：

p. r. 表示谨谢；

p. f. 表示谨贺；

p. f. n. a 表示贺年；

p. p. c 表示辞行；

n. b 表示请注意，意即提醒对方注意名片附言。

第二，可用于为他人作介绍，如果介绍自己的友人或下属去见另一人，而自己又不能同行，可以取出一张自己的名片，并在左上角向内折角，在姓名的下方写几句相关的话语，或“敬介”字样。如用英文则注“TO PRESENT”，或用铅笔写上法文缩写“p. p.”（意为“谨介绍”），把它放在友人或下属的名片上面，用曲别针别上，然后装入信封，交由友人或下属面呈给要见的人，就好比当面将他们介绍给要见的人。这时，名片发挥着“介绍信”的作用。请他们替自己去见某人，同样可以请其带去一张自己的名片，作为介绍。

第三，可通用于留言拜访名人、长辈、职位高者或是其他地位高、不熟悉的人，为了避免拒见的难堪场面，可先请人代为递上一张自己的名片，作为通报和自我介绍。让对方考虑一下作出是否可以会见的决断，这样为双方都留下了余地，不至于伤和气。如拜访不遇时，留下一张名片给被拜访者，这比留张字条或托人转告显得正规。此时应将名片左上角内折，以示亲访之意。

第四，还可以用于替代礼单。人们以往向他人赠送礼品时，常附以写有送礼人姓名的大红纸作为礼单。其实在送礼时，也可以把自己的名片装入未封闭的信封，然后将其置于礼品的外包装上方，一并交与友人。这时，名片便扮演着礼单的角色。即使托人转交礼品，因有自己的名片到场，也等于自己亲自前往。在国外，人们大都这样为送出去的礼品署名。

除此之外，名片还可用于邀宴。在名片的左下角写上时间、地点、服装即可。

四、介绍中的称谓和姓名问题

（一）介绍中的称谓

称谓即如何称呼被介绍者。我国的称呼习惯通常是正式场合称呼“同志”（当然，现在称呼先生的场合越来越多了），一般场合称呼“老张”“小李”等，这样可以显得既亲近又简单。其实，从礼仪角度讲，对一个人的称呼既表示了对他人的尊敬，同时展示了自己的礼貌修养，特别是在涉外场合应照顾到国际惯例。从现在我国和国际上的通常情况看，称呼主要有这几种：一是职务称，如“李局长”“张经理”等。二是姓名称，如“约翰先生”“李华女士”“黄小姐”“摩尔太太”等。三是一般称，如“先生”“夫人”“同志”等。四是职业称，如“公关先生”“空中小姐”“解放军同志”等。五是代词称，如“您”“你”“他”等。六是亲属称，如“张叔叔”“李阿姨”等。

一般情况下，当彼此较生疏时，不论其年龄、性别、职业、地位如何，介绍时均可以“同志”相称。稍熟悉的，可在“同志”前加上姓氏。在商务往来时，一般将男士统称为“先生”，未婚女子统称为“小姐”，已婚女子称为“夫人”等，或是以职务作为称呼。对于德高望重的前辈或令人钦佩的师长，一般习惯上称“先生”。那些初识不久，年长于己且学有所长的可称其为“老师”。关系较为密切的称呼较为随便，但一定要注意场合。另外，介绍自己配偶和亲属时，应称“丈夫”“先生”“妻子”“夫人”或“父亲”“母亲”等。而不要用我们民间盛行的“爱人”“爹”“娘”等词语。更不能以“老张”“小李”等称谓替代。

遇到外宾时，介绍、问候时的称呼应合乎礼仪，体现尊重与友好。在正式场合，可称其职务，或是对方引以为荣的头衔。这里须注意的是：对地位高的官方人士，按各国情况不同可称“阁下”、职衔或“先生”，如“主席阁下”“总统先生阁下”等等。而美国、德国、墨西哥等国则没有称呼“阁下”的习惯，可统称为先生。在日本则只有对教师、医生、年长者、上级和有特殊才能的人才称先生。在君主专制国家，按习惯称国王、皇后为“陛下”，称王子、公主、亲王为“殿下”，对公、侯、伯、子、男等爵位的人士既可称爵位，也可称“阁下”或“先生”。此外，对医生、教授、法官、律师以及有博士学位的人士，既可单独以这类职业名称相称呼，也可以在其前面冠以被称呼者的姓氏，如“波恩教授”“法官先生”“基辛格博士”等。对军人则一般称军衔或军衔加“先生”，也可加姓氏，如“上校先生”“艾伦中尉”“莫那中校先生”等。对高级军官，如将军、元帅等，也可称“阁下”。

在非正式场合，对男士可统称为“先生”，对未婚女子称“小姐”，对已婚女子称“夫人”。要是不了解其婚姻状况，应根据外国女士崇尚年少的特点称其为“小姐”。

欧美有些国家有直呼其名，朋友间直呼教名的习惯，这是一种亲切友好的表示。但我们与外国客人初识就直呼其名是冒昧无礼的。

称谓问题有时不是一下子就能搞清楚的，在介绍时，假如不能准确掌握某一方称呼时，不妨有礼貌地问一下：“请问我怎么称呼您?”千万不能凭自己的主观臆断而称呼，使被介绍者处于尴尬的境地。例如，当介绍到某一位年纪较大而又没有结婚的女士时，介绍者仅凭自己的直觉，而将那位女士以“太太”相称，一定会令那位女士生气的。

总之，要做到称呼得体，必须注意以下几点：

第一，称呼必须符合对方的年龄、性别、身份、职业等具体情况，并应注意讲究礼貌。

第二，称呼要符合交往的场合与当地的风俗习惯。比如在正式场合对前来进行业务洽谈、开会的人都应以职务相称，以体现执行公务的严肃性、合法性；而在平时交往和在家庭中，则可较为随便。

第三，在被介绍给他人时，需与多人同时打招呼时，称呼要注意有序性。一般来说，以先长后幼，先上级后下级，先女后男，先疏后亲为宜。特别在涉外场合，称呼的次序更为重要。

第四，称呼要考虑与对方关系的亲疏远近，注意区别。

（二）介绍中的姓名

外国人的姓名与我国汉族人的姓名大不相同，除文字外，姓名的组成、排列的顺序也都不一样，初次称呼时往往不易掌握，下面介绍几种情况。

我国汉族人的姓名组合比较简单，姓在前，名在后；有单姓和复姓，有单名和复名。称呼时，可根据场合的需要和关系的远近，既可连名带姓，也可直呼其名而不称姓。男女都一样，且无婚前婚后之别。当然，在正式场合，称呼时要么用姓名全称，要么以姓氏加称谓。然而在港澳地区，女性结婚后，除了原来自己的姓外，还要在前面加上丈夫的姓。如一女士在结婚前叫刘玉英，其丈夫姓李，那她婚后姓名全称为李刘玉英，我们一般称呼时，称其为“李太太”即可。

日本人的姓名顺序与我国相同，即姓在前名在后，但姓的字数常常比我国汉族人的姓要多，一般最常见的姓名由四个字组成，如福田赳夫、二阶堂进等。但姓和名的搭配并不是绝对固定的，如福田、二阶堂是姓，赳夫、进是名，往往不易区分。公关人员在接到名单时应设法了解清楚，以免误会。一般称呼只称姓，对男子也有加“君”，如“福田君”。正式场合和社交场合才呼全名。按姓前名后顺序构成的，还有朝鲜、柬埔寨、越南等国。另外，匈牙利人的姓名和欧洲其他国家不同，也是姓在前，名在后。

欧美人的姓名排列是名在前，姓在后。

英美人的姓名，一般为名在前，姓在后，有时还加教名。如威廉·亨利·哈里森，则威廉是教名，亨利是本人名，哈里森是姓。另外，也有把母姓或与家庭关系密切者的姓作为第二个名字。在西方，还有人沿用父名或父辈名，在名后缀以小（Junior），或罗马数字以区别，如 William Harrison, Junior译为小威廉·哈里森；William Harrisor. Ⅱ 译为威廉·哈里森第二。女子结婚后，则不得再用自己原本的姓，必须改用丈夫的姓。英美人姓名的书写常把名字缩写为一个字头，但姓不能缩写，如 W. S. Thomson，可译为 W. S. 汤姆森。口头称呼时，一般只称姓，如汤姆森先生、怀特小姐等。除非是非常正式的场合才称呼姓名全称。以英语为本国文字的国家，姓名组成称呼大致如此。

法国人的姓名也是名在前，姓在后，一般由 2 ~ 5 节组成，但最后一节总是姓，其余全是名，多是教名或由长辈起的名字，如亨利·勒内·阿贝尔·居伊·德·莫泊桑，一般可简称为居伊·德·莫泊桑。法国妇女的姓名，口头称呼时与英语国家相同，婚后也改用丈夫的姓。

西班牙人的姓名常有三四节，前一二节为本人名字，倒数第二节为父姓，最后一节为母姓。已婚妇女常把母姓去掉加上丈夫的姓。口头称呼时常称父姓，或第一节名加父姓。

俄罗斯人姓名一般由三节组成。如伊万·伊万诺维奇·伊万诺夫，伊万为本人名字，伊万诺维奇为父名，伊万诺夫为姓。口头称呼时一般可只称姓或只称名，但为表示客气和尊重时也可称名字加父名。俄罗斯人姓名排列顺序通常是名字、父名、姓，但有时也可将姓置于最前面。名字和父名一般都可以缩写为一个字母，而姓不能缩写。女子婚前用父亲的姓，婚后多用丈夫的姓，但本人名字和父名不变。

访送礼仪

一、拜访作客礼仪

前往亲朋好友居所拜访作客，是正常的人际交往中不可缺少的应酬。作为公关人员，除了要在办公室里接待客人外，有时也要到其他单位或外国人的办公室或住所去拜访他人。在办公室等较正式的场合拜访他人时，许多人都比较重视自己的言行举止，小节之处也不容忽视，而去他人居所拜访时，许多人则忽视了自己的身份。结果不仅未能联络双方感情，还影响了个人的形象，乃至组织的声誉。

那么，去他人住所拜访时怎样注意礼节，讲究礼节呢？

（一）拜访应有约在先

拜访他人应有约在先，这是作客之道的首要原则。当有必要去拜访他人时，首先要考虑的是主人是否方便，为此一定要提前口头告知对方或者写信、打电话给对方，比如可以说：“我想在您方便的时候去看看您，不知道是否合适？”须注意的是，如果是自己主动提出拜访他人请求，千万不要措词强硬，逼着对方同意，语气要和缓，并有意识地把决定权让给被拜访者。这样有约在先之后，拜访才能在宾主双方都方便的情况下进行。千万不能只凭自己的一厢情愿冒昧行事，因为现代社会是竞争的社会，每个人都有自己的日程安排，不约而至往往会打乱对方的计划，对其工作生活造成诸多不便，同时对拜访者本人来讲，事先未曾约定的访问也有可能劳而无功，对方不一定会待在家中恭候。在对外交往中，更要注意去外宾居所时不要充当不速之客，在外国人看来，此举是非常失礼的，而且是绝对不受欢迎的。当然，如果被拜访者表达了欢迎你前去作客的愿望，通常不宜拒绝。万一需要拒绝，也要摆出拒绝邀请的充分理由，使对方能够接受。

强调拜访者宜有约在先，主要是为了与被拜访者共同商定拜访作客的时间与地点，在这个问题上应该客随主便。一般来说，被拜访者乐于在家中接待关系较为密切的朋友，以示双方友谊的非同寻常，但如果居所过于窄小，恐怕就不方便了。作客时，一定要考虑到这些因素。另外，对于那些在企事业单位工作的人，最好不要为个人私事到对方办公地点去打扰，以免对方为难，因为很多单位规定不允许上班时间处理私事。当与外国朋友商量拜访地点时，他们有时会主动提出在酒吧、咖啡屋等地会面，而不邀请客人前往家中作客。他们这样做，并不是有其他特别的意思，只是不习惯在家中接待客人。至于拜访时间，也一般以被拜访者感到方便为佳。如果被拜访者客气地让你提出适宜的拜访时间，则最好在被拜访者用过晚餐之后。一日三餐的吃饭时间、午休时间、凌晨与深夜都不宜拜访他人。有些人喜欢在节假日拜访他人，如果是去探望父母长辈，亲人团聚，大家都很愉快。如果被拜访者是那些“上班族”，节假日对他们是难得轻松的时候，有时往往会有自己的活动安排，此时拜访就不适宜了。当然，如果被拜访者真诚地表示可以在这一时间接待，那么最好选在下午或晚上。

（二）拜访前要做好安排

一旦决定去拜访他人，必须做好充分准备。

首先为了向被拜访者表示尊重和对此次拜访的重视，在拜访作客前应“梳妆打扮”一番，服饰应根据被拜访者的身份、双方的关系及拜访的场所等进行选择。需注意的是，既不要穿得太正统，如男士西装革履，女士西式套裙；又不要过于随便，如着休闲装或牛仔装。前者多会给人公务在身、公事公办的感觉；后者又会使人感到漫不经心。因此，最好选那些穿起来显得高雅、庄重而又不失亲切、随和的服装。务必注意，如果是夏天，男士忌穿背心、短裤和拖鞋，女士也不要穿过于薄透的服装，要注意整洁。女士可以化妆和佩戴首饰，但不宜化浓妆，首饰也不应佩带过多，否则会拉大与被拜访者及其家人之间的距离。

其次要做到的是为被拜访者及其家人选择一份既有纪念意义又有实用价值的礼品。由于赠送礼品实际上是一种礼尚往来的双边互惠行为。因此，在挑选礼品时应有意识地避开价格过高或过低的东西，以使被拜访者感到承受不起或产生被轻视的感觉。此外，如果被拜访者是异性朋友，且他（她）和其家人同住，那么选择礼物时最好以其配偶、恋人、子女或父母为受礼对象。这样做，既让被拜访者感到高兴，也容易为其家人所接受。

还需指出的是，一般情况下，前去拜访作客的人数不宜过多。拜访同性的单身朋友时，可以只身前往。拜访已婚的朋友时，应与配偶或恋人一同前去。如带小孩作客，要事先教育小孩子懂礼貌，否则会妨碍宾主双方。如果有要事相商，最好别带小孩去。此外，未经约定，或未征得被拜访者的同意，最好不要带其他人，特别是被拜访者毫不熟悉的人前去作客，否则会被看做是对被拜访者的不礼貌、不尊重。

最后不要忘记的就是时间。一旦与被拜访者约好了会面的具体时间，就应如期而至，既不要随便变动双方约定的时间，打乱被拜访者的安排，也不能迟到或早退，当然也不要提前太长时间，因为早到与迟到一样都是失礼的。由于约定时间未到，被拜访者或在准备，或有其他安排，去得过早与未曾有约的后果是不相上下的。所以，按照双方约定的时间准时到达才最为得体。如做不到准时，不超过双方约定时间的两三分钟，原则上也是允许的。否则的话，就要向主人道歉。

（三）拜访者要彬彬有礼

按事先约定的时间来到被拜访者的居所后，如无人迎候，在进门之前应首先敲门或按门铃，以通报自己的到来。这里要说明一点的是，最好先观察一下，如发现有门铃，就不宜再敲门，否则是不礼貌的。敲门时，声音不宜太大，也不要反复不停，轻轻用手指在门上敲几声就可以了。同样，按响门铃的时间也不要太长，可先按三四秒钟，稍等片刻，若室内仍无反应，可以同样长的时间再按一下，不要用手一直按着门铃直至主人开门才终止，这也是不礼貌的表现。一般情况下，若敲门或按响门铃几分钟后，房门仍未开启，就应该自觉离去，此时继续敲门或到其他住户门前徘徊，或通过窗户向内窥探，都是不礼貌的行为，除非确定室内有人且需要帮助。

敲门或按响门铃之后，如果未听到主人的邀请，或未经主人开门相让，即使房门虚掩也不可推门而入，否则可能导致双方尴尬，比如主人正卧床休息，或正在更衣等，所以要引起重视。

如果前来开门的是主人的家人或客人，自己不相识，当对方询问时，一定要如实相告，切不可表现出不耐烦的情绪。如果是主人亲自开门相迎，见面后应立即向其问好，如主人夫妇同时起身相迎，则应首先问候女主人。

经主人允许入室内后，不要过分谦让。有时尽管洽谈的事情所需时间很短，也应在室内谈，不宜在走廊或门口谈。

在某些特殊情况下，未经预约而前往他人居所作不速之客也是难免的，这时就应见机行事。要是被拜访者打开房门之后，只是站在门口与你说话，而未邀你入室，此时应开门见山地表明来意，简短而小声地告诉对方，谈完随即告辞。而不宜东拉西扯，久久不入正题。如果觉察被访者正要休息或将要出门，应立即将话头打住，马上作别，并为打搅对方而向其表示歉意。

在接受主人邀请后，一些小节是必须注意的。进入室内之前，应在门垫上擦干鞋底，或发现主人家中铺满地毯和瓷砖，应在主人同意后，换上指定的拖鞋。进门后，在进入客厅之前，应脱下外套、帽子，并将其与随身携带的皮包等一同交给主人代为存放。如果主人忘记了，就将外套和帽子放在自己的双膝上，皮包放在右手下方的地板上，而不能乱扔、乱放，以引起主人的不满。

在主人逐一介绍其家人时，应与他们每个人都认真握手问好，无论是主人的长辈还是其子女都要平等对待，切不可厚此薄彼。如果遇到主人的其他客人，应主动上前打招呼，在主人介绍大家相互认识后，要适当寒暄几句，不必故作清高。遇到在坐定之后又来的客人应起身相迎。如果感到后来的客人与主人将有要事相商，且自己不宜在座旁听时，应主动提前告辞，方为有礼。

在主人家中时，要注意自己的仪态，站有站相，坐有坐姿，落落大方，彬彬有礼。当主人递上茶水或水果之类的东西时，应微微起身，双手接过，并致谢意。吃过之后，果皮、果核等要放在茶几上或专用的果皮盒内，不要弃之于地，弄得果皮遍地。

与主人交谈时，讲话的态度要诚恳，有礼貌。要始终注意自己说话的语气和内容。不要盛气凌人，也不要有意卖弄自己的优势，以致给人造成一种压抑感。不要对着主人的家人或其他客人的面去斥责主人，也不要随便谈起其不快、失误或短处。总之，要注意自己的身份是客人，因为家庭交际是一种有主客之分的特殊交往活动，不管主人在社会上的地位、境遇如何，他都是主人，所以拜访者要自觉约束自己，增强自己是客人的“角色意识”，充分尊重主人的意见，听从主人的安排，尽力维护主人在其家人或其他客人面前的形象。

在与主人及其家人聊天时，应表现得成熟稳重，文质彬彬，对其中意欣赏的物品夸奖几句是完全必要的，但不能为讨人家欢心，而不厌其烦地夸个不停，这样就有索要之嫌了。一般来说，去居所拜访他人时，活动范围仅限于其客厅内，且要落座于主人相让之处。不经主人邀请或没有获得主人的同意，不得要求参观主人的住房。在主人的带领下可参观其住宅，但即使是在较熟悉的朋友住处也不要去触动个人物品和室内陈设等物，书籍可以翻翻看看，花草可以闻一闻，以示仰慕和喜爱。

拜访作客的时间，如果无要事相商，不宜停留过长，一般以半小时左右为宜。辞行前，应向主人的家人和其他客人道别，并感谢主人的盛情款待。出门时，应请主人就此留步。如有意请主人回访，可在同主人握别时提出邀请。

若应邀到外国人的住所拜访、作客时，应按主人提议或同意的时间抵达。进行外事拜访，一般安排在上午十时或下午四时左右为宜。西方习惯备有小吃或饮料作招待，客人不要拒绝，应品尝一下，当有几种饮料供选择时，应选择自己比较喜欢的一种，不要不好意思，只说一声“随便”，反给主人造成不便。

二、待客与送客礼仪

一般在招待客人时，都要主随客便，考虑周全，讲究礼仪，关怀备至，也就是要尽自己最大努力招待好人家，以使客人有宾至如归的感觉，从而促使宾主双方的关系得到进一步的发展。

（一）待客宜事先做好准备

前面讲到，拜访他人时宜有约在先，换句话说，在待客之前，宾主双方大多要约好会面的时间和地点。但按照社交惯例，这一问题最后要由主人决定，即何时待客，基本上是以主人自己方便为主。但识礼的主人一般不会忘记去征询客人的意见，待对方考虑之后，再共同把来访的时间确定下来。如果是客人首先表达了要来拜访的愿望，一般不宜拒绝。当然如果提出的来访时间或地点不够现实，可首先欢迎其来访，再提出一些自己认为方便的时间或地点供对方参考，并向其说明如此做的原因。比如有朋友想在上班时间去公司拜访，不妨这样说：“您要来看我，我非常高兴，这样吧，周末晚上到我家吃顿便饭怎么样？好久不见了，我们可以好好谈一谈。办公室人多嘴杂，说话不大方便，而且我们有规定，上班期间办私事，当事人要受罚。实在不好意思呀！”如果是以主人的身份邀请他人来访，表明被邀请者在主人心目中居于很重要的位置，愿意保持并促进双方的正常来往，所以客人遇此不宜拒绝。

在时间、地点确定之后，作为主人要适当地做些准备工作。比如要搞好环境卫生，使房间尽量清洁；备好待客的简单用品，像茶叶、糖果、饮料之类；如果预先约好留客人吃饭，也要将饭菜等准备好。

男女主人虽用不着刻意打扮，但应仪容整洁、自然、大方。在此需要说明的是，作为主人，应当换上得体的服装。有些人以为在自己居所接待客人，不像出门作客那样正式，其实不然，要是随便把一身皱皱巴巴的衣服套在身上，穿得过分随便，甚至穿着睡衣去会见客人，不仅是对客人的不尊重、不礼貌，还会破坏自己的形象。所以，女主人宜穿上与自己身份、地位、年龄相符的服装，既要显得端庄文雅，也不至显得“与众不同”。同样，男主人着装也不宜过于随便。只有重视此问题，才能表现出做主人的认真态度。如果事先未曾有约，客人来得突然，自己正穿着睡衣休息，即使来不及更衣，也不能以此形象展示给客人。遇上这种情况，可在睡衣外加披一件睡袍，先将客人迎进来，并就未来得及更衣一事向其道歉。随后请客人稍等，自己去内室更换服装，更衣时一定注意回避，不能一边寒暄，一边更衣。

最后要准备的是，如果与家人或同事一起居住，要将客人来访之事告诉他们，并请求他们予以合作。

（二）礼貌迎客

如果客人是第一次来访，或者客人是长辈，为表现对客人的尊重，应根据双方事先约好的时间去迎候客人。比如可以到火车、公共汽车、地铁等下车地点迎候，也可在居所大门相迎，如果住在高楼里，则应在楼下迎接。在迎候客人时，如果双方事先约好了见面地点，作为主人必须要早到几分钟。正点或迟到，对客人来说都是失礼的。迎候客人时，一般应是主人亲自前往。必要时还可以请配偶或朋友同去。通常不要请他人代劳，特别是小孩子更不合适，会使客人有被怠慢的感觉。对熟识的老朋友就不必拘泥于礼节了，相互之间都可以随便些，但即使不外出迎候，只要客人一敲门或按响门铃，就应立即起身开门迎接。

一般情况下，开门迎客时，最好能和配偶或朋友同往，以示对客人的礼貌、尊敬。开门后，主人要先向客人握手，并致问候，然后将客人介绍给其配偶或朋友，尤其是初次来访的客人。双方互相握手寒暄行见面礼的时间通常有一分钟就够了。然后主人在前，客人在后，请客人进屋、落座。此时不要忘了，如果客人脱下外套、帽子或随身携带包袋等，主人一定要帮助代为存放。如果需要的话，还可请客人换上拖鞋之后再进入客厅，不过对此主人不必过分注重，以免使客人感到拘束。

有时会遇到个别客人不期而至，那么出于礼貌，不管自己正在做什么，都应把事情停下来，起身去接待对方。不要因事先未曾有约而怠慢客人，将客人拒之门外，或面露悻悻之色，使客人难堪。更不能“看人下菜”，对方身份高或对自己有用的人就让进来，身份低或对自己暂时无用的人就让家人出面将其打发走，这都是错误的做法。正确的做法是应尽快了解客人的来访之意，以便妥善处理。有时还会遇到客人不请而入的，对此也应立即起身热情地与之握手问候，而不要另眼相待。要知道，你说不准哪天也会作个“不速之客”的，如果对方那样对待你，你会有何感受呢？如果家人有事需要处理，比如需要更衣等，也可陪同客人在客厅小候，与对方聊一会儿，并致歉意。对客人的无礼行为要表示体谅。如果客人来时你有重要的事情要办，可向客人说明情况，表示歉意并请家人帮助接待一下。如果客人来访的是你的朋友或家人时，而要找的人正巧不在，这时你应主动接待来客。客人告辞时，可请其留下便条，以便转交给他的朋友。

（三）周到待客

客人进入客厅后，主人要让客人在适当的位置就座。所谓适当，也就是既要考虑坐着舒适，又要使客人感觉受到尊重。客人进客厅后，如果遇到有家人或朋友也在，应请他们出来与客人见面，并逐一进行认真的介绍。当然有其他客人在场时，也应照此办理。

遇客人确有礼品相赠，只要没有贿赂之嫌，稍微谦让后就该收下，并当客人的面打开礼品包装，且表示对礼品的欣赏，但切忌做得过分，让客人感到主人的虚伪。

请人到居所作客，交谈是免不了的，且是待客的重头戏。所以，在谈话内容方面应有考虑，不能毫无顾忌。假如来访的客人是年纪较大的，作为晚辈要懂礼貌，和老人谈话时态度要诚实、谦逊，多谈些老人关心的问题。对有特长的老人，可以向他们请教擅长的东西，打开老人的话匣子，使老人高兴地谈下去，当然也可以谈些家常话，使气氛更融洽。对熟识的朋友，交谈的内容虽可以随便些，但也不宜当客人的面公开家庭内部的矛盾，更不能发生口角或因小孩子做了错事而大发雷霆。批评教育孩子最好不要在客人面前，当然这不是说因为有了客人就对小孩子放任自由。此外，随便评价他人或说不在场朋友的坏话等等，都是有损自己形象的。

如果客人呆的时间久了，也不要因此而显出厌倦或不耐烦的样子，不要长时间冷场，不要频繁地看表，不要打哈欠，以免对方误以为逐客。待客过程中，主人要请客人用糖果饮料等。到吃饭时间应挽留客人吃便饭。如客人留下了，家里的菜肴可视情况而定，应比平时丰盛些。但如果事先未做准备，则不必故作客气，否则，一旦客人决定留下，反倒让自己不知所措。

客人如果需要在家里寄宿，而家里的房子又较宽绰的话，最好让客人单住。房间宜收拾干净，准备好必需的用品。床上用品应尽可能舒适、干净、整齐。记住，对客人要热情、周到，但要恰到好处，“过分热心”会使客人处于忙乱之中。

客人告辞时，主人应婉言相留。如客人执意要走，也要等客人起身告辞时，主人再站起来相送，不能客人刚说走，主人就先站起来相送，这是不太礼貌的。

（四）送客

如果是非常熟识的好友，要把客人送到门外、楼下，亲切道别，并邀请客人有时间再来。一般道别时，要待客人伸出手来握别时，方可以手相握，切不可在送客时抢先“出手”，免得有厌客之嫌。如果给远道的朋友送行时，要送到火车站、飞机场或轮船码头，并要为客人准备好一些旅行中吃的食品，如水果、糕点或其他方便食品。送人要等火车、飞机或轮船开动后再离开。如果有事不能等候很长时间，应向客人解释原因，以表示歉意。

总之，无论是招待客人还是送别好友，都要使对方感到主人热情、诚恳、有礼貌、有修养，使客人感到温暖、融洽，给客人留下良好印象。

除以上介绍的见面、介绍、送客礼仪外，在日常交往中，还要注意以下几个原则。

其一，尊重老人和女士。尊重老人是因为：一方面老人历尽沧桑，有着丰富的人生和世事经验，值得年轻人学习；另一方面老年人生活节奏较为迟缓，不可能像年轻人那样充满弹性和活力。因此，年轻人要尊重老人，照顾老人。尊重女士是因为：一方面这是一种风度和风范的显示；另一方面是对女士摆脱家务负担，担当社会工作表示的钦佩、赞赏。在很多国家的社交场合，经常会看到这样的情景：上下楼梯、进出楼道、乘汽车都让老人、女士先行，主动予以照顾。对同行的老人、女士，男士帮忙提拿重物。进出大门主动帮老人、女士开门、关门，帮助他们穿脱大衣外套。同桌用餐，两旁若是老人、女士，男士应主动照顾、帮助他们入离座位等。中国是传统的礼仪之邦，同样应发扬这些美德，主动帮助、照顾老人和女士，这是一种文明的道德风尚。

其二，参加社交活动举止要落落大方，端庄稳重，表情自然诚恳，语调平缓，举手投足自然等。同时要注意克服不良习惯，比如眨眼睛、抠耳朵、揉鼻子、跷二郎腿、踮脚踮腿等。社交场合一定要避免这些现象发生。

公关语言交谈礼仪

一、公关语言交谈礼仪

语言交谈是公关活动中传播信息的重要手段。它以语言为媒介，使公关人员与公众得以沟通，实施公关活动。语言交谈中是否注意礼节，语言运用是否恰当，直接关系到信息沟通的效果。所以，公关语言要求以语言的“礼”吸引人，以语言的“美”说服人。

在公关活动中，询问是不可避免的，询问要讲究一点艺术性。

在西方人看来，询问别人的年龄是不礼貌的，他们不希望别人知道自己的真实年龄。然而在中国，却常常询问对方的年龄，一般来说未成年人都希望自己成熟一点，所以他们希望对方估计自己的年龄时说得大一点。所以，可以这样问：“看你办事情这么老练，今年有18岁吧？”一个六七岁的孩子，如果问他：“今年有5岁了吧？”他会很不高兴，他认为自己一定很矮，如果说：“今年有10岁了吧？”他会很高兴，认为你在夸奖他长得快。在询问老人的年龄则刚好相反，因为他们都希望自己年轻一些。如果对60岁的老人说：“您今年50刚出头吧？”他会很高兴，但如果问“您今年60多岁了吧？”他可能会很不乐意。如果实在看不出对方的年龄，也可直接问：“您老贵庚？”“您高寿？”等。

询问姓名，可以说：“贵姓？”“请问尊姓大名？”应注意的是，有些人常问“您贵姓？”这是不恰当的，因为“贵”就是对对方尊称，本身就是“您”的意思，所以直接问“贵姓”即可。如果对方自我介绍时没有听清，可以再问一遍，“对不起，刚才没有听清您的大名”。这样，对方就会再重复一遍自己的名字。

在询问对方职业时，可以问“现在您在何处任职？”“您在哪儿工作？”对搞经济的人，也可以问：“近来在哪儿发财？”如果不知道对方有无职业，也可以问：“最近在忙什么？”这样，可以从谈话中搞清对方的职业。

在询问对方的文化程度时，一般顺序是从低到高说。假如对方是中专毕业，你开口就问是哪个大学毕业，这样会使对方尴尬，也可以模糊一点问，如：“你是哪个学校毕业的？”

在询问对方籍贯时，一般可以说：“您老家是哪儿的？”“您府上是在山东吧？”对方一般会很痛快地告诉你他的籍贯，因为每个人对家乡都怀有一种特殊的感情。假如对方和你籍贯相同，则可以以“老乡”相称，这样，双方容易产生一种亲近感。当对方告诉你他的籍贯时，你可以提及他那个地方的特产、名胜古迹等。比如对方说老家在山东烟台，可以继续问“是产山东苹果的地方吧?”这种询问会使对方很高兴。

在询问时要注意态度，不要让对方感觉你像是在查户口。当别人询问时，要认真耐心地回答。如果不希望对方知道，可以委婉地避开。

如何进行语言交谈，一直是古今中外人们谈论的一个重要话题。我国《论语》中说：“言之不文，行之不远”。古希腊亚里士多德在他的名著《雄辩术》一书中指出，口头交谈有三个要素：谈话者、主题和听话者。要达到“施加影响的目的”，就必须注意这三个要素。在现代社会中，人们（包括公关人员）在语言交谈中首先必须掌握好的就是语言礼仪。

语言礼仪是指人们在交谈中所应该注意的礼节、仪态。

一般来说，它集中体现在礼貌语言的使用和谈话时的表情及声音上。

（一）礼貌语言的运用

在任何社交场合，诚实和热情都是交谈的基础，只有开诚布公的谈话才能使人感到亲切自然，气氛才会融洽。要知道，与任何人进行面对面的交谈，都是一种平等关系。以礼待人，才能显示出自身人格尊严，又可以满足对方的自尊需要。为此，交谈中要随时随地有意识地使用礼貌语言，这是文明人应当具备的基本素养，也是以敬人之心尊重别人的基本方式。比如，“请”字最能体现对人的敬意，有事相托时，不要忘记说“请”字，万一需要使用祈使句时，加上一个“请”字，也会使命令的口气缓和了许多；接受别人任何服务，感谢他人时，不要忘记说声“谢谢”；万不得已需暂时离去或打断对方，或觉得不周到处，应说“对不起”。有人总结说，“嘴边三句话，人间大道理”。在交往、交谈过程中礼貌用语常用、勤用，日久天长，必见功效。

礼貌用语的作用是不可忽视的。人们见面时要互致问候，如“你好!”“早安!”“好久不见，近况如何?”“能够认识你真是太高兴了。”……尽管这些问候用语的本身并不表示特定的含义，但它却是交往中不可缺少的。既能传递出表示尊重，以示亲切，给予友情的信息，同时又显示出自己懂礼貌、有教养、有风度，从而形成一种和谐、亲切、友善、热情、尊敬的良好“人际氛围”。

说到礼貌用语，美国人说话、写信、打电话都少不了“请（please）”字。“请坐”“请转告”“请您先走”“请多费心”“请及早回信”等等。打电报时，他们宁肯多付电报费，也不省掉“请”字。因此，美国电信总局每年从这个“请”字上就可多收1 000多万美元。

日本人说话离不开“谢谢”。据统计，一个在百货公司工作的日本职员，一天平均要说571次“谢谢”，否则就不是一个好职员。经验表明，人们都愿意光顾洋溢着亲切和尊重人的氛围的商店。

英国人最常用的词汇是“对不起”。凡事稍有打扰，便先说一声“对不起”。警察对违章司机进行处理时，先要说声“对不起”，两车相撞时，相互说声“对不起”。在这样的气氛中，双方的自尊都得到了尊重。

我们的祖先也给我们留下了许多的宝贵的敬语。如表示尊敬之意可用：请问，敢问，借问，动问，请教，指教，见教，求教，讨教，就教，赐教等等；打扰之时，可用：打扰，劳驾，相扰，劳神，费心，烦劳，麻烦，辛苦，费神，难为，偏劳等等。如果我们在语言交往、交流与交谈中恰当使用这些词汇，交谈一定能形成亲切友好的气氛。

（二）声音的讲究

交谈过程中，说话者的语速、音质和声调，也是传递信息的符号。同一句话，说时和缓或急促，柔声细语或高门大嗓，商量语气或颐指气使，面带笑容或板着面孔，效果大相径庭，要根据对象、场合进行调整。

说话是一种艺术，要想把话说得好，正确地表达自己的意思，首先就必须发音正确、清晰易懂，否则由于口齿不清，发音不准，就会影响内容的表达。清晰易懂的发音，可能依赖平时的练习，多注意别人的谈话，多朗读书报；交谈时克服紧张情绪，讲话不急不躁，就会做到这一点。其次，说话的速度不宜太快，亦不宜太慢。说话太快会令人应接不暇，反应跟不上，而且自己也容易疲倦。有些人以为自己说话快些，可以节省时间，其实说话的目的在使对方领悟你的意思。此外，不管是讲话的人，还是听话的人，都必须运用思想。说话太慢，也会使人着急，既浪费时间，也会使听的人不耐烦，甚至失去谈下去的兴趣。因此，谈话中，只有使自己谈话的速度适中，即每分钟讲120个字左右，才最适宜。最后要注意的是语调。人们说话时常常要流露真情，语调就是流露这种真情的一个窗口。愉快、失望；坚定、犹豫；轻松、压抑；狂喜、悲哀等复杂的感情都会在语调的抑扬顿挫、轻重缓急中表现出来。语调同时还流露一个人的社交态度，那种心不在焉、和尚念经式的语调绝不会引起别人感情上的共鸣。语调虽重要，但在谈话中却往往被忽视，只注意词语如何风趣，内容如何美妙，却忘了语调要如何动人，结果使思想的传递大打折扣，效果也受到影响。在社交场合，为使自己的谈话引人注目，谈吐得体，一定要在声音的大小、轻松、高低、快慢上用心，这样才能收到好的效果。比如：放低声调总比提高嗓门说话显得悦耳得多；委婉柔和的声调总比粗粝僵硬的声调显得动人；发音稍缓总比连珠炮式易使人接受；抑扬顿挫总比单调平板易使人产生兴趣……但这一切都要追求自然，如果装腔作势，过分追求所谓的抑扬顿挫，也会给人华而不实在演戏的感觉。自然的音调也是美好动听的。

（三）不良习惯的克服

文雅的谈吐，固然在于词语的修饰，但最基本的一条却是词能达意，通顺易懂，即说出的话让人觉得顺耳、动听，更要让人听得清楚、明白。让人听得费劲、不舒服的话影响谈话情趣，还会使人怀疑你的实际才能，甚至反感和恼怒。因此，在选择词句时应以朴实自然为好，多使用一些明白通畅的口语白话。这样既合乎人们的习惯，易于被理解、接受，还不会给人以卖弄做作之感。

另外，有些人喜欢在交谈中插入少许外文或方言土语，其效果优劣恐难一概而论，这主要取决于双方的趣味，假如趣味相投，便不足为怪，否则恐难受欢迎。一般说来，在与两个或两个以上的人一同交谈时，以不用为佳。因为多数人不习惯这种“中外合璧”的谈话方式。当然，偶尔一两个外国词用得恰当的话，也可以为谈话增一分色彩，但要注意，引用的外语要以对方能心领神会为宜。否则不仅是隔靴搔痒，还会无形中造成隔阂。如果确实有必要说，那就要用得恰当，并且要注意正确发音。如果张冠李戴、不伦不类或语调蹩脚，则不免为别人所笑，所以必须谨慎。

同样，在社交场合，大家都应尽量讲普通话，换句话，即方言应尽量避免。但也要认识到，我国幅员辽阔，语言庞杂，方言的形成自有它地理上的因素，相互间的语言障碍一时还很难完全消除。所以，对于他人的乡音，要有一种雅量。遇有不尽明了的言语，多问一声也可，切忌讥讽或嘲笑。

还有一些人，在和熟人谈话时较为正常和自然，偏偏在遇到陌生人或新朋友时，为了给人一种特别的印象而堆砌辞藻，显得矫揉造作，结果却事与愿违。

有些人说话还有一种不好的习惯，常常不知不觉地在谈话中插入一些毫无意义的口头禅。有的口头禅无伤大雅，听得多了充其量不过使人感觉有点别扭。可有的口头禅却是说者无心、听者有意，使自己的谈话对象产生错觉，或者被自己所伤害。比如：“知道不?”“你懂吗？你”，教训人的口气十分明显，而且还会令人感到暗含轻视的意思。“没什么了不起。”对谁都这么说的人，是不是有点目空一切？“是吗？”这是典型的“怀疑一切”的态度，会使谈话对象的自尊深受伤害。以上这些口头禅最好是自觉地弃而不用。

二、交谈礼仪

（一）正确认识自己

人人都可以成为一个善谈、健谈的人。但首先要消除胆怯心理，克服内向心态，打消顾虑，增强信心。

每个人在社会上都有一席之地，每个人在与人交往、交谈中都有要说的话。须知“言为心声”，只要是发自内心，态度真诚的话，都会打动人心。有些性格内向的人往往以自我为中心，在交谈时先想到：人家会怎么看我，我是否会失态。这种心理不利于谈话的深入。最好的谈话心理应该以谈话内容为中心，打消顾虑，稳定情绪，自然地加入谈话。如果感到与人交谈缺乏内容，话题很少，语言枯燥，可以平时多看报纸、杂志、书籍、电视，关心时事、艺术、体育等等，随时留意周围所发生的事，同时多和他人谈话，谈的次数多了，就可以储存知识以供将来谈话之用，日积月累，久而久之，一定会感到话题多了，内容充实了，词汇也丰富了。此外，在与人交谈时，应力争主动，尽可能先提出自己最得心应手的话题，放开来讲述，以表示有信心与人交谈，从而克服胆怯心理。

最后要注意的是，谈话的姿态也会反映出一个人的性格和心理。胆怯内向的人，谈话时往往双肩紧并、下垂，腰部弯曲，显示出一副紧张、卑屈的样子。因此，切忌采用这种姿态与人谈话。谈话分站、坐两种。如果站着与人交谈，说话时要挺胸、收腹，全身重量均匀地分配于两足，使重心稳定。这样，会感到自己的肩膀似乎宽了些，人也显得生气勃勃，泰然自若。如果是坐着谈话，要注意谈话距离宜保持在一臂之内。双脚要平放于地面，不宜交叠双腿，在身份高者面前，更不宜跷着二郎腿；坐时背部要紧靠椅背，肩膀平正，腰部挺直。相信，良好的姿态会使人增强信心的。

（二）交谈礼仪

交谈时除注意语言美、声音美外，姿态美也很重要，也就是说在谈话中语气、语态、神色、动作、表情等都要专心致志，聚精会神，合乎规范，一心敬人。

第一，谈话时要正视人。交谈中，目光注视对方是一种起码的礼貌，以表示对谈话的兴趣和对对方的尊重，同时也可以为愉快和谐的谈话气氛创造条件。

美国 NBC 的著名节目主持人芭芭拉·华特曾说:“对全神贯注和我谈话的人,我以为是可亲近的人”“没有其他的事比这更重要了”。如果你是个有心人,也一定会发现,交谈一方有时偶尔把目光随意转向一旁,会引起另一方的特别注意,可能会因此认为一方对谈话不感兴趣而闭口不谈。当然,注视并不等于凝视,直勾勾地盯着对方,或目光在对方身上左右上下乱扫,甚至还跑到对方身后去,这只会使对方透不过气来或惶恐不安,有话也说不出来。一般来说,如果两个人在室内面对面交谈,目光距离最好在 1 米至 2 米之间,目光注视对方胸部以上、额头以下部位。有时可能会出现谈话双方目光对视的情况,此时不必躲闪,泰然自若地徐徐移开就可以了。

还需要指出的是,仅仅注视对方还远远不够,还要注意能够让对方感受到你对谈话的态度。任何有经验、有教养的人,在与人交谈时,都不会忽略应当引起谈话对象的谈话兴趣。称道对方,关怀对方,对对方所说的一切,表示出浓厚的兴趣,都可以提高对方的谈话兴趣。如果是许多朋友在一起交谈,讲话的人不能把注意力只集中在其中一两个熟悉的人身上,要照顾到在场的每一个人。同时,谈话过程中对对方的谈话应有所呼应,由此话题才可能谈得更广、更深,相互间的感染也就越多,甚至在心理上达到某种程度的默契。

所以,谈话时,首先要做到的是双方应互相正视、互相倾听。不要东张西望,左顾右盼,更不宜看书看报,或者面带倦容,哈欠连天。也不要做一些不必要的小动作,如玩指甲,弄衣角,搔脑勺等等,这些动作显得不礼貌,也会使人感到你心不在焉,傲慢无理。

第二,谈话要尊重别人,协调意见,交谈过程中要常常说话,但不要说的时间太长。

社交场合,参加谈话是对众人的一种义务,如果对于所议论的某个主题可以提供若干意见,就该讲出来;如谈话的目的只是娱乐,当然也要尽一份本分。不能只静坐听别人的谈话,而自己却一直三缄其口,因此要常常说话。但谈话并不是独白,如果只顾自己发表意见,而不愿听别人说话,甚至不容别人插话,发表看法,交谈就变成了“一言堂”。“一言堂”的谈话方式,或许可以显示口才,但结果往往事与愿违,别人可能认为你自高自大,蔑视他人的存在。所以,虽然常常发言可以加深别人对你的印象,但长篇大论地说下去,容易使人厌倦且不耐烦。为此,自己每次“发言”所用的时间从总体上讲,宜短不宜长,通常自己讲一两分钟之后,就应伺机把“讲坛”主动让与他人。要是碰上别人“发言”过久,自己意欲发表个人见解,应耐心等候。别人讲话结束之前，千万不要打断别人讲话。一次生动活泼的谈话，要求每个交谈者注意不仅自己说，也要让别人说。聪明的谈话者，往往不急于发表自己的意见，而设法让对方开口，谈他所关心的问题，吸引对方与自己交谈。

此外，为表示对交谈一方的尊重，交谈时要尽量让对方把话说完，不要轻易打断对方的谈话，要有耐心，这是一种基本修养。尤其是对方谈兴正浓时，突然打断对方，一是可能使对方思路中断，二是可能使对方被突如其来的“拒绝”弄得不知所措，下不了台。如果有紧急事件发生，或确实有必要打断对方，要在对方说话的间歇，以婉转的口气，自然得体地将自己的话简短说出，如“你的看法的确有道理，不过能允许我打断一下吗?”或“请让我提个问题好吗?”……这样就不会让人感到你轻视他或不耐烦了。恰当的插话，会引起对方的注意，停止自己的言谈，让你先说。但插话如果违背对方原意，未听明白就下结论，或插的不着边际，转移话题，或抢过话头，显示自己高明，则有不尊重或讥讽味道，弄不好还会引起争执，不欢而散。在参与多人交谈时，应不时地同其他人聊上几句，不要论远近亲疏，凭衣帽或印象取人，对有的人一见如故，谈个不休；而对另一些人则一言不发，不闻不问。这样既是对他人的不尊重，也会让其他人觉得自己没有教养。

交谈中还经常会遇到不同意对方某个观点，或对方某一明显错误的说法的情况，怎么办？在正式的社交场合，一般以表示疑问或商讨的语气提出为宜，以免伤害对方的自尊心。比如，若不同意对方的某个观点，可以说：“我对这个问题倒也十分感兴趣，只不过好像我不这么认为”“你刚才的某个观点好像很新，能否再详细地解释一下”等等。如果认为对方的某个观点和说法根本是错的，可以说：“在我的记忆中，好像这个问题不是这样的”，或者说“我在某本书上看到的好像与你讲的不完全一样”……虽然语言非常婉转，但这足以使对方明白其中的意思。遇到别人真的犯了错误，又不肯接受劝告和批评时，别急于求成，把时间延长些，隔一两天或一两个星期再谈。否则，大家固执己见，这样不仅没有进展，反而伤害感情。记住，如果不是讨论性的交谈，一般不要与人争辩。如果对方反驳你的意见，大可不必急躁、恼怒，从容说出自己的道理便是。企图与别人争胜是拙劣的想法，有时越是想做到这点，越是想逞口舌之利，就越不能使对方成为朋友。总之，要学得谦虚些，随时考虑别人的意见，让大家都觉得你是可以谈话的人，这才是道理。

事实上，人们谈话时都有一个目的：想知道别人对某件事情的意见是否和自己相同。人们总是希望别人能和自己一样对任何事物有同样的看法。如果谈话时双方意见一致，就会感到一种安慰，但如果发现对方意见和自己略有出入，或大不相同，会感到这是一种刺激。因此，想与对方作进一步探讨。所以，当听到别人意见和自己相同时，要立即表示赞同。不要以为这样做，会被人认为是随声附和。不出声，容易使人误以为不同意。同样，当听到别人意见与你不一致时，也要立即表示什么地方不同意（当然要注意说话的方式），不要迟疑。

第三，谈话要看对象，交谈不是一味地发泄自己的感情和情绪，而是一种合作的关系，所以必须考虑交际对象。

交际对象是最直接地对话语起制约作用的环境因素。说话人的言语行为总是围绕着听话对象进行的，以他们能接受为前提，而不能逾越他们的思想、感情、知识所能及的范围。不同的对象，因年龄、性别、职业、社会地位、人生阅历的不同，对同一句话会产生不同的反应，甚至会导致截然相反的反应。所以，在交谈过程中，所说的话要符合交际对象特定身份的要求，从称谓到措词组句，从交谈话题、谈话语气到表达方式等都应尽量合乎交谈对象的特点，做到恰当得体。

说到交谈话题、方式的选择，有这样一个故事：在一只游船上，来自各国的一些实业家边观光边交谈。突然，船出事了，并开始慢慢下沉。船长命令大副："赶快通知那些先生，穿上救生衣，马上从甲板上跳海。"几分钟后，大副回来报告："真急人，谁都不肯马上跳。"于是，船长亲自出马。说来也怪，没过多久，这些实业家都顺从地跳下海去。"你是怎样说服他们的?"大副请教船长，船长说："我告诉英国人，跳海也是一项运动；对法国人，我说跳海是一种别出心裁的游戏；我同时警告德国人，跳海可不是闹着玩的；在俄国人面前，我就认真地表示：跳海是革命的壮举。""你又是怎样说服那个美国人呢?""那还不容易，"船长得意地说："我只说已经为他办了巨额保险"。这纯粹是笑话，然而笑话里包含了一个浅显的道理，即说话的内容和方式应尽可能地合乎对方的心理需求，这样才会取得令人满意的效果。同样，交谈的方式也影响着交谈的气氛，对一般市民用抽象而又深刻的分析，枯燥而又严肃的逻辑推理方式与之交谈，会使对方感到不知所云，莫名其妙；而对知识层次较高的人用"海阔天空"式的聊天方式与之交谈，会使对方听而生厌，无所适从。这一切都说明正确选择话题和谈话的方式是重要的。当然，为了使谈话更富有创新和吸引力，还可以在已经拥有的话题中，挖掘、发现新的感兴趣的话题，使交谈双方始终在一种享受乐趣的气氛中继续他们的谈话。

关于交谈的话题与内容，有一些要求是必须注意的：

（1）为能创造一个愉悦和谐的谈话环境，在公共社交场合，应选择大家都可以介入又都方便发表意见的话题，即寻求共同的经验范围。如现场气氛、环境布置、天气、当日新闻、国际形势、文艺演出、体育比赛等，切忌只谈个别人知道或感兴趣的事，或只与个别人交谈而冷落其他人。

（2）不要涉及令人不愉快的内容，如疾病、死亡、荒诞、淫秽的事情。奇闻趣事，有助交谈的气氛，但不宜从头到尾用奇闻趣事消遣，更不要用笑话影射在座的人，否则很不通情理。最好交谈一些轻松愉快的话题，把快乐与人分享，把苦恼留给自己。这一做人的常识也应在选择谈话内容时得到体现。

（3）话题不要涉及他人隐私。如对女士不问年龄、婚否、服饰价格等；不用身体壮实、保养好等模糊用语来形容女士的身材。对男士不问钱财、收入、履历等；不随便谈论他人的宗教信仰和政治信仰，以免犯忌讳。同时，不要随便散播和听信蜚语。

（4）遇到不便谈话的话题，不要轻易表态，应当转移话题以缓和气氛。涉及对方反感的话题应及时表达歉意。一般不宜用批评的语气谈论在场者和其他相关人士，也不要讥笑他人，更不能出言不逊、恶语伤人。

（5）男士一般不参与女士圈内的话题讨论，与女士谈话时要宽容、谦让、尊重，不随便开玩笑，也不可与女士无休止地攀谈，否则会引起对方的反感和旁人的侧目。

第四，谈话要看准时机，留有余地。“言贵精当，更贵适时”。不该说的时候说了，是操之过急；该说的时候没说，是错失良机。把握住说话的适宜时机，是说话得体的重要因素。比如，在听话人心情比较平和的时候去反映情况或提出批评建议；在双方的感情和认识差距稍小了以后再开口劝说。高明的推销员从不直接向持拒绝态度的顾客推销商品，而是先迂回，套近乎，解除了对方的“武装”之后，再劝人家购买推销的商品。这样，往往会获得成功。

交谈过程中还要注意说话应留有余地。比如，在交谈中，遇有需要赞美对方时，应措词得当，注意分寸，赞美的目的在于使对方感觉到你真的对他（或她）的钦佩，用空洞不切实际的溢美之词，反而会使对方感到你缺乏诚意。若一名公关人员热情友好地接待了一位公众之后，得到了“你的接待真令人愉快，你的热情给我留下了深刻印象”的评价，显然比“你是全世界最热情的人”的赞誉会入耳得多。所以，称赞要适度，过分的讨好、谄媚则近于肉麻。特别是对上级领导，在社交场合更不宜毕恭毕敬说些奉承话。对晚辈或地位比较低的人，也不要用轻视、冷淡的口吻说话。总之，要注意掌握分寸。

再比如，要使谈话得以继续，并且产生较好的效果，可适度地选用一些幽默风趣的语言，或讲一些笑话。幽默的语言，既有趣可笑，又寓意深长。如能在谈话中适当加以运用，不仅能够活跃气氛，而且能够启人心智，吸引听众，更好地与他人沟通和交流。但凡事要有个限度，使用幽默语言，讲笑话也要因人而异，要分时间、地点、场合，要有分寸。比如有的人喜欢嘲笑他人的生理缺陷和短处，特别是对男女之间的话题更是津津乐道。其实，这不但不能表现自己的风趣和幽默，反而说明了自己的轻薄与无聊。要知道，优雅的举止风度是以友善和为他人着想这两项原则为基础的。这种揭短的“幽默”伤人太深，不但不道德，于己也未必有益。所以，一定要注意把握好分寸，把话说得留有余地。

现实生活中，很难不求人，也很难不被人求，所以无论求别人办事，答应为别人办事，还是拒绝他人，都要注意把话说得留有余地。此外，表扬人，批评人，调解事端，解决冲突，应付尴尬局面，调息不满情绪，乃至布置任务，汇报工作等，都有个语言艺术问题，都可以留有余地。

第五，其他注意事项。在参与多人交谈时，应表现出对谈话内容兴趣很大，而不必介意其他无关大局的地方，比如对方有浓重的乡音，读错了字或记错了日期等，只要不妨碍交谈的进行，没有必要当面去指正。不要在对方谈兴正浓时，突然凑到某个人耳边窃窃私语，这容易引起别人的反感，有可能使谈话者产生误会：有什么事不好当着大家讲？如果确有私事要说，不如请他到另一边再谈。撇开众人，只跟一小帮人交谈，也说明还不善于与大家打交道。

当遇到自己的熟人正在一起交谈时，如果打算加入，一定要事先征得同意，比如问一下“我能够有幸加入吗?”或“不打搅吧?”得到许可后，方可加入。不要以为是自己熟人，就可随便加入别人的谈话。加入之后，应甘当配角，不可自己一加入就口若悬河，滔滔不绝地当起主角，以至影响交谈者的兴致。一旦发现自己加入后，原来的交谈者都缺少了兴致，应及早退回，不要因此让别人产生不好的印象。在碰到有人想加入自己的交谈时，通常应来者不拒。如果自己确有私事，不适宜外人介入，应及早婉言相告，比如可以说“对不起，我们有点私事想单独谈谈”，或者说“我们过一会儿再谈，好吗？”一旦有其他人加入自己的谈话，就不要有意冷场，或是使用隐语、暗示等，使他人无所适从。

此外，在交谈过程中要始终注意不要扮演喋喋不休、逢人诉苦、无事不晓或一言不发的角色，这些都不利于交谈的进行，更不利于在众人面前树立良好的形象。

交谈中的聆听礼仪

一、交谈中聆听的作用

一般人在交谈中，倾向于以自己的意见、观点、感情来影响别人，因而往往谈个不停，似乎非如此无法达到交谈的目的。实际上，与人交谈，光做一个好的演说者不一定成功，还须做一个好的听众。也就是说，在谈话中，任何人都不可能总是处于说的位置上。要使交谈的双方双向交流畅通无阻，就必须善于倾听他人的谈话。善于聆听的人，懂得“三人行，必有我师”的道理，能够利用一切机会博采众长、丰富自己，而且能够留给别人讲礼貌的良好印象。

外国曾有谚语“用十秒钟的时间讲，用十分钟的时间听”。社会学家兰金也早就指出，在人们日常的语言交往活动（听、说、读、写）中，听的时间占54%，说的时间占30%，读的时间占16%，写的时间占9%。这说明，听在人们交往中居于非常重要的地位。

在人们面对面的交谈中，讲与听是对立统一的，认真地去听，可以收到良好的谈话效果。听，可以满足对方的需要。认真聆听对方的谈话，是对讲话者的一种尊重，在一定程度上可以满足对方的需要，同时可以使人们的交往、交谈更有效，彼此之间的关系更融洽。聆听从消极的一面讲是一种礼貌，是对别人的尊重。积极地说是一种鼓励，是褒奖对方谈话的一种方式，有助于激发谈话者的兴趣。因此，能够耐心地倾听对方的谈话，等于告诉对方“你是一个值得我倾听你讲话的人”，这样在无形中就能提高对方的自尊心，加深彼此的感情。反之，对方还没有把将要说的话说完，你就听不下去了，这最容易使对方的自尊心受挫。

听，可以了解对方是否真正理解你说话的含义。听，可以获得必要的信息，提供最新的情报资料。注意聆听别人的讲话，从他说话的内容、声调、神态，可以从中了解对方的需要、态度、期望和性格，他们会自然地向你靠近，这样你就可以与很多人进行思想交流，建立较广泛的人际关系。

注意倾听别人讲话，还可以同时思考自己所要说的话，整理自己的思想，寻找恰当的词句，以完善自己表达的意见，给人以鲜明的印象。一般来讲，听比说快，听话者在听话过程中总有时间空着等待，在这些时间空隙里，应该回味讲话人的观点、定义、论据等，把讲话人的观点和自己的观点作比较，预想好自己要阐述观点的理由，设想可能有的其他观点等等。因此，从某种意义上说，在社交场合受大家欢迎的人，人人都爱与之交谈的人，并不仅仅在于他能说会道，而重要的是他会听。因为交谈中只有既讲又听才可以满足双方的需要，也只有如此，才能使交谈顺利进行。

二、交谈中的聆听礼仪

交谈中善于聆听的确有许多好处，但要真正做到洗耳恭听，仅仅对人抱有尊敬之心还不够。也就是说，听不光要用身，还要用心，用整个身心。但有些人做不到这一点。他们听时心不在焉，或左顾右盼，或处理他事，或摆弄东西，或不时走动。这种方式最易伤人自尊心，使说者不愿再讲，更不愿讲心里话。因此，无法收到较好的效果，还会影响到双方的关系；也有的人，听时虽然很认真，但却挑其毛病，或者频加批判，或妄下判断，或发出争论，这种方式使人讲话时不得不十分小心，字斟句酌，同时担惊受怕，不敢吐露真情，从而影响交谈正常而深入地进行。这两种听的方式都不利于交谈的进行。其实最好的听的方式，是要站在对方的立场去听、去反映、去认识、去理解、去记忆，因为这种听话的方式，既能使听者集中注意力全神贯注地听，又能较好地理解说话者的原意，使对方受到尊敬和鼓舞，愿意讲真话、说实话，并发展彼此友好往来的关系。

除了听的方式外，在聆听对方谈话时还要注意以下方面。首先宜选择一个安静的环境进行交谈，以减少外界噪声的干扰。如果交谈环境不理想，比如外界干扰、噪声太大，或者室温过高、过低，要尽力设法避免。同时保持冷静，不受个人情绪和当时气氛的影响。这样才能保证有效地倾听。其次要设法使交谈轻松自如，不要使对方感到拘束，同时消除心理上的障碍，不要预先存在想法，不可显示出不耐烦的样子，也不要过早地作出判断，因过早表态往往会使谈话夭折。要少讲多听，不要随意打断对方，还要注意听其内容，而不必过多地考虑对方的谈话技巧。

听时要注意谈话者的神态、表情等非语言传播手段，这些往往会透露出话外之意，不仅如此，还要多注意自己的“身体语言”。在他人讲话时，应尽可能地以柔和的目光注视着对方，以便与对方进行心灵上的交流与沟通，这样做，会使对方感受到无声的鼓励或赞许，可以赢得其好感。当然，善于聆听的人光会用眼神还远远不够，还要学会用声音、动作去呼应，也就是说要随着说话的人情绪的变化而伴以相应的表情。身体稍稍倾向于说话人，面带微笑。在说话者谈到要点，或是其观点需要得到理解和支持时，应适时地点点头，或是简洁地表明一下自己的态度。当然，只是在关键地方点点头就可以了，不必频频点头。同时，还可以通过一些简短的插话和提问，暗示对方对他的话确实感兴趣，或启发对方，以引起感兴趣的话题。当然，如果对对方的话题不感兴趣，且十分厌烦，那就应该设法巧妙地转变话题，但须注意方式。当有多人在一起交谈时，要学会用目光适当照应在场的所有人，很快地交换一下目光，以鼓励那些不爱开口的人说话。此外，要善于从别人的话语里找出他没有能明白表达出来的意思，避免产生误解，此时也可用一两个字暗示对方，或恰当地提出问题，以表明聆听得十分认真，并力求理解他讲的含义。要强调的是，最高明的“听众”是善于向别人请教的人。如与人交谈时，能向其请教一两个他擅长且不避讳的问题，一定会使其自尊心得到莫大的满足。但要注意向人请教绝不能避实就虚，强人所难。

最后需要强调指出的是，人们在交谈、交往中由于所处的不同社会角色地位，而形成的交谈双方的不同关系往往影响倾听。一般来说，在交谈双方社会地位相同时，双方相互间能以完全平等的态度进行交谈，在这种情况下，比较容易倾听对方的谈话。在交谈双方社会地位不相同时，往往有两种情况：一是听者的社会地位高于谈话者，比如上级对下级，师长对晚辈、学生等。在这种情况下，听者一定要特别注意听的诚意与态度。通常属下找领导谈话，一定有其原因，领导必须以关心、真诚的态度认真地听，即使对方发牢骚、抱怨，也不要冷淡待人，更不能责备。了解了对方的真实愿望、意见、想法后，可据此作出确切的判断，给予合情合理的答复。肯花时间认真倾听属下意见的上级，是真正关心他人、值得依赖的人。二是听者的社会地位低于谈话者，比如下级对上级，晚辈、学生对师长等。在这种情况下，一般人都会认真地听，有时可能还要在本上记几句。遇有不懂之处，可请对方作适当的重复与解释。切忌唯唯诺诺，点头哈腰，显出一副卑躬屈膝的样子。因为谈话双方无论社会地位上相差多么悬殊，在人格上是完全平等的。保持平等的态度才能使谈话得以顺利地进行，从而建立较好的关系。

一般而言，任何人都会对诚心诚意倾听自己谈话的人产生感激之情，从而开启心扉，倾吐真情实意。所以，在交谈过程中，不仅要让自己的话说得得体，还要注意用聆听来赢得对方。善于倾听，是谈话成功的一个要诀。

三、交谈中要善于提问

谈话过程中，不仅要注意倾听，还要善于提问。恰当的提问可从对方那里了解到自己不熟悉的情况，或将对方的思路引导到某个要点上，有时还可以打破冷场，避免僵局。

提问既然是为使交谈有效、深入地进行下去，就要注意内容，不要问对方难以应付的问题，如超乎对方知识水平的学问或技术问题等，也不应询问人们难以启齿的隐私，以及大家都忌讳的问题等等。有的人在交谈中就不注意这一点，不管什么事情都要打破砂锅问到底，这样做的结果是既不尊重对方，也不尊重自己，谈话只能不欢而散。提问的方式也不能忽视，查户口式的一问一答只能窒息友善的氛围。为此，提问的人应对发问进行方式设计。设计巧妙的提问，不仅能起到投石问路的作用，还能使交谈沿着自己希望的轨道向深处展开，达到相互沟通的目的。有的人问话一出，便立即打开了对话的话匣子，双方相见恨晚，成了好朋友；有的人问话一出，却使双方无话可说，形成难堪的场面。可见，提问是一种艺术，对拉近与别人的距离起着很重要的作用。

如果提出的问题对方一时回答不上来，或不愿回答，不宜生硬地追问或跳跃式地乱问，要善于调整话题。如果对方往往是因为羞怯而不爱说话，那就应当问点无关的事，比如问问他工作或学习的情况，等紧张的气氛缓和了，再把话题纳入正轨。

四、结束谈话

在社交活动中，无论是谋职、谈判还是结交朋友、处理业务，都要和人交谈，这就涉及怎样结束谈话。如果能做到恰到好处，就会给人回味无穷的感觉，如果处理不好就会把事情弄糟。所以，怎样结束谈话是有技巧的。

一般来说，要避免分歧，再结束谈话。谈话在尚未获得结论或一致意见的情况下，突然结束谈话是不明智的，不利于解决问题和人际交往。分手时更不能讲使对方讨厌的话题，出现分歧时，应主动作出让步，可以转换一个话题，把有分歧的话题暂时放一放，谈一些别的，待气氛缓和了再把谈话告一段落，这样能增加双方的亲近感。有时，谈话的开头很好，双方谈得很投机，都处于兴奋状态，如果此时没有什么新的话题，就应该及时结束。有些人不太注意这一点，认为前面既然谈得好，后面一定会更好，殊不知交谈的内容已快枯竭了，如果再接着谈，只会变得枯燥无味。

除了在内容上注意外，还要注意掌握好谈话的时间，使谈话能顺其自然地结束。此时要注意观察，对结束谈话有个心理准备，可以预先留一点要结束交谈的时间，为结束谈话创造一定条件。否则，在没有思想准备的情况下，突然终止谈话，会给人粗鲁无礼的感觉。如果在特殊的情况下，只能作短促的交谈，此时宜事先声明，以便使对方有思想准备。在把握时间的同时，还可以多留意对方的表情。比如当对方因对谈话内容不感兴趣，或因别的事需要告退，又不好直说时，往往会做出某些暗示，像频频改变坐姿，心不在焉，东张西望，心神不安，摆弄自己带的东西，或不时看自己的表，对说的话也不作出积极的反应等等，这时就该结束谈话了。如果置这些不顾再继续谈下去，就会使人反感了。

最后要注意的就是结束谈话后如何打招呼。一般分别时，双方都应主动打招呼，以增加感情。比如谈话结束了，主动谈话一方可以说："非常感谢您给了我许多教诲和帮助"，另一方则可以说："不必客气，以后有什么需要我帮忙的，尽管说。"还可以面带笑容地说"欢迎您再来"，使人感到轻松、自然，令双方都感到满意。

站、立、行的姿势

一、站姿

优美而典雅的站姿，是发展人的不同质感动态美的起点和基础。良好的站姿应该是直立，头端，肩平，挺胸，收腹，梗颈。具体要求，男女略有不同。

（一）男士站姿

男士站立时，应将身体的重心放在两只脚上，头要正，颈要直，抬头平视，挺胸收腹，不斜肩，两臂自然下垂，从头到脚成一条线。双脚可微微分开，但最多与肩同宽。站累时可向后挪半步，但上体仍须保持正直。这种站姿从外观上看犹如挺拔的青松，显得刚毅端庄，精神饱满。男士站时须注意：

（1）一般在任何场合都不宜斜靠在门边或墙站立。两腿交叉站立也是十分不雅的，这是一种轻浮的举动，极不严肃；同时这种交叉腿的动作，也是一种防卫性信号。有时一只脚踝紧靠在另一条腿上，而以脚尖或脚掌触地，也会给对方一种缺乏自信、紧张的感觉，至少是不够大方。所以，如果去谋职，千万不要有这种动作。既然出去工作，就要表现自己的能力和信心，因而应采用开放式姿态——两脚分开，两腿成正步或一前一后，抬头挺胸，眼睛看着对方，给人以坦率、自信的印象。公关员在公众面前，也不要采用腿交叉的姿势，否则双方难以达到心理沟通。

(2) 站立时，手不宜叉在腰间，这是一种含冒犯性意识的姿势，如在男女之间，这种姿势还有“性的侵略”的潜意识。

(3) 不可双手插于衣裤袋中，实在有必要时，可左手或右手插于左或右前裤袋，但时间不宜过长。

(4) 与人站立谈话时，浑身扭动，东张西望，斜肩叉腰均属轻薄浮滑举动，应注意避免。

（二）女士站姿

女士要想使自己具有优雅迷人的站姿，关键要让自己的双脚、双膝、双手、胸部和下颌等五个部位都处于最佳的位置。

双脚的脚跟应靠拢在一起，两只脚尖应相距 10 厘米左右，其张角为 45°，呈“V”字状。两只脚最好一前一后，前一只脚的脚跟轻轻地靠近后一只脚的脚弓，将重心集中于后一只脚上，切勿两脚分开，甚至呈平行状，也不要将重心均匀地分配在两条腿上。

在正式场合双膝应挺直，而在非正式场合则伸在前面的那一条腿的膝部可以略为弯曲，以为“稍息”。但是不论处于哪一种场合，双膝都应当有意识地靠拢。这样的话，方能确保双腿自上而下的全方位并拢，并使髋部自然上提，避免双腿的“分裂”，臀部撅起等极不雅观的姿势。

双手在站立时若非拎包、持物，则最好是将右手搭在左手上，然后贴在腹部，同时应当注意放松双肩，使双肩自然下垂。不要耸肩、斜肩或是弯臂、端肩。在非正式场合双手自然下垂贴放在身体两侧未必不可，但在正式场合这样做，就毫无美感可言了。不要把手插在口袋或袖子里，也不要双手相握，背在身后。前一种做法显得自由散漫，后一种做法则看起来老态龙钟。

胸部在站立时应略向前方挺出，同时要注意收紧腹肌，并挺直后背，使整个身体的重心集中于双腿中间，不偏不斜。这样的话，不仅能使自己看起来精神振奋，线条优美，而且不会出现凹胸、挺腹、弓背等难看的姿势。

下颌要微内收，脖颈要挺直，双目要平视前方，以便使自己显得自然放松。不要羞于抬头正视于人，好像做了“亏心事”一样，也不要下颌高扬，用鼻孔“看人”，给人以目空一切之感。此外，还要避免勾脖的恶习。

总之，公关小姐在正式场合最优雅动人的站姿应当是：全身直立，双腿并拢，双脚微分，双手搭放在腹前，抬头、挺胸、收腹、目视前方。

需要指出的是，在公共场合站立过久，难免有些疲惫。如果此刻需要休息，那就应当去寻找一张空闲的椅子，然后坐下来。切不可因没有熟人在场，而满不在乎地放松对自己的严格要求。不要倚墙而立或随便找个边边沿沿凑合着靠一靠，站不像站、坐不像坐。要是在此刻再偷偷地交替着将鞋子半穿、半脱趿拉着，为“辛苦”的双腿放风透气，那就太不“秀气”了，应坚决避免。

尤其不能允许的是，在他人面前弯下腰去拾捡东西，拾掇鞋袜，或是当众敞开双腿蹲下。

在站立或行走之际，突然弯下腰，前俯而后撅，对于周围的人来说，都是不够尊重的。有鉴于此，在迫不得已需要当众拾捡东西、提上鞋子、拉展丝袜之时，应当姿势优雅地蹲下身去。在公共场合蹲下去时，有两点切勿遗忘：一是不可以双腿敞开而蹲，在国外，这种姿势是公认的最不淑女的动作；二是尽量不要面对或背对他人而蹲，若是在他人面前侧身而蹲，就不必担心妨碍于人了。

要使自己的蹲姿文明得体，最重要的是，使自己蹲下来之后，双膝以上并拢在一起。具体的做法有三种：第一种方法叫高低式。即左脚在前着地，右脚居后，脚尖点地；左膝高、右膝低，膝部以上并拢；右腿支撑身体，臂部自然向下，上身尽量保持直立。第二种叫交叉式。即右脚在前，全面着地，右小腿垂直于地面；左腿在后与右腿交叉，左膝从右腿下面向右侧伸出，左脚在右脚后面以脚尖点地；膝部以上紧紧并拢，并合力支撑着身体；上身略向前倾，臀部自然下垂。第三种叫做单膝点地式。即右腿在前，弯曲下蹲；左脚在后，脚尖点地，左膝着地，双腿紧贴，臀部向下，身体的重心落在右腿上。最后一种方法实际上是半蹲半跪，它主要适合于穿超短裙者。

二、行姿

行姿即人们行走时的姿态。它是以优雅、端庄的站姿为基础的。一般说，行走时步履应自然、轻盈、敏捷、稳健。有人总结了以下几个要点：

（1）最基本的行姿是使自己的脊背和腰部伸展放松，并使脚跟先着地。行走时移动的中心是腰部，而不是脚部，所以行走应被首先视为腰动，而不是脚动。应当上体前驱，借以带动脚动。

（2）行走时，腿不伸直是无法走出漂亮的姿势来的，因此在走路时务必要使膝盖向后方伸直。如果膝盖伸直了，腿也就自然而然地随之伸直了。

（3）行走时，要有一定的节奏。行走时双肩要放松，双臂要伸直，手指要自然并拢并略微弯由，然后应当使两只手臂一前一后地摆动。双臂摆动应以肩关节为轴，手臂与上身之间的夹角不要超过30°，双臂各自摆动的幅度不应大于40厘米。走路时双臂不动或同时向一个方向摆，或摆幅过大，都不雅观。另外，行走时的步幅同样是有规律的。在一般情况下，公关小姐往往穿高跟鞋，故步伐小一些，一步走30厘米左右，才会显得更为高雅迷人。同时，行走的速度也应当不紧不慢，保持节奏感。同样，对于男士，从其步伐也能判断出他们的气质、性格。男士的步伐会毫不掩饰地向人流露：你是什么样的人，你目前精神面貌如何，若想给人以严肃、威严的印象，挺起腰板，摆正脑袋，步伐大而稳健；若想给人以儒雅、谦和的印象，则可以放慢、放轻脚步；若希望让人觉得你年轻，富有活力，尽可能地增加步履节奏感。无论怎样，不要拖沓萎靡。

（4）行走时，应使脚尖略为展平，脚跟首先触地，通过后跟身体的重心移送至前脚，促使身体前移。需注意的是，行走时的注意力应集中于后脚，而不是向前跨出的那只脚上。

（5）行走时应上身挺直，目视正前方。在腰际以上，不允许摆摆晃晃。同时成一直线前进，不左右摇摆。

在日常生活中，人与人不同，走路姿态不可能呈现一个模式；每个人的行姿很多情况下还与其年龄、职业、着装及所处场合有关，尤其是女士。例如，同一位女士，穿旗袍配高跟鞋和穿长裤配平跟鞋，行走时步伐的大小和速度的快慢便有所不同。穿旗袍配高跟鞋，相对而言行走时的步伐要小，速度宜慢，以示其内雅和含蓄。而穿长裤配平跟鞋时，步伐则应当大一些，速度快一些，以示其活泼与洒脱。

在公关活动的具体实践中，行姿也有不少特殊之处，公关人员需加以掌握。例如，与人告辞或退出上司的写字间时，不宜立即扭头便走，给人以后背。为了表示对在场的其他人的敬意，在离去时，应采用后退法。其标准的做法是：目视他人，双脚轻擦地面，向后小步幅地退三四步，然后先转身，后扭头，轻轻地离去。又如，在楼道、走廊等道路狭窄之处需要为他人让行时，应采用侧行步。即面向对方，双肩一前一后，侧身慢行。这样做，是为了对人表示“礼让三分”，也是意在避免与人争抢道路，发生身体碰撞或将自己的背部对着对方。

作为公关人员，应当懂得稳重大方和不妨碍他人的重要性，所以在公共场合，即使遇上急事，也轻易不要表演“百米冲刺”。稍微快走几步则是许可的。不要走起路用力过猛，尤其是公关小姐穿着钉有铜跟的高跟鞋行走时不要忘记这一点。这种声音对你可能妙不可言，对于别人则绝对是属于噪声的。

三、坐姿

坐姿指人们就座时和坐定之后的一系列动作和姿势。一般来讲，坐姿应当高贵、文雅、舒适自然。基本要求是，腰背挺直，手臂放松，双腿并拢，目视于人。

（一）就座时的动作

公关人员在就座时一定要做到不紧不慢，不慌不忙，大大方方地从坐椅的左后侧接近它，然后不声不响地轻轻坐下。不要大大咧咧地一把拉过椅子，“扑通”一声地把自己扔进坐椅里。落座时搞得响声大作，是没有教养的表现。所以，落座时切忌用力过猛。若是走向他人对面的坐椅落座，可采用后退步接近属于自己的坐椅，尽量不要背对自己将要与之交谈的人。公关小姐若坐下之后所要面对的是异性，则通常应当在入座前用手将裙子拢一下，显得娴雅。要是面对一位异性坐定之后，才大模大样地前塞后掖自己的裙摆，难免会失之于庄重。

（二）以优雅的坐姿来体现自己的良好修养

谈到坐姿的基本要求，男士和女士是不同的。通常男士入座后，人体重心要垂直向下，腰部挺起，上身垂直，不要给人以“瘫倒在椅子上”的感觉。坐时，大腿与小腿基本上成直角，双膝应并拢，或微微分开，两脚平放地面，两脚间距与肩同宽，手自然放在双膝上或椅子扶手上，头平稳，目平视。需要侧坐时，应上体与腿同时转向一侧，头部向着前方。如有需要，可交叠双腿，但一般是右腿架在左腿上。注意在社交场合，绝不要首先使用这种姿势，因为那会给人以显示自己地位和优势的不平衡感觉。此外，4 字形叠腿方式，和用手把叠起的腿扣住的方式，则是绝对禁止的。叠腿、晃动足尖则更显得目中无人和傲慢无礼，公关人员应该忌之。此外，在坐椅上，不能两腿叉开，伸得老远，或是脚藏在坐椅下，甚至用脚勾着坐椅的腿，这都是非礼的举措，也会给人传递错误的感觉，造成不必要的麻烦。

如果在交谈过程中，一旦发现对方身体前倾，双手摆在膝上，或双手抓着椅子时，千万不要误会对方是对谈话感兴趣，正相反，这是想尽快结束正在进行的话题的最明显的标记。应设法采取措施，避免这一姿势进一步延伸。

女士的坐姿是否优美，是影响印象的重要因素。通常女士可采用的坐姿有如下几种，除了在双腿必须完全并拢，尤其是膝部以上必须完全并拢这一点相同外，它们之间的区别主要在于坐定之后的腿位与脚位有所不同。

（1）双腿垂直式。具体要求是：双腿垂直于地面，双脚的脚跟、膝盖直至大腿都需要并拢在一起，双手自然放在双腿上。这是正式场合的最基本坐姿，可给人以诚恳、认真的印象。须注意这种坐姿脊背一定要伸直，头部摆正，目视前方。如两膝张开，会给人很散漫的印象。

（2）双腿叠放式。这种坐姿要求上下交叠的膝盖之间不可分开，两腿交叠呈一直线，才会造成纤细的感觉。双脚置放的方法可视坐椅的高矮而定，既可以垂直，也可与地面成45°角斜放。脚尖不应翘起，更不应直指他人，采用这种坐姿时，切勿双手抱膝，且不能两膝分开。穿超短裙时应慎用。

（3）双腿斜放式。坐在较低的椅子上时，双脚垂直放置的话，膝盖可能会高过腰，较不雅观。这时最好采用双腿斜放式，即双腿并拢之后，双脚同时向右侧或左侧斜放，并且与地面形成45°优美的“S”形。当坐沙发时，这种姿势最实用。须注意两膝不宜分开，小腿间也不要有距离。

（4）双脚交叉式。具体做法是：双腿并拢，双脚在踝部交叉之后略向左侧或右侧斜放，坐在主席台上、办公桌后面或公共汽车上时，比较适合采用这种坐姿，感觉比较自然。应当注意的是，采用这种坐姿时，膝部不宜打开，也不宜将交叉的双脚大幅度地分开，或是向前方直伸出去，否则可能会影响到从前面通过的人。记住：不造成对别人的困扰是基本礼仪中最基本的一项。

（5）双脚内收式。其做法是：两条小腿向后侧曲回，双脚脚掌着地，膝盖以上并拢，两脚稍微张开，这也是变化的坐姿之一，尤其是在自己并不受注目的场合，这种坐姿显得轻松自然。

（6）脚踝盘住收起式。椅子较低时，除了可斜坐外，还可以将脚踝盘起，往椅子下面靠，但像沙发这样下面没有空间的椅子，就不可采取这种姿势，若是柜台或酒吧内的高脚椅，就可以采取这种坐姿。

需强调的是，公关小姐在乘坐汽车时还应注意坐车的姿势。要想在上汽车时显得稳健、端庄、大方，做起来并不难。上车前应首先背对车门，款款坐下，待坐稳后，头和身体进入车内，最后将并拢的双腿一并收入车内，然后方才转身，面对行车的正前方，同时调整坐姿，整理衣裙。坐好之后，两脚亦应靠拢。下车的姿势也不能忽略，一般应待车门开后，转身面对车门，同时将并拢的双腿慢慢移出车外，等双腿同时落地踏稳，再缓缓将身体移出车外。

除以上介绍的女士就座的基本方法外，女士就座时还要注意以下两个要点：第一，在正式场合就座时，背部要保持挺直。不应倚靠在椅背上，尤其是不应把头靠在椅背上。第二，应注意就座后双手旋转的位置。一般坐下之后，双手可自然地旋转于双腿之上。双手一左一右地扶住坐椅两侧的扶手，双手分别放在两腿之上，双手抱膝，双手插在两腿之间。双手垫在臀部下面，双手抱在胸前，双手抱在脑后，双手前伸趴在桌上或以手抚摸脚等动作，都是不雅观的，也是非常失礼的。

（三）要善于利用坐姿来表示对他人的敬意

面对不同的情况，可以选择不同的坐姿，以适当的坐姿来表示对他人的尊重和敬意。比如说，当前去拜访长辈、上司或贵宾时，自然不宜在落座后坐满座位，甚至就像与家人拉家常一样架起二郎腿。若是只坐座位的二分之一，那么对对方的敬意无形中会溢于言表。当然，也没必要只坐椅子边上，那样会显得有些过于虚伪了。在与来宾会晤时，如双方对面而坐，最好彼此间有 1 米左右的距离，使双方在调整各自的坐姿时不至于腿部“打架”。如双方并排而坐，则有必要目视对方，以示恭敬。此时，最好的办法是上身微侧，双手叠放于侧过身来一侧的那条腿上，双脚亦同时并拢，向同一方向倾斜。

手势动作

手势动作是人际交往中使用范围最广的一种体态语言。要培养好的仪态，对它就必须了解。

一、要了解手势动作的含义

手势动作是极富表现力的，但同一动作在不同的国家和地区也可以表示不同的含义。因此，在对外交往中不能随意乱用。

（一）竖大拇指

中国人认为竖大拇指表示赞赏、夸奖，暗示某人真行。而在美国、英国、澳大利亚等国，这种手势则有三种含义：搭便车，表示 OK，骂人；而在希腊，这种手势意味着“够了”“滚开”，是侮辱人的信号。将大拇指指向自己，是自夸的意思，而跷向别人，通常是看不起人的表示。一般来说，在社交场合，不宜将拇指跷向自己或别人。这样做，常给人一种很粗鲁的感觉。

（二）OK 手势

在欧美通常表示同意，暗示赞成或欣赏对方的观点。在日本则表示“懂了”；在缅甸、韩国表示“金钱”；在印度表示“王确”；在泰国表示“没问题”；在巴西，常以之指责别人作风不正确；在突尼斯表示“无用”；在印尼表示“不成功”；在地中海国家，常用它来影射同性恋。

（三）V 手势

V 手势通常表示胜利，暗示对工作或某项括动充满信心。这种手势要求手掌向外。若是手掌向内，就变成了侮辱人的信号了。

（四）右手握拳伸出食指

在我国，这个手势表示“一次”或“一”，或是“提醒对方注意”的意思；在日本、韩国等国表示“只有一次”；在法国是“请求，提出问题”的意思；在缅甸表示“拜托”；在新加坡表示“最重要”；而在澳大利亚则表示“请再来一杯啤酒”。

二、使用手势动作要规范、适度

根据商务礼仪的惯例，在商务活动或公关活动中表示“请进”“请随我来”“再见”之意时，都有规范的手势。例如，表示“这边请”的意思时，应右手五指并拢、伸直，掌心向上，腕关节伸直，手掌与前臂成一直线，以右手掌尖微指被请之人，然后以之指明方向。在这里，掌心向上，是为了表示虚心和待人的敬意，若是掌心向下，则有傲慢无礼之嫌。试想为别人引导方向时，掌心向地下挥手一指，给人的感觉会如何呢？五指要并拢、伸直，手掌与前臂要成一条直线，主要是为了视觉上的美观。否则不仅不美观，还会使人感到是敷衍了事和不够热情。

通常，手势的使用宜少不宜多，尤其一种手势的反复使用，难免使人感到单调、厌烦；使用任何一种手势时，其幅度不宜过大，否则就会显得过分；同时不要下意识地滥用手势，不然会使对方曲解，甚至认为缺乏教养。

还有，与人相处时不要以手势动作来“评论”人。在公共场合遇到不相识的人，不应当指指点点，尤其是不应当在其背后这样做。这种动作通常会被理解为对对方品头论足，是非常不友好的。此外，根据常规，用带尖的锐器指别人也是不礼貌的。例如，把刀子递给别人时，不能用刀尖直指对方，而应把刀子横着递过去。在餐桌上，用刀、叉或筷子指着别人让菜时也是不够友善的。

最后要强调的是，公关人员在社交场合不能用手挖耳鼻，剔牙，挖眼屎，修指甲等。这些手势动作会被对方看做是对交往无兴趣，蔑视对方，是没教养的表现。

面部表情

公关人员在与公众打交道时，面部表情的基本要求就是热情、友好、诚实、稳重、和蔼。

一、正确运用眼神

面部表情中起主导作用的是眼睛，眼睛对内心情感的传达主要是靠眼神。为此，公关人员要学会正确地运用眼神。

（一）要学会看人

公关人员在与人交际、谈话时，应注视对方的眼睛，以获知对方真实的感受，并将自己的心情袒露给对方，以达到心灵交流的目的。根据商务礼仪的惯例，在交谈时不正视对方，不是心不在焉，就是心中有鬼。用眼睛表情达意时须注意两个礼仪方面的问题。

第一，注视的时间。交谈过程中，有些人让人感觉舒服，有些人则令人不自在，甚至让人感觉不值得交往，这主要与注视时间的长短有关。与对方目光接触的时间超过了全部谈话时间的三分之一时，要么是被认为很吸引人，要么是怀有敌意。因此，对于不太熟悉的人，不要长时间地盯着对方的眼睛，以免引起对方的恐惧和不安。如果感觉与对方谈得来，可以一直看着他，使他意识到你喜欢与他交往。他可能也会回报，以建立良好的默契。这样的谈话，起码要有百分之六十以上的时间注视对方。不难想象，如果谈话时心不在焉，东张西望，或是由于紧张、羞怯不敢正视对方，目光注视的时间不到整个谈话的三分之一，那很不容易被人信任。当然，注视时间长短要考虑到文化背景，对南欧人，注视对方过久可能会造成冒犯，故不能照搬。

第二，注视的位置。注视对方什么位置，传达的信息也有区别，造成的气氛也相异。不同的场合和交往对象，目光所及之处应有差别。比如公事注视，这是指人们在工作交往中，联系业务、洽谈生意及外事谈判时，目光所及区域在额头至两眼之间。这种注视给人一种郑重、严肃的感觉。如果同对手谈判，采用公事注视，对方会认为你对工作认真、严肃，同时很看重对方，有诚意，因而会慎重考虑你的意见，你在一定程度上也就拥有了控制权。再比如社交注视，这是在舞厅、茶话会、宴会及朋友聚会时用的，区域在两眼到嘴之间。这种注视会令人感到舒服，也很有礼貌，较前者在气氛上要缓和多了。

（二）要学会用眼神表示对他人的尊重与友好

眼神能很好地表达出对他人的尊重与否，例如，俯视带有权威感，且有诲人之意，仰视表示尊敬与景仰。因此，与人交往时，尽量不要站在高处自上而下地俯视他人；面对长辈、上司和贵宾时，站立或就座应选择较低处，自下而上地仰视对方，这样往往会赢得对方的好感。

（三）克服不良的看人习惯

在正式场合，尤其是面对不太熟悉的人时，有的眼神容易引起误会或造成麻烦，所以要特别注意。不要盯住对方的某一部位“用力”地看，这是愤怒的最直接表示，有时还暗含挑衅之意；不要浑身上下反复地打量别人，尤其是对陌生人，特别是异性，这种眼神很容易被理解为有意挑衅闹事；不要窥视别人，这是心中有鬼的表现；不要用眼角瞥人，这是一种公认的鄙视他人的目光；不要频繁地眨眼看人，反复地眨眼，看起来心神不定，挤眉弄眼，失之于稳重，显得轻浮；不要左顾右盼，东张西望，目光游离不定，否则会让对方觉得用心不专。

二、以微笑面对宾客

五官中，嘴的表现力仅次于眼睛，嘴的开合，嘴的向上、下运动都能传递一定的信息，如撅嘴表示生气，撇嘴表示鄙夷，努嘴表示纵容，咂嘴表示惋惜等，这些口形的含义早已人所共知，公关人员是不宜采用的。

在公关活动中，为了表示对交往对象的友好与尊重，公关人员的最佳表情应是面带微笑。微笑是一种人人皆知的世界语。微笑传达的信息常能促进双方沟通，融和双方感情。比如当谈话取得一定效果，谈判达成一定协议时，双方能会心地微微一笑，常常能弱化或消除存在于心中的戒忌和隔阂，增进理解和友谊。日本航空公司的空中小姐，仅微笑一项，就要训练半年之久，这足以说明微笑对人际交往的突出效用。要掌握好它，要紧的诀窍只有一个：发自真心，有诚意。微笑既不是奴颜婢膝地曲意奉承，强作笑颜，也不是例行公事似的皮笑肉不笑，或是笑的夸张放肆。微笑的基本做法是：不发声，不露齿，肌肉放松，嘴角两端向上略为提起，面含笑意，亲切自然，使人如坐春风。其中，亲切自然最重要，它要求微笑出自内心、发自肺腑，而无任何做作之态。也只有这种发自真心和诚意的微笑，才能使一切与你接触的人都感到轻松和愉快。

装扮的基本礼仪

尽管“人不可貌相”，但人们往往还是以你的着装、举止来判断你是天使还是魔鬼。那么，你愿成为天使还是魔鬼呢？

一、企业人是从装扮开始的·TPO原则

在一般的社交场合中，一个人的服饰是很重要的。“云想衣裳花想容”，

美的仪表是美的心灵的体现，美的仪表是对社会和其他人的尊重。如果一个人的服饰不符合一定的场合所要求的服饰，是会引起误会的。国内一家效益很好的大型企业的厂长某日在车间里正参加劳动，忽闻某国一家公司的经理不期而至。这位精明强干的厂长为了表示友好之意，连满身油污的工作服都没顾得上去换，便驱车前往机场迎接。那位经理见到这位厂长上下打量了半天，非常不满意。他表示：一位连自己的衣着都“管理”不好的厂长，能够治理好一家大企业吗？后经解释，这场误会才得以消除。可见，衣着在交际场合中的重要性。

在交际场合，穿着大体上可以分为便服与礼服两大类。各式外衣、衬衣等日常穿着的服装均为便服，适合于一般场合、工作时穿着。而参加正式、隆重、严肃的典礼仪式，则应当穿着礼服或深色西装。

男士礼服一般有三种，白天参加仪式、婚礼，可穿晨礼服。晚间参加晚宴、音乐会可穿小礼服。极其郑重的场合则要求穿燕尾服这样的大礼服。目前，国际上正逐渐以黑色西装套服和灰色西装套服取代礼服，三件一套的黑色西装配以白色衬衫和黑色蝴蝶结，会给人以典雅高贵的印象，效果绝不亚于燕尾服。在正式场合穿西装，要精心选择衬衫和领带。白色衬衫将使男士精神焕发，领带最好选用丝质的，而且要注意使之与西装的颜色协调，除穿宝蓝色西服外，黑色领带几乎可同任何颜色的西装搭配。交际场合中男士的衣着不应有过多的颜色变化，大致不超过三色为首要原则。在不同的场合穿不同的服装。西装被认为是男人的脸面，是公认的办公服装。其款式与颜色除讲究适合于个人情况外，还要注意工作环境、身份等因素。穿西装套服最好配上西服背心，因为让别人看到了自己衬衫与裤子的连接处是不应该的，也不雅观。有时不穿西装套服也可以，但西装上衣和西裤的颜色要一致，既不要看上去“头重脚轻”，也不要上下身的颜色不般配。

我国男士参加涉外活动可穿西装，也可穿中山装或民族服装。通常以西装和同色同质的毛料中山装为礼服，而以各种式样的其他中式服装和夹克为便装，参加正式的外交活动应穿礼服，普通的参观游览活动则可穿便服，民族服装在涉外活动中可以作为礼服穿着。参加涉外活动，要尊重外宾习惯与东道主要求。如果我方人员接到的请柬上注明请穿礼服，则应当依照要求去做。

要想有助于商业谈判的成功，就请不要穿皱巴巴的劣质西装，否则无论如何也不会有助于谈判的成功。要注意上班服装与休闲服装的区别。在正式场合，穿着运动服、牛仔服或沙滩装是不允许的。业余时间里，穿夹克衫、运动服、牛仔服以及羊毛衫都是可以的。但不要过于随便或刻意追求式样的奇特与花哨。要注意自己的年龄与身份。

得体的衣着不但会有助于显现男士的气质与风度，而且会帮助他在事业上取得成功。

●有头皮屑是不可以的，特别要注意肩膀、背部。

●领带要配合西装的颜色和布料。V 字地带是展现你的见识的地方。

●上衣左胸口的口袋，不要放进任何东西。

●只要扣上第一颗纽扣便可。坐下时可以把它解开。

●衬衫的袖子，可以比衣袖长 1 厘米左右。

●西装，原则上要穿着单排纽扣的。

●不系皮带会显得散漫。采用黑色、深棕色不显眼的皮带。通常颜色要配合鞋子的颜色。

●裤脚，长度刚刚接触到鞋子便可。

●袜子的颜色，要与西装的颜色属于同一系统的；白色的运动袜是不可以的。

●鞋子要擦亮，避免穿用便鞋。

女士在社交场合中的着装应当体现出女士的职业特点、性格特征和女性的魅力，并且与具体的场景相协调。

女士衣着上选择的余地是极为广阔的，既可穿最能展现女性魅力的裙装、西装套裙，又可自由自在地选择西装、夹克衫、牛仔装、衬衫、长裤等等。

职业女性在公司、企业上班，一般要穿灰色或蓝色的西装套服，这样有助于树立自己的威信，选择色彩柔和一点的衣裙则显得平易近人一些，但是穿着显得过于散漫的运动服、牛仔装或野味十足的服装在社交、工作中则是不应该的。我国女士在涉外活动中，选择衣着的范围比较大，可以穿西装套裙、中式上衣配长裙或长裤、连衣裙、旗袍及其他民族服装。在比较正式的场合，我国的女士通常穿着西装套裙、连衣裙或旗袍作为礼服。旗袍是中国女性的最佳礼服，它既能把中国女性柔美婀娜的身姿最大限度地表现出来，又能使女性显得端庄典雅，在社交场合中，女士穿旗袍参加往往会受到外宾由衷的赞美。

女士着装不但要干净、整洁、合身，而且要注意在不同的场合它所发挥的不同作用。参加宴会，要注意自己的衣着同宴会场所的色彩相和谐，而且要考虑同自己男伴的衣着相得益彰。参加婚礼时，不要穿同新娘的礼服同色的服装，本来是想去祝贺一对新人的，因为穿着不当很可能会引起别人的议论认为你是想和新娘一比高低。而参加丧礼时，宜穿黑色或颜色柔和的衣裙。作为女主人招待宾客的话，衣着应当比女宾的衣着朴素一点，这是体现自己作为主人对宾客的礼貌。不要企图在这方面去略胜一筹。

国外关于穿戴有所谓的"TPO 原则"，"T"代表时间，"P"代表地点，"O"代表目的，"TPO 原则"要求穿戴必须与时间、地点、目的相适应。

在社交活动中，服饰不仅仅只是属于个人的事情，它还关系到对他人的尊重与否。在社交活动中使自己的仪态大方，同时要遵从有关的礼节。

服饰的整洁是头等大事，参加社交活动前要换上整洁的内衣和鞋袜，领口、袖口不允许有污渍，衣服鞋袜上不允许有污迹，浑身上下不允许发出汗味或其他异味。

穿西装时，衬衫的袖子要比西装的袖子长 1 至 2 厘米，并使衬衫的袖口露出来。西装上衣外面的口袋切忌让它成为"实用"的口袋，上衣的袖口和下衣的裤脚不能够在他人面前卷起来，西裤在穿着之前一定要熨出裤线，这一类常识必须遵守。在社交活动中，不要主动把他人的注意力吸引到自己的服饰上面。假如有人赞美你的服饰，应大大方方地说一声"谢谢!"但是不要在对方刚刚赞美你的服饰后，就马上去赞美他的服饰。

在涉外活动中，一旦进入室内，就应当脱去大衣、风衣和帽子，但西装上衣、夹克是不能随便脱的。有的公共场所设有衣帽间，可自行去存放衣帽。有的地方有专门的接待人员或秘书为客人拿走刚刚进门时脱下来的衣帽，对此不要拒绝，而应当接受其服务，并表示感谢。在他人办公室或居室内，不要乱放自己的衣帽，只有当主人允许自己这样做时，才可以规规矩矩地放好。

注意以上各方面的修养，可使你的服饰在商业活动中尽情地显露出光彩，给您增添无尽的魅力。

二、鞋、帽与服装的搭配

帽子与鞋袜在男女的衣着之中，都占据着举足轻重的地位，在礼节上对于它们也是十分重视的。

美国有位服饰专家曾经说过："对全世界的人来说，不论是男是女，帽子都是一种权力和地位的象征。"他的话是不无道理的。

一顶合适的帽子，能够恰如其分地衬托出戴帽者的社会地位、经济状况和风度修养。不论是礼帽、贝雷帽、鸭舌帽、军帽、学生帽，还是土耳其帽、棒球帽、旅游帽，选择时既要考虑实用性，又要考虑装饰性。

戴帽子要注意其式样、颜色与自己的装束、年龄、工作相和谐，并要按自己的脸型来选择帽子的类型。脸圆的适合戴宽边的帽子，脸窄的人适合戴窄边的帽子。一般而言，男士戴的帽子的颜色要求稍微深一些，暗一些，并且色彩要较为柔和。穿礼服时，必须戴黑色的帽子。

在涉外交际场合，男士在室内不能戴帽子。与人握手，向人致意时，也应当把帽子脱下来。女士在这方面没有特殊要求。

女士戴帽颇为讲究。参加宴会、游园和婚礼活动，戴上一顶合适的帽子，的确可以给人增添风采。但这类活动中戴的帽子帽檐不能过宽，否则便会遮挡别人的视线。

在寒冷的冬天，女士戴上一顶手织的绒线帽，既使他人感到温暖，又让自己显得妩媚，但是记住要想使自己显得威严最好不要戴这种帽子，这种帽子只能让自己显得俏皮可爱。

小呢帽、宽边帽、中等宽边的帽子，这种有边沿的帽子会为女士增加风度和气派，地位较高的女士可以选择这种帽子戴。

不论男帽女帽，帽子的戴法都很讲究。把帽子戴得端端正正，使人显得正派。若想使自己显得时髦，则将帽子稍微往前倾斜一些。帽子戴得稍稍歪斜一点，帽檐向下压，显得很俊俏。把帽子拉得很低，使人显得忧郁。若不想使自己显得有点呆头呆脑，就不要把帽子扣在后脑勺上。

所谓穿着，指的是上到头顶的帽子，下到脚上的鞋袜。不要小看这两个部位的穿着注意事项。除了帽子外，我们参加社交活动之前，还必须注意鞋子和袜子这两种“腿部时装”和“脚部时装”的选择。

为了体现穿着的整体美，鞋袜的选择也要注意与整个装束相搭配，其颜色至少应当与皮带、表带保持一致。

从选择颜色来看，在一切正式场合，男士只有穿黑色或深咖啡色皮鞋。因为黑色的皮鞋可与黑色、灰色、藏青色西装相配，深咖啡色的皮鞋可与咖啡色西装相配。至于白色与灰色的皮鞋，只适合于游乐时穿，不适用于正式场合。有的场合对鞋子的颜色、样式有严格要求。如穿礼服参加婚丧喜庆仪式，不能够穿咖啡色皮鞋或无带皮鞋，只能穿黑色有带皮鞋，而且鞋面上不应当有装饰的外文字母、流苏或坠子。

男士穿皮鞋不管其新旧，保持鞋面清洁是第一位的。参加交际活动前一定要擦皮鞋。这是对宾客的尊重。注意不要让过长的裤管给自己当鞋擦。一般而言，裤管太长太短都不好，站立起来，裤脚前面能碰到鞋面，后面能垂直遮住 1 厘米的鞋帮就行了。穿布鞋则需要洗净。

我国的男士在正式场合如穿中山装为礼服，可以穿皮鞋，也可以穿布鞋。但穿西装配一双布鞋、旅游鞋、凉鞋则显得不伦不类，且不允许。男子一般还不宜穿鞋跟高并且钉掌的皮鞋，你想想，当你听见似高跟皮鞋的踩地声，寻声望去，却见位男士飘然而至，该是什么想法。而且男士一般都不可以把皮靴穿到办公室里去。尽管有人认为穿皮靴可以强化男子汉的豪爽气概。

拖鞋适合于室内穿。如有客人来访，自己来不及换鞋，应立即道歉。待客人坐定后，应当去把拖鞋换掉，不要只管一口气谈下去，弄不好会让客人感到对他不尊重。

女士在社交场合除了凉鞋、拖鞋外，其他鞋子一般都可以穿。穿露着脚趾的凉鞋、拖鞋，跟光着脚没什么两样，在庄重、正式的交际场合坚决不能穿。赤脚穿凉鞋更不雅观。

高跟鞋是很多女士都爱穿的，但不要穿鞋跟太高太细的高跟鞋，否则会使自己走起路来掌握不好平衡而东摇西晃、步履不稳，自己的风采也就无影无踪了。有人偏爱穿高跟鞋配窄裙，走起路来，学时装模特的台步。这样，只能使自己显得做作而不自然，在社交场合和工作中都不会受到好评。

袜子的颜色以单一色调为佳，穿带图案的袜子不太合适。穿礼服与黑皮鞋最好配一双黑色的袜子，这样显示整体色调的和谐美。无论如何不要在涉外交际活动中穿一双白色运动袜。

男士穿袜子要注意长度、颜色和质地。长度要高及小腿上部，太短的袜子穿起来松松垮垮，坐下来稍不留意就会露出皮肉，是有失体统的。男袜不要太薄或太厚，以棉线袜最好。尼龙袜虽便宜但看起来土里土气，并且会散发出怪味，最不宜穿。

女士穿裙应当配长筒丝袜或连裤袜，颜色以肉色、黑色最常用。修长的腿穿透明丝袜最合适。腿太细可穿浅色的袜子，腿较粗可穿深色的袜子，这样，显得腿更细点。太厚的袜子最好别穿。

女士的袜子一定要大小相宜，不要走了几步就往下掉，或者显得一高一低。即便是这样的话，也不要当众出丑整理自己的袜子。

女士穿袜子时，袜口不能够露在裙摆或裤脚外边。裙摆与袜口之间切不可露出一段腿部来。不论女士的腿部多么动人，都不要穿着挑丝、有洞或用线自己补过的袜子外出。应当在办公室或工作场所预备好一两双袜子，以备袜子被钩破时换用。外出工作时，最好备用几双袜子，当和日本客人打交道时更应如此，因为在进他们的餐厅小间时，要脱去鞋子去穿拖鞋，若此时，袜子破洞或不整洁，会很尴尬。

●前发不要垂落在眉毛和眼睛上，长头发要束起来。

●粉底霜要用天然色，保持健美。

●不要故意解开纽扣。

●要把手镯摘下来，可戴上正统派的普通手表。

●穿着接近于皮肤颜色的长裙，要留意，切勿松弛、断线。

●低跟鞋到中跟鞋，比较有利于动作，而且是没有皮带扣及缎带的朴素鞋子。

在日常生活中，手套不仅起着保暖御寒的作用，而且发挥着极其重要的装饰作用。在西方，手套被称做“手的时装”。一直到 19 世纪为止，它都是贵族、传教士和军人的专用品。等级制筑起的高墙，使寻常百姓无缘戴手套。而在今天，几乎每个人都有几副不同色泽、不同款式的手套，以备在不同的季节和不同的场合选戴。

选用手套一般要注意以下几点，才会适得其用。

第一，要同整体装束相一致。穿灰色或浅褐色大衣，可以戴褐色手套。穿深色的大衣，适合戴黑色手套。穿裘皮服装，应当选择与之色彩一致的手套。而近年来流行的彩色手套，最好与色彩鲜艳的防寒服搭配。倘若穿着黑色皮大衣，戴着副白色手套，肯定不会很美观。

穿西装或运动服装，要选择与之色彩一致的手套或黑手套。女士们穿西服套装时或穿夏季时装时，则选戴薄纱手套、网眼手套、锦纶手套，无论如何也不能去同运动服装配套。

第二，要同个人气质相协调。既然手套是一种“手的时装”，那么它就同其他的时装一样，选择时必须注意到每一个人年龄、性格与气质的差异。

年长而稳重的人，适合戴深色的手套。年轻而活泼的人，适合戴浅色或彩色手套。天真无邪的儿童，戴什么颜色的手套都可以。

身高臂长的人，戴上一副长手套，会显得英武豪放。身矮臂短的人，戴上一副短手套，会显得精明强干。如果把两者互相颠倒，那就不像个样子。小巧玲珑的女孩若偏偏喜欢戴上一副又肥又大的手套，走到哪里都引人注目。其实戴过大的手套不一定好看，还很不实用。要想把手伸进衣袋里去，非脱下它不可。

不管戴什么颜色、什么款式的手套，都一定要保持它的整洁。与其戴一副肮脏的手套来破坏自己的形象，还不如不戴。

第三，要知道一些戴手套的礼节。手套不只是夏可防晒，冬可防寒，它还会增添使用者的风度。在西方的社交场合中，女士大多戴着手套，并且认为只有如此才是讲礼貌的。她们讲究白天戴短手套，晚间戴长手套；夏季戴夏装手套，冬季戴冬装手套。

当人们握手寒暄时，男士如果戴着手套就会被认为是不礼貌的。一旦进入室内，他们应当脱下手套。在这两种情况下，女士都不必脱下手套。这是礼节给予女士们的优待。

不过不论是男士还是女士，需要饮茶、吃东西或吸烟的话，均应提前脱下手套。此外，女士戴着手套化妆，也是不允许的。女士们喜欢在舞会上戴长手套，如果与其他服饰搭配得当，会显得风度翩翩，但是不要把戒指、手镯、手表等物戴在手套外边。穿短袖、无袖上衣参加舞会的话，一定不要戴短手套，不然是很难看的。

皮手套有稳重感，能够衬托出中年人的气派和青年人的潇洒，一般场合或正式场合都可以戴。绒线手套质地轻柔，在溜冰、滑雪等运动场合比较合适。单薄的纱手套能够显出手指柔美的线条，可在交际场合戴。女士参加舞会、宴会一般均选戴丝手套或网眼手套。这种场合戴上一双绒线手套，定会贻笑大方。

如果所戴的手套与衣袖相接，那么手套应当被衣袖盖在下面，而不是相反地把衣袖塞进手套里。

三、画龙点睛的配饰

服装的配件在人的整体装束中至关重要，因此在交际场合中，对服装的配件应当给予必要的注意。

在正式场合穿礼服时，可配以黑色或白色领结。现在蝴蝶结在运动场上或比较轻松的场合大受欢迎。打上蝴蝶结参加社交活动，给人的感觉就不严肃了。

领带被称为西装的灵魂，选择上应当下一番工夫。里根总统成名以前，服饰专家发现他的头显得小一些，便建议他穿上领子较为宽大的衬衫，系大结的斜条纹领带。当他如此这般地出现在众人面前时，这一缺点便没有人看得出来了。你看，系领带还能很好地弥补人的生理缺陷呢！系领带不能过长或过短，站立时其下端触及腰带为好。穿西装背心或毛衣时，领带要塞进背心或毛衣里。在正式场合不宜松开领带，而假日休闲时则不必打领带。一位男士应当多备上几条领带，以供不同场合使用。

现在使用领带夹的人很多。它实际上是领带类、领带棒、领带针和领带别针的统称，起着固定领带的作用。在欧洲一些国家里，使用领带夹被当成一种坏习惯。他们认为，男士在行走中听任领带在胸前轻轻飘动，正是系领带的妙处，而用领带夹把领带夹得紧绷绷的，样子并不好看。如果使用领带夹的话也不要用粗劣的产品。领带夹的位置不能太靠上边了，以从上往下数衬衫的第 4 粒纽扣处为好。西装上衣系上扣子以后，领带夹应当是看不见的。它不能够用来夹在上衣的领子上。

男士的腰带有工作时使用和休闲时使用之分。在工作中使用的腰带以黑色或棕色皮革制品为佳，宽度一般不超过 3 厘米。而配休闲服装的腰带，多么漂亮都是可以的。中年人腰围较大，可以系稍宽一些的腰带，其颜色和式样都不宜太醒目。系腰带不是扎绳子，因而不能太长了，通常以不超过腰带扣 10 厘米为准。

女士系腰带应考虑同服装相配套。除此之外，作为装饰用的女士腰带还要注意体型问题。如果自己腰身纤细，那么系上一条宽腰带，会更加楚楚动人。如果腰围太粗，可系一条环扣粗大的腰带，外罩一件不系扣的外套或背心，使腰带的环扣成为他人瞩目的焦点。

许多大腹便便、有身份的中年人喜欢使用吊带裤。吊带裤质地、颜色的种类很多，用哪一种是每个人自己的事情。但是在一切场合都不要让它露在外面，如果你觉得自己的吊带裤非常漂亮，那么只管自己去欣赏好了。

纽扣虽小，在服装上的作用却很大。女士服装上的纽扣式样可以千姿百态，变化叵测，而男士的纽扣则不应当追求新潮。西装上衣为双排扣的，穿着时一定要把扣子全系上。如果是单排扣的，还有 2 粒纽扣与 3 粒纽扣之分。前者应当系上面那一粒纽扣，后者应当系中间那一粒纽扣。把单排扣西装上衣的扣子全部系上显得土气。西装背心如果是 6 粒纽扣的，下面那粒不必系上。如果是 5 粒纽扣，则应全部系上。西装上衣配上华贵的纽扣，如果选择得当，能使人显得稳重而有朝气。

穿西装套服者应当记住，在正式场合中，站立时应照规矩系上纽扣，坐下时才可以解开，而不是相反。在交际场合中穿中山装，扣子也要全部扣上，其中领扣、裤扣尤其马虎不得。

男士在办公室或比较正规的场合可以选用纯毛或开司米的棕色、灰色、海军蓝或深酱色围巾，而在亲友聚会或度假时，可选用白色围巾或带有流苏的围巾。进入室内，男士应将围巾连同外套一同脱下来。女士的围巾多种多样，不但可以围在脖子上御寒，而且可以扎在头发上和腰间作为装饰用品。如果再以丝巾扣与丝巾配套，那就变化更多了。女士选用围巾的花色、式样要与身份和环境相适应。

手帕可以分为两种。

一种是为擦汗、擦手和擦嘴而随身携带的普通手帕，至少要带上两块，每天都要换。千万不可在人前使用弄脏的或皱巴巴的手帕。现在人们已开始使用湿巾纸来取代普通手帕。

另一种手帕是装饰手帕。它是以各种单色手帕折叠而成的，式样很多。可在礼服或西装上衣的口袋里置放，并配合领带、衬衫的颜色进行变化。装饰的手帕不能被当做普通手帕使用，它使用得当，可使男士显得更加体面、斯文。

眼镜选戴得好可使人显得优雅端庄。方脸的人要选大圆框、粗线条的镜框；圆脸的人宜选四方宽阔的镜框；而椭圆形的脸最适合选框型宽阔的眼镜。在交谈或行礼时，最好先把眼镜摘下来，过后再戴上。选戴太阳镜时，商标要揭下来，不要以商标向他人炫耀“此乃正宗之物”。

女用手提包应套在手上，不要拎在手里摆来摆去。体态窈窕的女士不宜用大提包，而身材高大的女士则不能用小提包。用挂历制作的小姐包适合年青女士在日常生活中使用，在正式场合拎一只花花绿绿的小姐包就不像样子了。

手杖或遮阳伞是生活中的必需品。把手杖或遮阳伞扛在肩头或挂在臂弯里都是不对的。把它拿在手中不要乱甩乱晃，要么握住手柄，要么让它随手自然摆动。女士们用的花伞男士不宜使用，年轻人最好不要拄一根手杖装样子。

钱夹以皮制为好。又长又大的皮夹子被视为男士的“口袋秘书”，只能放在西装上衣内侧口袋里。其他类型的钱夹要注意不要塞得满满的。女士用的钱夹可随手携带，也可以放在提包里。

金笔、手表、打火机被西方人一度看做男士三大配件，并被当做身份的象征。

职业男性应携带至少一支钢笔和一支铅笔，可放在公文包里，也可放在西装上衣内侧的口袋里，但决不能插在西装上衣外侧的口袋里。有身份的男士在交际中最好带一支好钢笔。

手表的佩戴因人而异，但不论男士还是女士，在涉外交往中最好要戴机械表，不要戴潜水表、太空表或卡通表。

打火机可以当做装饰品，也可以作为礼品。但在社交场合瘾君子一定要记住，不要只顾夸耀自己的名牌打火机而冷落了其他人。

在正式场合，人们携带钥匙应使用钥匙包，并把它放在西装上衣内侧的口袋或公文包里。不要使用钥匙坠、钥匙链或把钥匙别在腰带上，走起路来钥匙直响，有些不成体统。

个别男士把手机也当做一种配件，有事没事都把它挂在西装上衣外侧的口袋上，这种想法和做法都是不应该的。

首饰的佩戴也有一套规矩，它是一种沉默的语言，既向他人暗示了某种含义，又显示了佩戴者的嗜好与修养。对此虽然不必完全遵从，但在交际场合也不可不慎。

戒指通常应戴在左手上，这大概是因为它较少地用于劳作，所以不会碰坏戒指。拇指是不戴戒指的。把戒指戴在食指上，表示无偶而求爱。戴在中指上，表示正处在恋爱之中。戴在无名指上，表示已订婚或结婚。而把戒指戴在小手指上，则暗示自己是一位独身者。在西方不少国家中，未婚女子的戒指戴在右手而不是左手上。修女的戒指则总是戴在右手无名指上的，这意味着她已经把爱献给了上帝。一般的情况下，一只手只戴一枚戒指，戴两枚或两枚以上的戒指是不适宜的。参加涉外活动，佩戴的戒指以古典式样为好，太时髦了反而不好。

佩戴手镯和手链的讲究差不多。如果在左臂或左右两臂同时佩戴，表明佩戴者已经结婚。如果仅在右臂佩戴，则表明佩戴者是自由而不受约束的。一只手上不能够同时戴两只或两只以上的手镯和手链，因为它们相互碰撞发出的声响并不好听。手部不太漂亮的人要知道，手上戴的东西太多了反倒容易暴露自己的短处，那些注意你手上首饰的人不可能不注意你的手。项链的佩戴因人而异。脖子细长的可选择细且长的项链，或者什么也不戴，这样才利于弥补自己的缺陷。选配项链上的挂件，要注意使之展示自己的性格。富于幻想者，可选配星形挂件。活泼好动者，可选配三角形挂件。成熟稳重者，可选配椭圆形挂件。追求事业者，可选配方形挂件。

佩戴耳环要使之同佩戴者的脸形相配合。脸圆的人不要选用又大又圆的耳环；而应选用链式耳环或耳坠。脸方的人不要选用过于宽大的耳环，而应选用小耳环或耳坠。脸长的人不要选用长且下垂的耳环，而应选用宽宽大大的耳环。在一切正式场合，都应当避免佩戴发光、发声的耳环。

胸饰的花色品种很多，选用时要兼顾年龄、装束、场合等因素，只要使人看起来不刺目就行了。

总而言之，佩戴首饰必须坚持以下几条原则。第一，应当遵从有关的传统和习惯，在社交场合中最好不要靠佩戴的首饰去标新立异。第二，不要使用粗制滥造的物品，在正式场合不戴首饰是可以的，戴就要戴质地、做工俱佳的。第三，佩带首饰要注意场合，上班期间不戴或少戴首饰最好，运动或旅游时也不能够戴太多的首饰。准确地说，只有在交际应酬时佩戴首饰才最合适。第四，佩戴首饰必须考虑性别差异。在一般场合，女士们可以样样首饰都戴一戴，而男士佩戴最多的只有结婚戒指一种。场合越正规，男士戴的首饰就应当越少。假设一位男士戴的项链人人都可以看见，并且还配以一对大耳环，那会成什么样子呢？

此外，佩戴首饰还有些特殊的禁忌。例如，女士参加丧礼时，只允许佩戴结婚戒指和珍珠项链。

四、化妆的艺术

化妆是一门既复杂又有趣的艺术，通过恰到好处的化妆，可以更加充分地展示自己容貌上的优点。在参加交际活动之前，进行必要的化妆，首先是对来宾的尊重。当你容光焕发、神采奕奕地参加某个仪式时，谁能够说你认真的化妆不是对这一仪式的重视呢？

这里不研究化妆的具体技巧，而专门探讨一下化妆的礼节。

第一，化妆的浓淡要视时间、场合而定。必须记住：白天是人们工作的时间，即使自己的工作允许化妆，也只能够化淡妆。有的女士工作时，喜欢在脸上涂上一层厚厚的粉底，嘴唇涂得鲜红，使人觉得她所关心的首先不是工作。还有的女士喜欢使用大量浓香型的香水和香粉，把自己搞得香气四溢，像一大盘蚊香一样。这种人在电梯和会议室等通风不良的地方非常容易触犯别人。化妆并没有错，但是只有夜晚才是公认的娱乐时间，届时夜色朦胧，不论浓妆还是淡妆，都是非常适宜的。

化妆的浓淡还应当考虑场合问题，人们在节假日大多是化妆的，但是如同身穿迷你裙、脚蹬高跟鞋不适宜去游乐场玩一样，外出旅游或参加剧烈运动时，最好不要化浓妆。不然一出汗，你就会感到为难了。

第二，不能够在公共场所化妆。我们经常会遇见这样的女士，她们对自己的装束和形象十分在意，不论是工作、学习、上街、社交还是赴宴，一旦有了空闲，不管三七二十一，马上就会掏出自己的化妆盒来对镜修饰一番，旁若无人。殊不知，在众目睽睽之下化妆是非常失礼的。这样你既可能有碍于人，也不尊重自己。如果真的有必要化妆或进行修饰的话，要在化妆间里去做，切忌当众化妆。就算你的化妆术的确高人一筹，也不一定非让众人知道。要是你经常在工作中如此这般的话，容易被他人当做是不务正业的人。

第三，不允许在男士面前化妆。有些女孩子常常当着男同事的面化妆，你可能满不在乎，“大家都很熟嘛，随便一点好。”然而却不要忘了，古人云：“女为悦己者容”，你大概不把这当做一回事，可要是男同事把它看成是你有意与他亲近呢？因此，女士化妆一定要避开男士，就是男朋友或丈夫也不例外。这一段“距离”是必不可少的，要知道：从某种意义上来讲，“距离”就是美。

第四，不要非议他人的妆容。由于民族、肤色和个人文化修养的差异，每个人的化妆不可能都是一样的。就拿我国来说，北方的女士偏爱浓妆，南方的女士喜好淡妆。而外宾的化妆更是各具特色了，例如美国的一些老太太喜欢把脚趾甲涂得鲜红，东南亚一些国家的女士喜欢嚼槟榔，从而把牙齿染成黑色。对此我们不要少见多怪，也不要以为自己的化妆才是最好的。对外宾的化妆尤其不要指指点点，也不要同外宾切磋化妆术。

第五，不去借用他人的化妆品。好朋友有了新的化妆品，一定会引起你的兴趣，使你跃跃欲试。你自己有时可能忘了带上化妆盒，却偏偏要用。在这种情况之下，除非主人心甘情愿为你提供方便，千万不要去借用人家的化妆品。因为这是极不卫生的，也很不礼貌。

目前，我国的男士们使用化妆品的越来越多了，化妆品已不再为女士所专用。在交际场合，男士稍微化妆是必要的。应当注意的是，男女有别，不要化妆以后真的让人家觉得你是“男扮女装”了。一般情况下，男士使用化妆品不宜过多，以免给人以拒人千里之外的感觉。

五、企业人的仪容仪态

店面开张，都要先装潢，整修门面，人要出门办事，也要注意自己的仪容。尤其不要忘记“三分人才，七分打扮”的道理。所谓打扮，并非仅指穿衣，还包括了仪态和容貌。一个人即使穿着整齐，哪怕是名贵礼服，如果他头发凌乱，或胡须未刮，或指甲未修，或鼻毛突出，或汗味浓厚，或态度粗犷，精神颓丧，弯腰驼背，斜视看人，精神散漫等，只要有一点缺失，就会被人讥讽为不够水平，土包子，或俗不可耐。所以，美丽的服饰需要大方又高雅的仪容来搭配。

并不是每个人都是俊男靓女，但只要自己仪容端庄，穿着整齐，谈吐有涵养，举止得体，自然会散发一个人的魅力，而让人敬重和欣赏。

（一）日常仪容

1. 头发

当我们看一个人的背影，还分不出他是谁，也不知他是俊男或美女的时候，吸引你的莫过于他的头发、身材和衣着。即使正面相视，一个人的头发是否整洁美观，也会影响到一个人的形象。头发必须勤洗，也要勤于修剪。发久未洗，亦将产生臭味，近身闻及，会让人却步。不论是男士还是女士，不要追求新奇或太醒目的发型。秃头的男士或喜爱变化的女士，亦有戴假发者，假发的选择，也要适合自己的装扮，不要标新立异，严格而言，头发整齐、清洁，发型选配得宜就是美观。发夹、缎带等头发装饰品，要力求适宜。

2. 脸容

同一张脸，可以变成面目可亲，也可以变成面目可憎。对一般人而言，俊俏脸蛋或花容月貌常不可得，但只要注意修饰，注意展现自己的魅力，也可以被人喜欢。

3. 指甲

指甲若不常修，则缝内藏污纳垢。女士的指甲，即使留长指甲，亦须常加修饰，指甲油的涂擦宜均匀，颜色的选配宜与自己的服饰或佩件配合，除了艳丽就是美观。

（二）日常仪态

我们欣赏一个人的仪态，常赞美仪表堂堂，彬彬有礼，或姿态万千或笑容可掬。这是一个人仪态展现的结果。一般日常仪态应注意如下方面。

1. 身体的仪态

一个人的举止是否大方高雅，会直接给人留下不可磨灭的印象。翩翩君子，立于人潮，行走于街，或坐于庙堂，或出入公共场所，必须站有站相，坐有坐相。

(1) 徒步。徒步时，必须抬头、挺胸、闭口，两眼向前平视，表现出活力充沛、朝气蓬勃及有勇往直前的精神，同时切忌两手合抱于胸前，或交叉置于背后，或两手插于裤兜，或在冬天插于衣袖内。此外，在行走中，不宜吸烟，不吃零食，不与同伴勾肩搭背，不哼歌，也不可吹口哨。

(2) 站立。站立时，不弯腰、驼背或低头。双手宜自然放下，同时要精神抖擞，不要有萎靡不振或颓丧可怜的形象。对女士而言，所谓亭亭玉立，可以想象一定是给人一种清新美丽、活泼可爱的感觉，绝不是畏缩在冷风中，或一副哭丧着脸的模样。

(3) 与人交谈。与人交谈时，应精神集中，两眼注视对方，聆听人家的谈话，同时表情要放松，多展现笑容。谈话时，声不高吭，手勿指指点点。同时切忌抓头、摸鼻子、挖耳朵、抓背、抠头皮、挖鼻孔、挑牙齿、挤眉、弄眼、叉腰、抓脚、整衣等令人恶心的动作。更不可当面打喷嚏、打嗝、咳嗽、呵欠，万一忍不住，应急时抽出手帕捂住嘴，侧身为之，并道声对不起。此外，不可当着人家面前放屁或吐痰。

（4）笑。时现笑容，可获得人家的好印象，但对于笑，却应有分寸。见喜而笑或闻喜而笑，自可笑逐颜开，遇好听的笑话或滑稽的事，常令人开怀大笑，或会心的一笑，或大笑，这些都是自然的流露。但是笑也要因时、因地、因事制宜。在正式的场合如会议中、宴会、典礼，虽有滑稽可笑之事，只能会心的一笑，切忌笑声冲梁，引起别人的反感。如遇人家遭遇不幸，其状虽可笑，但应有恻隐之心，切忌发笑。对自己痛恶之人，狞笑或奸笑也不必展露。自鸣得意而形于外，于己无益，于事无补。

2. 其他仪态

（1）上下楼梯的动作。上楼梯时，身体自然向上挺直，胸要微挺，头肩平正，臂部要收，膝要弯曲，整个身体的重心要一起移动；下楼时最好走到楼梯前先停一停，片刻扫视楼梯后，运用感觉来掌握行的快慢高低，沿梯而下。

引导客人上下楼梯时，扶手那边应让给客人行走。交际场合，上楼时，尊者、女士在前；下楼时则相反。

（2）上下轿车的动作。上车时，要侧着身体进入车内，绝对不要头先进去。下车时，也应侧着身体，移着靠近车门，然后一只脚踏在地面上，眼睛看前方，再以手的支撑力移动另一只脚，头部自然伸出，起身立稳后，再缓步离开。

要主动为客人开启、关闭车门，并让宾客先上先下。

（3）进出公共场所及电梯的礼貌。在公共场所，如会议场所、电梯间、楼梯、门口等应先出后进。还应遵循下级礼让上级（或客人）、男士礼让女士（女士优先）、年轻人礼让年长者的原则，文明有序地进出公共场所。等电梯时，不要站在电梯口的正面，进入后应往里走，靠边站立，不要在电梯里大声讲话、谈笑；眼睛不要东张西望，最好是不说话，目光看着电梯的信号标志。乘自动扶梯，应靠电梯的右边站立，两人一起也应前后站立，左边空间应让给有急事的人上下。

访问、接待应有的礼仪

也许你不十分了解所谓的礼仪，但只要与人相处时，让对方自在、没有压迫感及受到尊重的感觉，就算得体了。

在工商社会，访问已成为推销产品、业务联系，乃至日常社交生活重要的一环。因此，熟悉拜访的礼节，不但有助于业务的发展，并且可结交朋友，给人留下良好的印象。

拜访的种类依其性质可分为如下四种：

(1）业务拜访。基于业务上的需要而作的拜访。公职人员为公事拜访有关机关，外交人员抵任后拜访驻在国政府官员，工商机构人员主动访问有关机构或客户等，均为业务拜访。

(2）朋友间的拜访。亲友间的拜访，无论是问候、聊天、慰问，或联络感情，或有事拜托，均属此类。

(3）礼貌拜访。即担任新职后，拜访有关人员，迁入新居后拜访邻居等。

(4）辞任拜访。交卸职务时向有关机构辞行拜访，远行前向亲友辞行，均属此类。

下面着重谈一下业务拜访。

一、从容不迫访问顾客

你突然去访问顾客，可能会遇上“你这样突然来访，偏巧，我们现在开始要开会呢!”的麻烦来，因此必须事先约好才可以。假如你能够在事先向对方说“是否可以给我几分钟的时间?”或“请给我们15分钟左右的时间，好吗?”这样的话，就非常方便了。事先约时间可以利用电话，但是如果对方是经理级的人，通过秘书或该项工作的人约时间，是一般的礼貌。对于忙碌的人，或身份地位较高的人，最好先用书面联系后，再用电话作确认比较好。

接着，要做的事是对所要访问的对象，做充分的调查，做一切的准备工作。只要你做好了准备工作，5分钟的时间，也可以非常有效地运用了。

出发前，一定要对公司内的人，交代你的访问对象，预定回公司的时间。

“喂，你那样满身大汗，气都喘不过来，怎么可以呢?等你心神安定后再谈吧!”假如你被对方说成这样，你就还不是专业人员了。任何场合，在闯进敌阵之前，要做万全的准备，最好能够在约好的时间前5分钟到达，以从容不迫的心理进行商谈才好。

万一有迟到的情形时，要尽早把实际情况告知对方，不能浪费对方的宝贵时间，你要知道，没有时间观念的人，会被认定做起工作来，也比较马虎。

二、访问时应注意的细节

（一）访问人时的步骤

访问时应注意以下步骤：

（1）收集所需文件及情报；

（2）约定时间时要把要旨、目的及面谈所需时间说清楚；

（3）在约定的时间前5分钟到达；

（4）要旨要按照顺序，说得简单明了；

（5）谈完勿忘道谢。

（二）访问其他公司时的禁忌

约好时间，不能迟到。

在对方还没有请你上坐之前，不能坐在客位。

在对方还没有请你抽烟，喝茶之前，不能用。

在对方还没有请你使用衣架之前，不能使用。

（三）在顾客询问处的基本知识

●你要认定，你在询问处的态度、说话的措词，都会整个地传到对方负责人那里。

●当你站在询问处的前面时，你的领带是否歪斜不正？上衣的纽扣有没有扣好？要把自己的仪容检查一下。外套要在进大门以前就脱下叠好挂在手腕上。

●如有访客登记表，要用正楷的字体填写，容易让对方看得清楚。

●询问处的人不在座位上时，可以向附近的职员告知你的来意，请他代为转达。

●不可叼着香烟走进，不要把手扶在柜台上，也不要把皮包放在柜台上。

（四）在询问处具体情况具体处理

你要访问的人不在时，如果你留一张名片（便条纸亦可），请传达的人交给本人，当可获得好的印象。

假如你不是一个人来访问时，就要采取下列的态度和做法，比较适当。

首先，如果是部下想要把上司介绍给对方认识而访问对方时，应由部下代表向询问处说明来意，最好能够在询问处就告知人数道："我们一共三个人来访问。"

其次，如果是上司带你去访问时、在询问处只由上司一个人递上名片，等到与对方见面，经过上司介绍后，你才拿出名片。你不要任意地立刻自我介绍递送名片。

对方抽不出时间，而让你在询问处等候时，假如你有时间，不妨多等一些时候，如果会影响到你另一个约会时，你可以向对方说明一下，造成下次访问的机会。同时，假如你要先到别处办完事之后再来访问时，也可以把你的意思告诉对方再离去。

（五）接待工作井然有序

公司是进行交易的场所，交易的双方对彼此须有这样的想法，那就是随时都要有感谢对方的心。做生意双方都要诚心诚意，才能合作长久。因此，公司的接待礼仪是公司日常工作中的重要组成部分。

1. 真诚的微笑，优雅地行礼

作为一个公司职员，要时时保持饱满的精神。不管是多么严肃的场合，随时都要面带微笑，持有关心别人的态度。

比如你作为一个客人在饭店的大厅，遇到西装笔挺的侍者的行礼，百货公司电梯间、服务台内，服装整齐、漂亮的小姐，面带微笑而且亲切的行礼，想必都感到舒服愉快吧！

行礼是一个人诚心的表现，所谓美丽的行礼，不但外形上要有规有矩，而且要有诚心诚意的内涵。例如某公司一位招待人员，每当客人来时，她都说“欢迎光临，我们经理正在等候大驾，请跟我来……”一见到她那种规矩的鞠躬和亲切的招待行为，来客不管是谁，都会对此产生很好的印象。

对客人存在有感谢并亲切地招呼的心态，对客人行礼自然地就能表现得得体合宜。在要说“欢迎光临”时，假如心里有一份“让您老远赶来”“让您百忙中抽空而来”等感动时，行礼就会充满诚意的感觉。在外表上，一个规矩的行礼，必须是挺直背脊，然后从腰部做45°的弯身，此时双手要从两侧移向大腿侧旁。如果是女职员，则要把双手移向两腿的前方中央处，手掌并轻轻地重叠。虽然是简单的一个行礼，能否优雅美丽就得平时多加练习，才不至于生涩别扭。不会行礼的人，是很难讨人喜欢的。

2. 谦和的语言，亲切的问候

对待客人要笑脸相迎，要亲切、热诚，动作要自然，不得做作。说话谦虚会给人留下美好的印象。

公司的职员当知道公司有客人来时，首先要先去会客室检查一下应该准备的事情是否有所遗漏。如果客人在约定的时间来到会议室时，看到桌上的烟灰缸里，还留有三四根尚未熄掉的香烟，或几杯未喝完的水，心里一定很不舒畅。在这种情况下，大概也不会有想要认真地谈生意的意愿吧！

接待人员对客人的招待，从行礼、询问到引进、奉茶等行为动作或其间的各项有关事项，都是不可掉以轻心的。领客人到待客室，为客人开门和招待的方法，似乎各有不同。当然这是没有什么国际礼仪规范的，不过平时自己就要训练出一套适合自己、合理的方法。

例如，某公司的王小姐就是一位很会招待客人的女职员。她总是很亲切地走在前面，把客人引领到接待室的门前。然后用左手轻轻地推转门右侧方的把手，推开门时她顺势先进入室内，同时换上右手握住门把。接着侧身向旁边说一句“请进”，并且左手做引导客人进入室内的手势。王小姐的动作做来既流畅又大方，令人见了都很舒服。当然也给客人留下了深刻的印象。

不但如此，当确知客人会在约定的时刻到来时，王小姐一定会到门前恭恭敬敬地等候。客人一推开门就看到王小姐恭敬等候的情景，总是会惊喜万分。尤其是那些本来想来公司抱怨的客人，看到王小姐竟然这样诚心地等候自己，心中即使有再大的怨气，也早就云消雾散了。

3. 平等地对待，慎重地回答

公司是由各种具有各种性格的职员所组成的团体，公司期待的是每个职员都具有积极进取的个性，并把它表现在日常的工作上。但是，公司希望职员们在待客态度上要一致，仔细认真地去注意待客的礼仪，而且接待来公司的客人应该平等对待。客人未去时，不要谈论该客人的事，否则会成为得罪客人的原因。

商业活动是人与人相互交际往来，因此掌握人际关系的真相就能测知敌对团体的动向。而柜台往往就是掌握客人与公司往来情报的门户，所以往往成为客人打听情报的对象，因此对于客人的询问要慎重地处理，否则你可能泄露了情报却不知道。

所以，在我们平时接待客人时，说话要谨慎。在会谈中有来客，要用字条代替传话，一来避免打断会场气氛，二来可保守机密。

4. 服务要周到，亲切不可少

无论何种客人到公司拜访、洽谈、参观，或联系有关事项，我们首先应热情接待，不能让人干等。

例如，某公司的王经理，每当客人来时，他一定会事先告诉服务台，“是服务台的陈小姐吧？下午××的朱经理会来，请你招待他到三楼会议室，同时马上和我联络……”这样会使服务台小姐事先有了心理准备，就能顺利地做好接待客人的事。当朱经理到来时，服务台的陈小姐首先招呼他进入电梯，并陪他到三楼。这时需要注意，要用手指示场所或方向。乘坐电梯时自己要先进入后再招呼客人。电梯到了三楼，门才一开，朱经理就看到王经理已在那里等候了。“欢迎！欢迎！朱经理，谢谢您大驾光临！”王经理亲切的招呼使朱经理十分感动。

接待客人要周到而且亲切，唯有如此才能建立见面时的好感，促使会谈顺利进行。

所以，接待来客要清楚表示我们早就有恭候其到来的准备。周到而亲切地接待，就是感动来客的重要礼仪。

客人在约定时候来谈生意，自己公司的人却迟迟不来，这已经很令人生气了，若再加上接待的人爱理不理的态度，生意不成是小事，这种事一旦传开，公司的声誉可就扫地了。

5. 宁可等客人，莫让客人等

约客人见面，应该提早到达约定的场所。宁可等候客人也不可让客人等。在邀约客人未到来之前，看一看报纸杂志或抽烟来打发时间，是很平常的。可是在客人到来时，如果茶几上书报杂乱、烟灰缸内有烟蒂、烟灰，这对客人来说是非常不礼貌的事。

每次都能提前去等客人，见面时客人就多少会有“不好意思”的感觉，并且有好感，这对谈生意是有好处的。

因此，我们应注意到“出迎三步，身送七步”这应该是迎送客人最基本的礼仪。每一次的见面结束，都要以将“再次见面”的心理来恭送对方回去。

如果你在接待客人时没很好地注意及检讨，也会给公司名誉带来损害，严重的则会赶走客人，下面就有这么一个例子。

某公司的职员陈先生推开了会客室的门见有人坐在那里，就贸然问：“喂，你在等谁?”“我是来找贵公司田主任谈生意的!”坐在会客室等候田主任的李先生对这唐突的闯入者感到心里极其不舒服……

连敲门都没有就怦然推进房门只探出一颗大头环视着房间，然后没头没脑地问问题，又莫名其妙把头缩回去，走了……约好来谈生意，谁知对方不但不守时，还会受到这种“待遇”，这谁都会生气的吧！不用说，李先生的不舒服早已淹没了他想要谈生意的意愿了。今天的生意，甚至以后的约定都将不会很顺畅。

6. 珍惜颜面，正确使用名片

每天我们都会同许多人会面交际，交换名片，因此交换名片的礼仪必须讲究注意。其中，最重要的是慎重、诚心，并且要对对方存有感谢之意。

在作介绍及互交名片之前应该把名片检查好，免得造成不必要的笑话，下面就有这样一个例子：

“您好！我是××公司的营业经理陈良海，这是我的名片，请多多指教！”陈经理恭敬地递出他的名片。

“您好，您好！欢迎光临，我是采购主任田明，请坐！”

田主任用两手接过陈先生的名片，仔细一看，名片上的字怎么是“××贸易……副经理……刘广……”，原来眼前这位陈先生把自己的名片弄错了。

对一个连自己的名片都会弄错、粗心大意的人，别人怎敢信任他，与他做交易呢?

因此，要送人名片时，一定要把拿出来的名片正反两面都仔细地检查一下，确定是否是自己的名片，并且是否清洁干净。

事先检查自己的名片固然很重要，但递交名片时的礼仪也不能忽视。

递名片时要用右手，而且动作要慎重。名片的位置是正面朝上，并以能让对方顺着读出内容的方向送递。这是递名片的基本礼仪。

自己的名字如有难读或特别读法时，在递出名片时不妨自己加以说明，同时顺便把自己“推销”一番，这会使人觉得有亲切感。相反地，接到别人的名片时，如果有不会读的字则应该当场请教。

接到别人的名片后，一定要先确认公司名称、部门、头衔、姓名。不知怎么念的字，要向对方请教说“很抱歉，不知应该怎么念才对。”若是随便扔在桌上只顾谈话，这是很失礼的。名片是个人身份的象征，应对它像对主人一样尊重和爱惜。接收名片时要用双手，由名片的下方接过来，这才合乎礼仪。

名片不但能推销自己，也能很快地帮助你与对方熟悉，名片就像是你的颜面，我们不但要很好地珍惜，而且要很好地去运用其作用。使用名片应注意以下几个问题。

首先，我们要有的放矢地使用名片，不要乱发，请看以下例子：

“对不起，恕我打扰一下！这是我的名片，我想拜会贵公司老板，能否请您为我传达一下……”高先生是一位业绩良好的推销员，活泼、开朗、干劲十足，可是唯一的缺点就是喜欢乱散发自己的名片，给人很不爱惜自己名片的感觉。

“对不起！您是否给我一张您的名片呢？谢谢！”对别人，这位高先生就像在收集名片一样，逢人就要。因此，他的名片簿里，各行各业的人的名片应有尽有。这位高先生的行动力之大是可想而知的。可是，过分地热衷于名片的交换，反而有失礼仪，使人敬而远之，甚至遭人鄙视。

名片最好放在专门收藏名片的皮夹内。把它放在钱包或车票夹内的做法，都是应该避免的。因为在递出名片时还要把钱包、车票等都拿出来对别人亮一番相，这是很不雅观而又失礼的。

另外就是收放名片的夹子，一定不可以放在臀部的口袋内。名片就好比是人的颜面一样，大概没人愿意自己的脸被别人用屁股压住吧！同样的道理，也不会有人喜欢别人用屁股压住自己的名片。名片是颜面的代表，应该给以相当的尊重，好好地收藏。另外，也不要当着对方的面在其名片上做谈话笔记。

7. 握手增诚意，笑脸添亲密

虽然有人说“礼多人不怪”，可是只是多礼却不能让人感到礼中有诚意，最后反会被认为是“笑面虎”“口蜜腹剑”的小人。因此，礼仪最基本的还是要发自内心的诚意，才能让对方感动。

我们必须要注意握手上的礼节。

（1）握手的常用方式。

握手既然是一种常用的交际礼节，那么标准握手方式又是怎样的呢？一般为双方相距约一步，上身应稍向前伸出右手，四指并拢与大拇指分开，两人的手掌与地面成直线相握，并轻轻摇动，一般以两三秒为宜。

除此之外，还有下列几种握手方式，分别表示不同的含意，一般情况下不宜采用。

傲视式：握手时手心向下，显得傲慢，表示本人高人一等，这是一种应控制使用的握手方式。

乞讨式：握手时掌心向上，意为乞讨，表示谦卑与过分的恭敬，一般不宜采用。

手套式：双手紧紧握住对方的右手，并用力稍大，时间稍长，称为手套式。这表示与被握者的关系十分亲密，更为友好，更加激动。有时表示有求于人。但多数用在故友多年未遇，此次相逢很难得之时。有时向对方表示一种慰问，以长时间相握表示亲密。

死鱼式：握手时漫不经心，过于无力，时间过短，给人一种十分冷淡的感觉，表示彼此之间的情谊毫无生命力。

粗鲁式：握手时用力过猛，时间过长，幅度过大，使对方感到有欠文明，甚至疼痛难忍。

抓指尖式：握手时仅轻轻抓了一下对方的手指，即将手缩了回来，给人一种很勉强、很无奈的样子，表示对被握者很不礼貌。这是我们所摒弃的。

总之，不同的握手方式，其含义是不同的，给人的礼遇也是不尽相同的。因此，我们应本着友好、亲善的原则采用正确的握手方式，即标准的握手方式，给对方一种平等待人、感情亲切、友好无隙的感情。

（2）握手时应注意的几个问题。

第一，注意握手的次序。握手时应讲究先后次序。先后次序的确定是根据握手人双方的年龄、社会地位、身份、性别及其他条件来确定的。一般来说，握手的先后次序基本是：长者在先、上级在先、主人在先、女性在先；年轻人、下级客人、男性一般应先问候，待对方伸出手后，再伸出自己的手与之相握。当见到长者、上级首长、女士或小姐时，不宜贸然伸手。

若一个人与很多人握手，最有礼貌的先后次序是：先长辈、后晚辈，先上级、后下级，先主人、后客人，先女士、后男士。

第二，握手的时间与力度。握手的时间通常掌握在二三秒至四五秒之间为宜。如果是故友重逢或与嘉宾相见，握手时间可稍长，但也不能过长。握手的力度要适当，不宜用力过猛或毫无力度。一般说来，与女士握手时，时间应稍短，力度应稍轻。那种长时间地、用力过猛地握着女士的手不放的行为，是十分失礼的。

总之，握手礼虽然手势简单，却贯穿在整个商业活动过程中。其中，各种握手方式，握手时应注意的问题及礼节等，又都反映出每一位企业从业人员应有的礼遇和态度，也表现出本人的礼貌修养。因此，上述种种是不宜忽视的。

介绍是日常接待工作中必不可少的一个环节，是业务活动中相互了解的基本方式。通过介绍，可以缩短人们之间的距离，以便更好地交往，更多地沟通和更深入地合作。

八、诚意加热忱，体谅客人心

在人际关系中，拜访接待、交流是经常的事，偶尔也会出现等候的场面。因此，对于在等待的客人，我们要以加倍的热情接待。

要认识到应该体谅别人，站在别人的立场上考虑事情。这种尊重别人的诚心和努力，就是获得别人信赖的基础。下面是一则很生动的会客例子。

客人在约定的时间来公司谈生意，可是负责人却还未回来，这的确很令人着急。

“王经理马上就回来，请您稍等一下……这是刚刚到的商业周刊，书中对目前商场情势有很详尽精彩的报道，你看一看吧……”

由于负责人的耽误，客人王先生反而有机会读到商场的最新情报消息，不但不会抱怨，而且还会心存感激。做生意讲求分秒必争，由此让客人不至于平白无故浪费时间又能有所收获，这才是待客之道。

胡小姐在这方面是全办公室中最用心的，所以很得上司的信赖。她除了会招呼等候的客人外，每当知道有客人来时，就先把会客室整理清洁。

“胡小姐，四点有客人要来，麻烦你准备一下。”经理对胡小姐说。

“好！”她回答。

“大约有五个客人来。等一下就先泡茶出来，然后换咖啡。”

“好的。”

假如我们就是客人，相信我们也会很高兴，很感动别人这样认真地为我们准备接待工作。

另外，在洽谈事情中，如奉茶招待，最好顺便为之备好餐巾或餐巾纸。奉茶的时机，应是在客人就座后，未开始谈正事前。如果大家已开始谈正事才端茶上来，这时免不了要打断谈话或为了放茶而移动桌上的文件，妨碍协议的进行，这是很失礼的。奉茶的顺序要由最年长的客人开始，等给每位客人都上了茶之后，再为自己公司的人上茶。奉茶完毕后退出时，要恭敬地行礼，然后静静地离开。

这一切虽然是很简单的礼仪做法，但可以看出一个人的文化教养。这些都是机器无法代替的，是只有人才能胜任的事。所以，人们应该努力做好它。

宴会餐饮礼仪

没有一个人说自己不会吃、不会喝；但是要做到吃得文明，喝得礼貌，却不是一件容易的事情。宴会餐饮礼仪所要介绍的，就是这些问题。

一、宴请礼仪

以宴请的方式来款待宾客，是对外交往中的一项常见的活动。它不是一般的吃吃喝喝，而是人际交往的一种重要形式，故此礼节在宴请中占据着举足轻重的地位。

当前国际上宴请的方式一般有四种，即宴会、招待会、茶会和工作进餐。现简述如下：

宴会是较为隆重的正餐，可分别在早上、中午、晚上举行，而其中以晚宴最为隆重。宴会又分为三种。其一，国宴。它是为国家庆典或欢迎外国元首、政府首脑而举行的规格最高的宴会。宴会厅里要悬挂国旗，并由军乐队演奏国歌和席间乐。其二，正式宴会。除不挂国旗，不奏国歌和出席者不同外，其他方面与国宴相似。它对于来宾与服务员的服饰，以及餐具、酒水和菜肴的道数，均有一定的要求。其三，便宴。即非正式宴会。家宴是便宴的一种形式，往往由主妇亲自掌勺，家人共同待客，显得亲切而自然。

招待会是只备一些食品和饮料、不备正餐，不安排座次的一种较为自由的宴请方式。常见的有冷餐会与鸡尾酒会两种。冷餐会又称自助餐。它可在室内外举行，参加者可坐可立，并可自由活动。菜肴以冷食为主，酒和菜均可自取，亦可请服务员端送。鸡尾酒会简称酒会。它以酒水招待为主，并略备小吃。参加者可在其间任何时候入席或退席，并可自由走动，自由交往。

茶会是一种更为简便的招待方式。它一般在客厅举行，不排座次，而请客人一边品茶，一边交谈。工作进餐是现代生活中一种经常采用的非正式的宴请形式，它不请配偶以及其他与工作无关的人员。有的工作进餐需要参加者各自付费。在进餐过程中，大家可边吃边谈，不必过分拘束。

举行何等规格的宴请为佳，主要取决于当地的习惯。通常正式宴会规格高，但人数不宜过多。冷餐会与鸡尾酒会则形式简便，人数不限。而女士的聚会多采用茶会这种形式。

宴请之前，要首先确定邀请的目的、名义、参加者以及时间、地点等一系列问题。考虑这些问题时，必须兼顾政治气候、文化传统、民族习惯等因素的影响。

正式的宴请大都需要发出请柬，事先口头约定的也要补发，这是礼节上的要求。邀请卡应选用纸张高级的卡片，亲笔书写或正式印刷，配上有欢乐气氛的邮票及同级信封，邀请卡或信封绝不能用打字机打字——即使是商业性邀请都不行。也不要用已付邮资的方式，连邮票都不贴就寄出去。正式的邀请卡，通常都应附上“请回复”的小卡片，如果有，要让客人们填上自己的姓名，或干脆替他们填好，而且附上回邮信封。

你越是能引起受邀者的注意，他们参加的可能性就越大。请注意以下原则：

●如果有人必须从外地来赴约，提早 2～4 个月寄出邀请卡。

●例行的商业午餐会，也应于 3 天前（最好一个礼拜前）发出邀请卡。

●办餐会或鸡尾酒会，2～4 周前寄出邀请卡。

宾客邀请妥后，必须安排客人的席次。目前国内多以中餐圆桌款宴，有中式及西式两种席次的安排。两种方式不一，但基本原则相同。一般而言，必须注意下列原则：

（1）以右为尊，左为卑。因此，如男女主人并座，则男左女右，以右为大。如席设两桌，男女主人分开主持，则以右桌为大。宾客席次的安排亦然，即以男女主人的右侧为大，左侧为小。

（2）职位或地位高者为尊，高者坐上席，依职位高低，即官阶高低定位，不能逾越。

（3）职位或地位相同，则必须依官职大小定位。

（4）女士以夫为贵，其排名的顺序，与其丈夫相同。但如邀请对象是女宾，而她是主宾排在第一位，此时她的丈夫并不一定排在第二位，如果同席的还有其他重要官员，而这位先生官位不显，譬如是某大公司的董事长，则必须排在重要官员之后，夫不见得与妻同贵。

（5）与宴宾客有政府官员、社会团体领袖及社会贤达参加的场合，则依政府官员、社会团体领袖、社会贤达为序，这是原则。

（6）欧美人视宴会为社交最佳场合，故席位采用分座的原则，即男女分座，排位时男女互为间隔。夫妇、父女、母子、兄妹等必须分开。如有外宾在座，则华人与外宾杂坐。

（7）遵守社会伦理，长幼有序，师生有别，在非正式的宴会场合，尤应恪守。如某君已为部长，而某教授为其恩师，在非正式场合，不能将某教授排在某部长之下，贵为部长的某君，在此种场合，亦不敢逾越。

（8）座位的末座，不能安排女宾。

（9）如男女主人的宴会，邀请了他的顶头上司，如经理邀请了其董事长，则男女主人必须谦让其应坐的尊位，改座次位，不要逾越。

宴会开始之前，主人应在门口迎候来宾，有时还可有少数其他主要人员陪同主人列队欢迎客人，客人抵达后，宾主相互握手问候，随即由工作人员将客人引领至休息厅内小憩。在休息厅内应由相应身份者照应客人，并以饮料待客。若无休息厅，可请客人直接进入宴会厅，但不可马上落座。

主宾到达后，主人应陪同他进入休息厅与其他客人会面。当主人陪同主宾进入宴会厅后，全体人员方可入座，此时宴会即可开始。

如安排正式讲话，应在热菜之后、甜食之前进行，主人先讲，主宾后讲，亦可入席即讲。吃完水果后，主人与主宾离座，宴会即告结束。有正式讲稿的话，双方应提前交换，并安排好译员。

西方宾客抵达宴会厅时，有专人负责唱名。而在宴会上以女主人为第一主人，人们入座、用餐、离座，均应以女主人的行动为准，不得抢先。

客人们离去时，主人应送至门口，热情话别。在比较正式的场合，在门口列队欢迎客人的人们，此时还应当列队于门口，与客人们一一握手话别，表示欢送之意。

二、赴宴礼仪

（一）回复邀请

虽然你会宁愿参加经理或某位非常重要大客户举办的活动，而较不愿意参加同事或供应商的活动，你的决定不应该影响你回复邀请，时间和合于礼节对任何一方都应兼顾。

有礼貌的邀请卡最重要的几个字是“请速回复”（RSVP）。“请速回复”并不是“让我们知道你是否会来”，而是“来或不来都让我们知道”。未适时回复邀请会被认为犯了大错（除非你已针对邀请稍作金钱上的贡献）。当然，如果邀请卡上只有“不前来时请告知”的字样时，你若要参加就不必回复，但无法前往时则一定要让主人知道。

非正式和口头上的邀请可用非正式的方式处理。但如在街上碰到主人仍须说：“嗨，非常感谢你的邀请，我们会出席！”而不需要用 RSVP。回应不正式的邀请时，可直接打电话给主人或写封私人短笺。

当你要回复一项正式邀请时，不论参不参加都请使用正式信笺来回复——除非邀请函内已附有 RSVP 的卡片。

引用邀请卡里的字词，并清楚地陈述你参加或不参加，但不必详细解释你不参加的理由。务必贴上邮票（有纪念性尤佳），而不要用邮资已付的方式回信。你的回函可采用一对一或一对对一对的方式。如果你另外邀请别人，应把他的名字也写上去，并说明彼此间的关系。

接受邀请示例

李明起夫妇很荣幸接受您在 11 月 5 日星期六下午 8 点的晚餐邀请。

无法参加邀请示例

李明起夫妇因事先有其他约会，很抱歉无法参加您 11 月 5 日星期六下午 8 点的晚餐。

回复他人的邀请——不管正式或不正式，可能的话请在 24 小时内答复（最多不超过 3 天）。主人投入相当的金钱和时间精心规划这个盛会，假使你不确定是否能出席，也应立刻让主人知道，并让他或她知道你何时能确定答案。确定你再回复的日期不会干扰餐会的安排。

除非遇到突发事件，否则不要取消原先答应参加的邀请会。情非得已一定要取消，最好亲自打电话或写个纸条给主人，而不要请别人代打。随便找个人顶替你的位置，或带未被邀请的客人出席，都是不礼貌的行为。

假使被邀请的人外出无法及时回复 RSVP 卡片时，他的秘书（助理、家人等）可以先打电话或寄回 RSVP 卡通知主人。如果被邀者和主人很熟，秘书应在 RSVP 卡上稍加说明上司将缺席的原因："杜副总无法亲自回复，因她出差洽谈，在您的会期后才会回来。她要求我代为感谢您热诚的邀请！"

一如 RSVP，"谢谢"也是个奇妙的字眼。感谢信的内容不必太长，但必须确实送达给主人。时间耽搁超过 48 小时都是不可原谅的错误。

当然如果是一般办公室的活动，如夏日野餐或假日舞会，则不需要附 RSVP 卡。你会去吗？可能，你将喝酒吗？也许不会。你应停留很久吗？未必。只需前去参加，尽情享乐，并让每个人看到你。

（二）不可空手赴会

假使你应邀参加某人的婚礼、周年纪念或毕业舞会等，礼物是绝对必要的，即使你人无法出席，礼物也应该到。礼物的价值不受出席与否的影响。如果你在 90 天内未接到任何感谢卡，打个电话给对方，查看是否确实收到礼物。假使仪式取消，你应该取回你的礼物。另外，如果这些活动是为你举行的，在舞会开始前应送鲜花给女主人。

如果参加在家举行的聚餐或类似场合，尤其在假日里，大家已习惯送家庭用品。这些东西不必很昂贵，如一袋好咖啡。但必须要在到达时亲手交给男主人或女主人。不要要求男主人或女主人当场拆封，除非是当场用得到的东西，如果你想分享他们拆礼的乐趣，妥善包装，并在上面打个快乐的蝴蝶结或把礼物放在缀满装饰的容器里。

你也可以利用邮寄或快递来投送礼物，最好直接送到受礼者家里（特别是酒）。这种私人投送虽令人倍感温馨，但并不适用于送商业性的礼物，除非你是应邀参加特定聚会。

随礼附上你亲手写的贺卡（非名片），并放在信封里。

假使你无法出席就一定要送礼，但假使你在这天或前一天差人送来鲜花或香槟，主人将会认为你既得体又善解人意。随礼附上短笺，写道"祝福你和在场所有客人都有个愉快的夜晚"。短笺上无须提及你的缺席。值得考虑的高级礼物有：

●金、银笔。

●鲜花或盆栽（是的！女人可以送花给男人）。

●细致漂亮的记事簿或日历。

●雕刻锁匙圈。

●精美书签。

●一篮精美乳酪或水果。

●一瓶香槟、最喜欢的酒。

●送些网球给打网球的人。

●特殊的钥匙圈或计时器给慢跑者。

●护目镜、手套或帽子给滑雪者。

●里程表或手套给自行车骑士。

不该给的礼物有：

●任何过于昂贵的东西。

●猥亵、讽刺、有关性的，或极为私人性的物品。

●动物。

●酒给禁酒者，糖给减肥者等。

●衣服（皮夹或手提袋可被接受）。

●过大或易碎的东西给须搭乘飞机的人。

●香水或古龙水，除非你知道对方喜欢的香水品牌。

●任何低品质的东西。

（三）出席宴会时应注意的问题

（1）出席宴会前，最好稍作梳洗打扮，至少穿上一套合时令的干净衣服。每个人都容光焕发地赴宴，会使整个宴会有一种比较隆重的气氛，这时会使主人感到高兴。最忌穿着工作服，带着倦容赴宴。这会使主人感到未受尊重。

（2）按请柬上注明的时间准时赴宴。既不要迟到，也不要提前 15 分钟以上。在外国，提前赴宴的人会被人笑话：太急于进餐了！

（3）到达时先向主人问候致意，再向其他客人问好。

（4）喝茶或咖啡时，送上的小茶匙是专为你加牛奶和白糖用的，加了牛奶或糖以后可以用它搅拌一下，然后就应将茶匙放回茶碟上，千万不要用它来啜咖啡。喝时右手拿杯把，左手端小碟。

（5）吃水果如梨和苹果都不要整个拿着咬，应先去皮，切开几块，然后用手拿着吃。

（6）祝酒一般由主人和主宾先碰杯，再由主人和其他人一一碰杯，人多的话，也可同时举杯示意，不一定一个个碰。注意在碰杯时不要交叉碰，在主人或主宾致辞、祝酒时，应暂停进餐，停止交谈，注意倾听，也不要借此机会抽烟。

（7）喝酒应控制在本人酒量1/3以内。喝酒过量容易失言，甚至失态，影响整个宴会气氛。

（8）宴会进行中，不能当众解开纽扣，脱下衣服。必须这样做时，可去盥洗室。

（9）宴会进行中，如因不慎发生异常情况，如餐具掉落地上，或酒杯碰翻等，应沉着应付。可以轻轻向邻座（或主人）说一声："对不起"。餐具掉落可由服务员再送一副。酒水打翻，溅到邻座身上，应表示歉意，协助擦干；如对方是妇女只要把干净餐巾或手帕递过去，请她自己擦干即可。

（10）如有事要早退，应事先向主人说明，到时再告别悄悄离去，不必惊动太多客人，一一握手等，这会使整个气氛受影响。

（11）最后应向主人致谢，称赞宴会组织得好，菜肴丰盛精美。

（四）中餐礼仪

同食共餐是增进友情的捷径，而吃中国菜就能达到增进友情的目的。一道菜大家吃，我为你盛菜，你劝我喝酒，大家其乐融融。

吃中国菜，看主人为客盛菜、劝食……您将不难感受到那平和融乐的气氛。请初次见面的客人吃中国菜，一餐下来，彼此的友谊就可达到亲密无间的程度。大家一起吃同样的东西，汲取彼此关照对方的心意，培养亲密的感情，这或许是最高明的交际手腕吧！

中国饭菜不仅是中国传统文化的一个重要组成部分，而且受到外国朋友的喜爱。在涉外交往中，请外宾吃中餐是常有的事。下面我们就仔细谈一下吃中餐的礼节。

如举行正式的宴会，一定要提前发出请柬，并注明"敬请准时入席"。有的人赴宴以迟到为荣，其实是很不尊重他人的。如欲宴请外宾，则宴会时间的选定应避开外宾的忌讳。例如，宴请西方人，要回避13日，尤其是13日与星期五同一天。在斋月宴请穆斯林，宜在日落之后进行。此外，菜肴的选择应兼顾外宾的饮食特点，如不上海参和动物内脏。

有位中国经理在家里宴请西方一家跨国公司的董事长，他给外宾炒了4个素菜，烧了一碗榨菜肉丝汤，最后给每人1小碗担担面。那位号称"吃遍天下"的外国大老板真心诚意地说：这是他吃过的最美味的一顿饭菜。可见，中餐要突出中餐的特色，未必非上山珍海味不可。

较大规模的中式宴会的桌次是有讲究的。台下最前列的一两桌一般都是主人或贵宾的，赴宴者不要贸然入座。尽管中式宴会大都使用圆桌，但每桌通常要有一位主人或招待人员负责照应。其两侧的座位是留给本桌上宾的，即使受到邀请，也不宜去坐。最好的办法是主人提前在各桌上标明来宾应坐的位子，使大家能够对号入座。正式的宴会，还应为每位客人准备一份菜单。

中餐的餐具主要有杯、盘、碗、碟、筷、匙几种。在正式的宴会上，水杯放在菜盘左上方，酒杯放在右上方。筷子与汤匙可放在专用的座子上，或放在纸套中。公用的筷子和汤匙最好放在专用的座子上。酱油、醋和辣油等佐料应一桌数份，并要备好牙签和烟灰缸。宴请外宾时，还应备好刀叉，供不会使用筷子者使用。

上菜应按下列顺序：先上冷盘，后上热菜，最后上甜点和水果。宴会上，桌数再多，各桌也要同时上菜。上菜的方式大体有以下几种：一是把大盘菜端上，由客人自取；二是由招待员托着菜盘逐一放入每个人的食盘中；三是用小碟盛放，每人一份。

用餐时要注意文明礼貌。对外宾不要反复劝菜，可向对方介绍中国菜的特点，吃不吃由他。有人喜欢向他人劝菜，甚至为对方夹菜。外宾没有这个习惯，你要是一再客气，没准人家会反感："说过不吃了，你非逼我干什么?"依此类推，参加外宾举行的宴会，也不要指望主人会反复给你让菜。你要是等别人给自己夹菜，那就只好饿肚子了。

在世界各种料理充斥我们日常生活的今天，我们中国菜的享受，是和乐一团，充满大家一起来的融洽气氛，起到同伴互相关怀的乐趣，是备受赞誉和欢迎的。可是有些外宾对吃中国菜不像想象中那么得心应手。例如有一次做贸易的张先生招待一位日本人去吃北京菜。菜桌上端上一盘热气腾腾的烤鸭，"来来来，请用，请用，这是有名的北京烤鸭!"张先生热情地招呼着日本客人。或许有人就和这位日本客人一样，不知该如何吃北京烤鸭吧，于是张先生便乘势亲切地作示范。他首先拿一张面粉皮，然后放上烤鸭的脆皮和葱条或黄瓜条，再加一些佐料酱，最后把皮包卷起来，用手拿着吃。这样一来，日本客人也就跟着开始动手了。

中国菜有中国菜的特色，一道菜装盛在一个盘子或容器内大家一起吃。它不同于西方那种一人一份、各自为政的吃法，它会使在一起聚餐的人自然产生和气融洽的气氛。

一道中国菜端上桌，你可以自取所需，也可以借机会盛取料理到同伴的碗盘上，也就是我们所说的劝菜、让菜，这种积极的关怀也正是吃中国菜的乐趣所在。

（五）西餐礼仪

目前，中国人不论在国内还是国外，不论是参加正式的宴会还是自己去餐厅，吃西餐是常有的事情。在对外交往中，要求吃西餐时必须使席座的排列、餐具的使用和用餐方法符合规范。在这种场合独树一帜而不循常规，是毫无道理的。

如男女两人去餐厅用餐，男士应请女士坐在自己的右方，千万不可让她坐在人来人往的走道边。如果只有一个靠墙的位置，应请女士坐在那里，男士应坐在她的对面。如系两对夫妇就餐，夫人应靠墙而坐，先生则应面对他们各自的妻子。若两位男士陪伴一位女士进餐，女士应坐在男士们的中间。若两位同性进餐，则靠墙的位子应留给其中的长者。每个人入座或离座，均应从坐椅左侧走为宜。

举行正式宴会的宴会排列，有国际惯例可以依照：桌次的高低依距离主桌位置的远近而定，右高左低。桌数较多时，应摆上桌次牌。吃西餐均使用长桌。同一桌上席位的高低以距离主人座位的远近而定。西方是男女交叉安排，以女主人的座位为准，主宾坐在女主人的右上方，主宾夫人坐在男主人的右上方。我国安排席位照例按各人的职务排列，以方便各自交谈。如夫人一同出席宴会，则安排女士们坐在一起。即主宾坐在男主人右上方，主宾夫人坐在女主人右上方。举行两桌以上的宴会，各桌均应有第一主人，其位置应与主桌主人的位置同向。

吃西餐使用的餐具有刀、叉、匙、盘、杯等。一般讲究吃不同的菜要用不同的刀叉，饮不同的酒也要用不同的酒杯，因此不懂不要装懂，跟着主人去做不会有错。西餐具的摆法是：正面放着汤盘，左手放叉，右手放刀。汤盘上方放着匙，再上方放着酒杯。餐巾放在汤盘上或插在水杯里，面包奶油盘摆在左上方。

普通西餐的上菜顺序是：面包、汤、各类菜肴、布丁、咖啡或红茶。在正式宴会上，内容可能会更加丰富。就餐者应熟悉一下菜单，不要一上来就吃饱，接下来便无力他顾了。

入座后摊开餐巾或离座前收起餐巾，均应以主人为先。餐巾可以叠作两层，铺放在腿上。完全摊开，塞在胸前，掖在腰带上，都是不对的。有事暂时离席，餐巾应放在椅子上而不是桌子上，放在桌子上就意味着不想再吃了。餐巾内侧可以擦嘴，敀不能用来擦桌子。

（1）以右手持刀，左手执叉，叉齿向下，用叉固定牛排，用刀切割，然后用叉将食物送入口中。食物宜切一块吃一块，每块不宜过大，这就是所谓欧洲式的吃法。而美国式的吃法，是将食物切割后，将刀放下，右手改持叉，用右手将食物送入口，甚至叉齿向上，将食物铲着送入口，此种方式，并非高雅，因为需要变化左右手，因此并不被一般国际礼仪学者所鼓励，使用的方式，还是以欧洲式为宜。

（2）盘中的食物如需推移，以用刀推移为宜，必要时，刀叉可以易位，即用右手拿叉，左手持刀，切忌转动盘子，转变食物堆放的方位。

（3）桌面上的食物，除面包、长条的生菜如芹菜等，可用手取食外，所有食物，一律用叉子取食，切忌用刀子叉肉进食。

（4）食物如用叉子可以分割者，宜尽量用叉子切割，并不一定非用刀不可。

吃正餐时，刀、叉的数目与上菜的道数是相等的，并按照上菜的顺序由外至内排列，刀口向内。取用刀、叉时，应按照由外向内的顺序，吃一道菜换一套刀、叉。暂时离开时，刀、叉应交叉摆放或摆成人字，以示尚未吃完。若将刀、叉并拢放在盘子上，刀右叉左，叉面向上，就表示不再想吃了。

面包应在上汤之后吃，可用手撕下一块，用刀涂上奶油或果酱。把整块面包托在手上吃，用叉子叉着面包吃或把面包浸在汤中捞出来再吃，都是不合适的。

吃鱼应以刀切开，用叉取食。吃肉的时候，应在靠近自己之处，割下一小块，吃完了再去割第二块。吃鸡肉时，应先切下一片，再用叉取食。直接用手去撕扯，是很失礼的。若欲吐出鱼刺或骨头，可用左手掩口而吐在叉子上，然后放在碟子里，用手直接去取，或吐在桌子上，均应避免。

吃豆子时，可用叉面就食，不要一颗颗地叉着吃。吃面条可用汤匙辅助叉子，亦可只用叉子，但不能用刀把面条切断再吃。吃点心必须用叉子，并且可用叉面铲起来吃。千万不要用手给他人拿点心。需要为他人取点心，可以刀叉托住送过去。

在进餐过程中，不宜紧靠椅背，或紧贴餐桌。把胳膊放在桌子上，是很不文明的。不要随意脱下上衣，松开领带，或把袖子挽了又挽。也不要吃得太快，好似狼吞虎咽一般。喝酒不要一饮而尽，站起来取菜也不合适。不要边抽烟，边进餐。手弄脏了，不要乱擦，也不要用嘴去吸吮。

进餐的一举一动，在涉外的场合均可谓“此时无声胜有声”。只要我们在平日多加留意，方可维护好自己的良好形象。对于东方人来说，用刀叉吃饭是极其别扭的事，可是正因为如此，应该趁早把各种动作要领学习好。

吃西餐时有一点要记住的是，绝不可把食用的餐具乱放，否则会引起误会。例如，有一次王先生到西餐厅去吃饭，“对不起，您不用餐了吗?”侍者从王先生的背后这样说。可是王先生的餐盘上，牛排不是还有一半没吃完吗，原来，这时王先生是把刀叉一起并排在餐盘上。对餐厅的服务员来说，客人要是把刀叉一起并排在餐盘上时，就等于是要告诉他“请把这盘牛排收走”。于是王先生急忙用手按住餐盘：“不，不，我还要吃，我是最喜欢牛排的。”服务员只好行了一个注目礼，然后退开而去。

像这样，服务员实在是很难办的。因为客人再怎么喜欢牛排，只要刀叉并排放在餐盘上，不管餐盘是否还有菜肴，就等于是在要求服务员收走该盘菜的意思。吃中国菜时，我们尽管一道又一道地吃到最后杯盘狼藉，也没关系，可是吃西餐就不同了。

依照客人所点餐别的不同（如 A 餐、B 餐），服务员也要一次接一次地过来做不同的服务，所以对于吃西餐的动作规则，事先应牢记好。如果你是主人，应请客人先点菜，而你是最后点菜、最后上菜的一位。允许客人慢慢研究菜单，并只有在客人要求时才提出建议。如果你是客人，你可以点任何你想吃的东西，只要不是菜单上最昂贵的项目。同样的食物，绝对不可点第二份——包括饮料，因为未经他人允许多花别人钱是很不礼貌的行为。（如果有这种情形发生时，做主人的有权利拒绝无礼者……通常以时间为借口。）记住，你仍可以在大家都点完东西后换东西，或取消先前点的东西，而不致被视为无礼。

到餐厅用餐，吃完后，通常都会有一道甜点或水果。一般说来，吃西餐时，最后会有一杯咖啡或红茶或一小块蛋糕之类的点心，通常客人高兴怎么吃都没关系的。不过，吃小蛋糕确实有其原则。吃三角形的小蛋糕，要从其顶点方面开始，直接用叉子把蛋糕切成可入口的小块来吃即可。同时吃蛋糕的时候注意不要让奶油或蛋糕屑沾在嘴巴外面。吃蛋糕方法的注意要点是：吃西餐店的甜点要文雅；吃三角形蛋糕要从顶点那边开始吃；吃香蕉先用刀子将皮割开一条线，再用刀叉把皮撑开切成小块；喝咖啡或红茶时用单手端茶杯；喝完饮料的杯子要把沾有唇印的地方擦拭一下。

（六）饮茶、酒、咖啡礼仪

茶是中国人最喜爱的饮料，亦为外宾所乐于接受。在家里、办公室里接待来访者，茶水是必备的。有时还可专门举行茶会来招待来宾。茶水虽然物美价廉，但饮茶却是一种文化。

1. 饮茶须知

有客来访，待之以茶。此事虽小，却不得马虎。为客人沏茶之前，要首先洗手，并洗净茶杯或茶碗。要特别注意茶杯或茶碗有无破损或裂纹，残破的茶杯或茶碗是不能用来待客的。还要注意茶杯或茶碗里面有无茶锈，有的话，一定要清洗掉。茶具以陶瓷制品为佳。

不能用旧茶或剩茶待客，必须沏新茶。至于客人喜欢绿茶、红茶还是花茶，可以事先征求其意见。就接待外宾而言，美国人爱喝袋泡茶，欧洲人爱喝红茶，日本人则爱喝乌龙茶。

茶水不要沏得太浓或太淡，每一杯茶斟七成满就可以了。正规的饮茶，讲究把茶杯放在茶托上，一同敬给客人。杯把要放在左边。要是饮用红茶，可准备好方糖，请客人自取。茶水可以多准备上一两杯，因为可能还会有后到的客人。喝茶时，不允许用茶匙舀着喝，茶匙应取出来。

上茶时，可由主人向客人献茶，或由招待员给客人上茶。主人给客人献茶时，应起立，并用双手把茶杯递给客人，然后说一声："请"。客人亦应起立，以双手接过茶杯，道以"谢谢"。添水时亦应如此。

由招待员上茶时，要先给客人上茶，而不允许先给自己的主人上茶。若客人较多，应先给主宾上茶。上茶的具体步骤是：先把茶盘放在茶几上，从客人右侧递过茶杯，右手拿着茶托，左手附在茶托旁边。要是茶盘无处可放，应以左手拿着茶盘，用右手递茶。注意不要把手指搭在茶杯边上，也不要让茶杯撞在客人手上，或洒了客人一身，妨碍了客人的工作或交谈的话，要说一声"对不起"。客人应对招待员的服务表示感谢。若无专门的招待员，可由秘书临时充任。

如果用茶水和点心一同招待客人，应先上点心。点心应给每个人上一小盘，或几个人上一大盘。点心盘应用右手从客人的右侧送上。待其用毕，即可从右侧撤下。

不论主人还是客人，都不应大口吞咽茶水，或喝得咕咚咕咚直响。应当慢慢地一小口一小口地仔细品尝。遇到飘浮在水面上的茶叶时，可用杯盖拂去，或轻轻吹开。切不可以用手从杯里捞出来扔在地上，也不要吃茶叶。

西方常以茶会作为招待宾客的一种形式。茶会通常在下午 4 时左右开始，设在客厅之内。准备好坐椅和茶几就行了，不安排座次。茶会上除饮茶外，还可以上一些点心或风味小吃。国内有时也以茶会招待外宾。

我国旧时有以再三请茶作为提醒客人，应当告辞的做法，因此在招待老年人或海外华人时要注意，不要一而再、再而三地劝其饮茶。

尽管不少国家有饮茶的习惯，但饮茶的讲究却是千奇百怪的。日本人崇尚茶道，作为陶冶人的灵性的一种艺术。以茶道招待客人，则重在渲染一种气氛，至于茶则每人小小的一碗，或全体参加者轮流饮用一碗，不能喝了一碗又一碗。

到中国茶馆里去寻访民俗的外宾，越来越多了。在茶馆里遇上外宾同桌饮茶，应以礼相待。既不要过分冷淡，也不要过分热情，做到不卑不亢就行了。

2. 饮酒礼仪

饮酒是各种宴会中不可缺少的一个项目，尽管人们饮用的酒的品种有所不同，但是对基本的有关饮酒礼节还是共同遵守的。

虽然古来就有“酒逢知己千杯少”和“一醉方休”的说法，但对于确实不会喝酒的人，是不宜劝其饮酒的。在宴会上不会喝酒或不打算喝酒的人，可以有礼貌地阻止他人敬酒，但不要什么都一概拒绝。至少要喝上一点汽水、果汁或其他饮料，使举座尽欢。

拒绝他人敬酒通常有三种方法。第一种方法是主动要一些非酒类的饮料，并说明自己不饮酒的原因。第二种方法是让对方在自己面前的杯子里稍许斟一些酒，然后以手轻轻推开酒瓶。按照礼节，杯子里的酒是可以不喝的。第三种方法是当敬酒者向自己的酒杯中斟酒时，用手轻轻敲击酒杯的边缘，这种做法的含义就是“我不喝酒，谢谢。”当主人或朋友们向自己热情地敬酒时，不要东躲西藏，更不要把酒杯翻过来放，或将他人所敬的酒悄悄倒在地上。

敬酒要适可而止，意思到了就行。不要成心把别人灌醉，更不要偷偷地在他人的软饮料里倒上烈性酒。对于虔诚的穆斯林信徒不允许敬酒，甚至不能上酒。因为穆斯林信徒饮酒是违反教规的。不应当在餐桌上摆放一大堆酒瓶。

在正式宴会上，服务员打开酒瓶后，先要倒上一点给主人品尝。主人应先饮一小口仔细品尝，然后尝一口，感到所上的酒完全合乎要求时，再向服务员示意：可以给客人们斟酒了。斟酒的顺序是：先主宾，随后才是其他客人。斟酒时，酒杯应放在餐桌上，酒瓶不要碰到杯口。

会喝酒的人饮酒前，应有礼貌地品一下酒。可以先欣赏一下酒的颜色，闻一闻酒香。继而轻啜一口，慢慢品味。不要为显示自己的海量，举起酒杯看也不看，便一饮而尽，使酒顺着嘴角往下流。也不必矫揉造作地在举杯时翘起小手指，以显示自己的优雅举止。不宜一边饮酒，一边吸烟。

鉴于酒后容易失言和失礼，故在涉外活动中饮酒的酒量要控制在自己平日酒量的一半以下。不要一看到对方的盛情或美酒佳肴，便忘乎所以了。有教养的饮酒者饮酒时是不会让他人听到自己吞咽之声的，斟酒只宜八成满。

正式宴会中主人皆有敬酒之举，会饮酒的人应当回敬一杯。敬酒时，上身挺直，双腿站稳，以双手举起酒杯，待对方饮酒；而每一桌可派遣一位代表到主人的餐桌上去回敬一杯。

参加外方宴请，应事先了解对方饮酒习俗和祝酒的讲究。在宾主双方致辞祝酒时，应停止饮酒和交谈。奏国歌时更不能饮酒。

需要同外宾干杯时，应按礼宾顺序由主人与主宾首先干杯。遇人敬酒或干杯时，应起立举杯，并目视对方。在场的人较多时，可同时举杯示意，不必一一碰杯，让对方干等。干杯不要乱挤，也要避免与其他人交叉碰杯，此乃大忌。

如果在家里设宴款待外宾，要注意酒具的清洁，不要使用破旧不洁的酒杯。西方人士一般饮用的是低度酒，他们往往对我国的烈性酒缺乏感性认识，因此要以适当的方式提醒对方不要饮酒过量，不宜为其连连斟酒。饮不同的酒，要用不同的酒杯。

有些国家饮酒习俗与我国完全不同，接待外宾之前，应有所了解。例如日本人讲究开怀畅饮，对于酒后不检点的言行是不以为怪的。他们敬酒时不碰杯，而是敬酒者跪在被敬酒者面前，手提酒瓶，不停地为对方斟酒。

有的国家讲究拿酒杯应以整个手掌握住，如是高脚杯，则应以手指捏住杯脚。喝啤酒不碰杯，但可互祝健康。

在国外正式宴会上，通常应由男主人首先举杯，并请客人们共同举杯。若是他要为在座的女士的健康而干杯，就不应忘掉任何一位女士。客人、晚辈、女士一般不宜首先提出为主人、长辈、男士的健康而干杯。

女士接受他人祝酒时，不一定要举起自己的酒杯，以微笑表示感谢即可，自然稍微喝上一点更好。

当为尊贵的人物的健康而干杯时，酒杯中的酒最好一饮而尽。知道自己酒量不行的话，事先应只斟少许酒。

与家人一起饮酒时，猜拳行令以助酒兴。但是，在外交场合切忌这么做。

3. 喝咖啡礼仪

一曲《走过咖啡屋》使饮咖啡染上了浪漫的色彩，去咖啡屋体验那种“味道好极了”的感觉的人越来越多了。但是个别人在咖啡屋里举止粗俗，饮咖啡如同喝大碗茶一样，显得有点不伦不类。其实，喝咖啡是蛮有讲究的。

咖啡可以自己磨好咖啡豆以后用咖啡壶煮制，也可以用开水冲饮速溶的。国外一般认为自制的咖啡档次较高，而速溶的咖啡不过是节省时间罢了。

饮用咖啡时可以加入牛奶和糖，称为牛奶咖啡。也可以不加牛奶和糖，称为清咖啡。有人还喜欢兑入啤酒后饮用。

加入咖啡的糖通常都用方糖，它被放在专门的器皿里。一旦饮用者需要加入方糖时，可用方糖夹或咖啡匙取用。

咖啡匙是专门用来搅咖啡的，饮用咖啡时应当把它取出来。有人用咖啡匙舀着咖啡一匙一匙地慢慢喝，是不合规矩的。不要用咖啡匙用力去捣碎杯中的方糖。

如果嫌刚刚煮好的咖啡太热了，可以用咖啡匙在咖啡杯中轻轻搅拌使之冷却，或者等待其自然冷却，然后饮用。用嘴试图去把咖啡吹凉，是很不协调的动作。

盛放咖啡的杯碟都是特制的。它们应当放在饮用者的正面或者右侧，杯耳应指向右方。饮咖啡时，可以用右手拿着咖啡的杯耳，左手轻轻托着咖啡碟，慢慢地移向嘴边轻啜。不宜满把握杯、大口吞咽，也不宜俯首去就咖啡杯。喝咖啡时，切记不要发出声响来。

当然，有时也会遇上一些特殊情况。例如，坐在远离桌子的沙发中，不便用双手端着咖啡饮用，此时可以做一些变通。可用左手将咖啡碟置于齐胸的位置，用右手端着咖啡饮用。饮毕，应立即将咖啡置于咖啡碟中，不要让二者分家。

添加咖啡时，不要把咖啡杯从咖啡碟中拿起来。

有时饮咖啡可以吃一些点心。但不要一手端着咖啡杯，一手拿着点心，吃一口喝一口地交替进行。饮咖啡时应当放下点心，吃点心时则应放下咖啡杯。

在咖啡屋里，举止要文明，不要盯视他人。交谈的声音越轻越好，千万不要不顾场合而高谈阔论。

饮咖啡是一种文化，只有讲究礼节，才能体味它的温馨。

（七）吃水果礼仪

在家庭中和宴会上，一般都要请客人吃水果。在非正式场合，怎样吃水果并不很重要。然而在正式场合，吃水果就要同礼节联系在一起了。

请客人们吃水果。通常应预备一种以上，这样使客人们有一个选择的余地。水果应洗净后装入水果盘内端到桌子上。不要主动为客人削、剥水果，这样做不卫生。拿着削好、剥好的水果硬逼着客人吃，也不太礼貌。

在正式的场合，端上水果的同时，应备好水果刀或成套的小果餐具。不论是水果刀还是成套的水果餐具，都要求绝对清洁。

在涉外的活动中，禁止直接用手拿着水果吃。吃苹果和梨，应用水果刀将其切成4~8瓣，去掉皮、核后，再用叉取食。还有一种吃法，是先将苹果或梨竖放在盘中，沿着纵向切下一角，先去掉核，再用叉子叉住，再去皮，切成小块食用。

吃李子，可先用手将其掰开，去核后再吃。杏、桃一类的水果以水果刀去皮核后，应分为适当的小块食用。香蕉可先剥皮，用刀切成小块吃。也可先用刀切除两端，将皮剥去后，再切成片或段食用。橘子、荔枝可用手去皮后吃。橙子可用刀去皮后切成块吃。

吃葡萄不可整串拿着吃，而应用手一颗一颗揪下来吃。吃这类带核的水果，要用手遮着嘴吃，以便把果核吐在手中或匙中，放在果皮盘里。

请人吃哈密瓜、西瓜、香瓜和菠萝，事先应去皮切块，装入盘中。吃时可用水果刀切成小块，再用叉取食。有时在家中请人吃西瓜、哈密瓜，直接切块递上未尝不可，不过至少要准备一个小果盘，使客人把切块后的瓜果放在盘中端着食用，这样做可防止水果汁流到客人身上或地上，也可使果皮、瓜子有个着落。擦手的毛巾应提前准备好。

吃核桃一类果壳坚硬的坚果，绝不能直接用牙去咬。比较讲究的吃法是，先用专用的核桃锤把果壳敲开，再以专用的夹子取食。

在社交场合吃水果之前，手应洗净。不论是见到多么稀罕、多么好吃的水果，也不允许悄悄装入口袋拿走。吃水果时不宜一下把嘴塞满，而应当一小口一小口地吃。不要边吃边谈，更不允许把果皮、果核乱吐、乱扔。

第三章 外交商业礼仪技巧

馈赠礼仪

送礼将为商务活动打开方便之门。

生意场上的人际关系并非纯粹的利润关系，它实际上融入了十分复杂微妙的人情世故。

尽管人类社会存在着互不相通的语言文化，但是有一样东西却可以沟通联络所有人的感情，那就是礼物。

为共同谋利而走在一起的生意人，同样需要礼物沟通联络感情。生意场上的送礼既有纯商业性的，也有联络个人感情的。但不论是哪一种都会有效地加强人与人的关系。

不恰当的商业送礼通常会带来不良的效果，每一个商场中人都应当充分重视、自觉遵守商业送礼的国际惯例。

一、防止商业送礼演变为商业贿赂

商业送礼的价值如果超出了国际惯例，通常会被视为商业贿赂。商业贿赂大则会触犯法律，小则违反规章制度，至少会给受礼人造成心理压力。

不论受礼人是否愿意接受这样的礼物，送礼的本义这时已经尽失，也就是说再也起不到联络感情的作用。因为受礼人心里明白，你送礼的目的不是联络感情，而是引诱他为你付出更大的代价。

为了防止商业送礼演变为商业贿赂，国际很多公司都制定了送礼受礼的规章制度。

●有些公司规定雇员只能收受小礼物，不能收受大礼物，但是对于大与小的界定却没有具体的标准。

●有些公司规定了禁收礼物的具体细则，甚至罗列出具体的品名。

●有些公司要求新雇员签订一份严格遵守送礼受礼制度的协议书。

●有些公司不允许雇员接受客商的宴请，包括简单的午、晚饭在内。其理论依据是，“吃别人的嘴软”，接受客商宴请的公司业务员，通常会在交易中给对方提供优惠，损害公司利益。

中国的生意人通常把商业送礼的概念混同于亲戚朋友以及其他社交关系的送礼，不但要表现出热情大方，还常常追求体面，送价值较高的礼物给生意伙伴，或慷慨解囊请生意伙伴上高级饭店，以显示自己的财力，令对方对自己有信心。

诸如此类的商业方式绝对不能用于国际商贸活动，因为你的热情好客很可能被外商视为商业贿赂。

中国生意人慷慨体面乃至奢侈的交际方式在国内生意场也是禁止的。因为国家工商总局发布了《关于禁止商业贿赂行为的暂行规定》，这是《反不正当竞争法》的一部配套规章。

这部规章规定，洽谈生意时给生意伙伴提供好处，将被视为商业贿赂。

提供好处的方式是多种多样的。例如，经营者为销售或购买商品，采用付给财物或提供国内外各种名义的旅游、考察等其他手段的，都可构成商业贿赂。

生意人给生意伙伴送礼，包括宴请和提供娱乐等商业招待，如果超出了国家规定的财政支出，或超出了公司的预算，便有可能被视为商业贿赂。

你可以采用下列问题来决定是否收礼：

●礼物是否超出价值？

●礼物送达时间是否在非传统或不同于平时的时刻？

●是否违反公司规定？

●它是否会让你觉得有义务去参加宴会？

●最近三个月左右，是否曾带给送礼者生意上的往来及利润？

●是否有未定案的商业交易？

●送礼者是否有“收买”人的名声？

上述问题只有一个答案是“是”，最好婉谢礼物。辞谢一个有问题的礼物总比错收来的好。

如果你打算辞谢别人的礼物，最好在收礼后 24 小时内行动。没有实际行动即会被认为已被接受。退回礼物时须附上亲笔写的短笺，明白表示你无法接受。不必写出特定原因，在短笺上注明日期并讲清楚你已收到但无法接受。请简短，但不要责备、侮辱或表达不屑的意思给对方。假使公司程序上规定，你必须为此行为提出报告，基于保护自己的原则，在报告上附上你谢绝短笺的复印件。

二、广告性送礼

商业送礼像所有的送礼一样，通常是生意场上个人与个人之间的交往，因而牵涉个人的感情或利益。公司防止商业贿赂，实质上是防止员工的个人感情或利益被利用，使公司蒙受损失。

有一种商业送礼是面对公众的，不涉及个人感情或利润的，那就是宣传形象和产品的广告性送礼。这种送礼包括向顾客和潜在顾客分发公司的非卖产品，以及赠送印有公司标志的用品等。

广告性送礼不仅是宣传公司形象和产品的一种商品手段，而且是公司在市场上发展良好的公共关系、争取公众好感的一种心理战略。

因此，广告性送礼必须保证一流的质量，任何一份次品、赝品都会损毁公司的形象。这类礼品造价虽低，但几乎所有公司都会投入一流的技术去设计和制造。

广告性送礼在礼品种类、造价、产量和财政支出等方面都已形成国际惯例，如果不符合国际惯例，也会被视为不恰当的商业行为。

公司分发给公众的非卖品，只允许小批量生产，一批产品通常为5 000份左右。一般认为，不到5 000份不能收到广而告之的宣传效果；超过5 000份则会超预算，引起股东的不满。

公司赠送公众的印有公司标志的用品，以下面罗列的在国际上最流行：

玻璃酒杯	号码锁	公路应急箱	棒球衣
梳子	妇女饰物	沙滩毛巾	化妆盒
钥匙链	带扣	信用卡盒	修指甲箱
书籍	盒子或篮子	缝纫箱	刷子
文件夹	地图盒	日记本	备忘录小笔记簿
直尺	商业名片盒	电子地址簿	软尺
纽扣	支出账簿	有柄大杯	日历
急救药箱	领带	计算器	手电筒
纸餐巾	热量计	高尔夫球	镇纸
照相机	高尔夫球衣	钢笔	帽子
手帕	成套铅笔	削笔刀	塑料雨帽
自动粘拍纸簿	测智玩具	收音机	雨披
球拍套	剪刀	围巾	鞋袋
擦鞋箱	粘贴别针	T恤	记秒表
袖珍字典	伞	滑雪帽	汗带

画框	温度计	（衬衫袖口的）链扣	网球
领带夹	保温瓶	钱夹	运动衫
扑克牌	气球	网球帽	网球巾
小刀	工作裙（围裙）		

公司向公众赠送用品，目的是宣传公司的形象。但是，如果这些用品上印的标志太大、太显眼，往往不容易被公众接受。国际上流行的这类公司赠品，通常都没有显眼的公司标志。例如日记本，不少公司把标志印在扉页或封底，而不印在封面。

其余的用品如钱夹，公司标志是藏在里面的；丝围巾，标志缝在一角；钟，标志刻在背面；领带夹，标志缝在背面……所有这些标志都是很细小的。标志越细小隐蔽的赠品，越多的人愿意接受和使用。人们通常只愿意使用一种带有显眼大标志的赠品，那就是伞。

在商业竞争日益激烈的今天，众公司不遗余力地宣传自己的形象，争相推出自己的广告性礼物，让人目不暇接。有时候，广告性礼品泛滥了，人们就会像躲避洪水猛兽般躲避它，免得办公室和家里增加垃圾。

为此，宣传要有节制，切忌不惜成本地讨好顾客，那会适得其反。

三、福利性送礼

公司对员工的吸引力和凝聚力，不仅仅在于可观的工资，还在于优厚的福利。后者通常令员工产生更大的归属感。

公司福利的内容和方式是多种多样的，其中送礼是不可或缺的福利手段。因为送礼行为富于人情味，它在一定程度上淡化了雇主和雇员之间的商业关系。

有学者作过调查，发现那些工资高福利差的公司的员工，工作热情比不上那些工资不高但福利待遇较好的公司的员工。

诚然，这里说的公司福利并不等同于一般的社会福利。社会福利以扶贫济困为主要目的，公司福利则是以员工对公司的贡献为基础的奖励、关心、慰问和帮助。

公司在节假日送礼给每一个员工、组织全体员工在国内乃至出境旅游观光、请员工吃饭或参加文娱体育活动等做法，属于对全体员工一视同仁的奖励和慰问，也表示公司对员工的感谢。这类活动不但能增加员工对公司的归属感，还能加强员工之间的团结合作的精神。

有的公司对员工的特别日子也会表示关心，尤其对各级管理人员。遇上员工生日、结婚、生孩子、结婚周年纪念、乔迁新居、升职或在工作学习中取得好成绩，公司都会送上礼物表示祝贺；遇上员工生病、家有不幸，公司会送上礼物和慰问金表示慰问并给予帮助；对于退休的员工，公司会根据其服务时间和职务级别送上相应的礼物，感谢他对公司的贡献。

公司对员工的关心还需要通过各级管理人员对下属的关心来实施。一个好的商业主管不会忘记下属的特别日子，并且懂得恰如其分地给下属送礼。

无论是公司给员工送礼，还是主管给下属送礼，都可以看做公司的福利性送礼。什么情况下由公司付款送礼，什么情况下由主管付款送礼，各公司的做法不尽相同。

像圣诞节这样的西方重大节日，国际很多公司都给全体员工送礼。当然，各公司送礼的方式也不尽相同。

以下是以前一些公司送员工圣诞礼物的情况：

●给员工提供一份礼物单，让每一位员工选择自己喜欢的礼物或者是相当于一份礼物价钱的现金，通常是25美元。

●组织一次圣诞聚会或聚餐。

●由高级主管亲笔签名，送给每位员工一张圣诞卡。

●送礼物和现金给需要帮助的员工，而不是人均一份。

专家认为，公司给员工送节日礼物是很有意义的，送礼的方式也是很值得考究的。应该说，送礼越富于人情味越好。至于礼物的价值，则应该视公司的经营状况而定。如果公司处于困难时期，一张贺卡也算得上很珍贵的礼物；如果公司生意兴隆，员工为此经常加班工作，节日礼物就应该丰厚一些。

国际很多公司都比较重视员工的服务周年纪念。在这些公司里，任何一个员工服务到第五年，都会收到公司赠送的礼物。此后每增加五年或十年又会收到公司的礼物。

四、商业主管与客户的礼尚往来

公司与客户的业务关系主要靠各级主管来维系，但是由于很多公司都有严格的送礼受礼制度，商业主管常常无法从公司取得足够的交际经费。因此，实际情况往往是公司与客户的交往变成了商业主管之间的私人交往。

很多商业主管都视公司为自己的产业，因为公司的兴衰与他们的切身利益息息相关，而他们自己的地位和薪酬则是通过业务成绩来巩固和提高的。因此，为了取得业务成绩，商业主管不会计较个人得失，宁愿自掏腰包与客户建立密切的私人关系。

利字当头的生意场其实时时处处都被人的情感牵引控制着，生意关系无不渗透了人情世故。无论文化习俗也好，国际惯例也好，都是人情世故。

生意场上的高手，通常都是人情练达、世事洞明的交际家。他们在生意场上畅通无阻，主要因为他们交际广、守信用，常常不是靠金钱，而是靠朋友。

为了互利或因为互利而走到一起，共同合作的人们，都可以成为朋友。从这个意义上说，生意人最需要朋友，也理所当然地比其他行业的人们拥有更多的朋友。

很多公司都备有商业送礼的电脑软件。在商业主管的送礼软件中，有不少是记录生意朋友的礼尚往来的。因为这类关系太多，不作送礼记录难免出错。

商业主管的送礼软件应该详尽清晰地罗列出节假日送礼和特别送礼的客户姓名、支出金额和所购物品名称，还应该说明是由公司付款还是主管私人付款。

商业主管的关系户发生情况变化时，其送礼软件则应随时作出修改。例如关系户中有人事变动、人员死亡或退休，以及改组公司等，生意朋友中有人离婚或再婚等，都应予以记载。

某公司的总经理在飞机失事中丧生，董事会很快任命了一位新的总经理，并已登报声明。然而，每逢重大节日，这家公司仍然收到好几个客户送给已故原总经理的礼物和贺卡，甚至还有送给他的生日礼物和生日贺卡。

这种情形令新任总经理十分不愉快。直到这家公司中止了和那几个客户的业务关系，他们才发现了问题。原来是这些公司的总经理和秘书按照原送礼软件记录的客户姓名送礼，而总经理本人却不加关注。倘若总经理们在客户宣布人事变动时当即修改送礼软件，也就不至于在后来的忙碌中造成遗忘和差错。

另一名马大哈主管送给一位生意朋友的生日礼物是一套纪念邮票。他只记得这位朋友是个集邮爱好者，却忘却了上次送给他的生日礼物正是这一套邮票。

重复赠送同样的纪念性礼品会给人一种漫不经心的感觉，这会使送礼的诚意大打折扣。

如果主管的送礼软件记录了上一次购买的礼物名称，也就不会出现赠送重复礼物的差错。

更常出现的送礼差错是后一次礼物的价格比前一次的低，这种差错给受礼人带来的误解是可想而知的。送礼软件上的礼品价格记录有助于避免此类差错。

商业主管送礼应该有计划有预算，无论是公司付款还是主管个人付款购买礼物，都不应超出计划和预算。

●不一定要还礼给所有送礼给你的人。

如果送礼给你的人不在你原定的送礼计划内，最好不还礼。这种人通常和你没有业务关系，你弄不清他送礼给你的原因，也许是你忘记了你曾帮助过他，他送礼感谢你来了。如果是这样，你还礼给他，反而不近人情，因为你令他无法实现感谢你的心愿。

国际很多生意人送礼都习惯在礼物内附一张礼物卡，并且在卡片上写清楚送礼的原因。如果是节日，便写上节日祝词；如果是受礼人的喜庆日子，便写上喜庆贺语；如果是为感谢受礼人等特别原因而送礼，则写上感谢的语句。

下面这张礼物卡的写法，不仅清楚地说明了送礼的原因，而且真诚地表达了对受礼人的感谢之情：

“这份小小的节日礼物谨表我的心迹：我永远忘不了今年春天，我们工厂在那场大风暴中遭受到惨重的破坏，是你帮助我们走出了困境。”

●如果你的公司经营不佳，或者公司规模缩小，则应该减少送礼的开支。

碰上生意不好的年头，公司或主管个人都不必勉为其难送礼给客户。但是，当节日来临之际，你很有必要给那些习惯了收你礼物的人们寄节日贺卡，并且亲笔写上诚恳的语句，解释今年破例不送礼的原因。

随着经济的发展，中国人送礼的消费越来越高，尤其是生意人，关系多，送礼必须平衡所有的关系，不能厚此薄彼、顾此失彼。碰上不景气的年头，生意人要应付这么多礼尚往来的送礼可不容易。

生意人为此大伤脑筋。不送礼则不近人情，送礼又力不从心。于是只好降低送礼的档次，尽量节省开支。其实这样做的效果并不好。试想你的客户或朋友去年中秋收到你送的名店名牌月饼，今年收到的是大众化的月饼，他会怎么想呢?

学学西方人，送张节日贺卡，委婉地说明自己无能力送礼。这种坦然洒脱的作风比“打肿脸充胖子”或降低送礼档次去应付各方面的人际关系更容易被理解和接受，因为它表现出你待人的真诚，没有虚伪，因而没有被人怀疑以假乱真、以劣充优去骗取人情的危险。

其实，礼尚往来的人们，并不都是冲着礼物本身而来的，大都是借物传情而已。如果你实在送不起礼物，也得有别的传情表示，例如打个电话、送张贺卡之类。

以调侃的语言暗示自己无能力送礼比直截了当地说明要好得多，首先是不会令对方尴尬，其次是表现出自己的乐观通达，不乏幽默情调。

商业主管与客户的礼尚往来，根据国际的习惯是有金额限制的。一般认为，初级主管和中级管理人员送礼给客户，开支在40美元左右为宜；中级以上管理人员可开支45～60美元；高级主管送礼给客户的高级主管和生意场上关系密切的朋友，可以开支50～150美元。根据国际惯例，生意人之间的礼尚往来开支极少超过150美元，这个数目可被视为商业送礼的上限。

五、国际生意人互赠礼物的礼仪

对于中国生意人来说，送礼的国际惯例常常是一些新概念，这里一一作些探讨。

送礼给来访的外国生意人，首先要避免带来麻烦。在国际奔走的生意人，喜欢轻装行动。如果你送的礼物给人增添麻烦，成为别人的累赘，也许会违背你送礼的初衷。

如果你认为很有必要给客人送某种笨重的礼物，你最好先让受礼人拆开包装看一看，然后自己收回去，由公司负责运送到客人的公司或家中。

生意人送礼给外国生意伙伴，一定要了解清楚对方国家的送礼习俗。如果你没有把握，应该请教熟悉这方面习俗的人士，或有关咨询机构。一份礼物，从选购、包装到携带方便与否都需要你亲自考虑和督办，不可完全依赖你的手下。

送礼要想投其所好，有一个办法通常是可行的，那就是通过和受礼人的秘书或助手交谈去了解其爱好；如果对方爱集邮，你能送些受欢迎的邮票给他当然很好；如果对方收集瓷器，你则可以送瓷器给他。

如果你实在无法弄清受礼人的送礼习俗和个人爱好，那也不要紧。实际上，很多懒得在送礼方面花脑筋的生意人，都宁愿送那些在国际广为接受的礼物，那就是酒（穆斯林国家除外）、唱片和办公室用品，后者通常是钢笔、铅笔和信笺。

也许中国的生意人认为送这些物品太小气了，但这些却往往是最稳妥、最合适的生意场礼品。中国的生意人在送礼的观念方面需要与国际接轨，须知生意人的礼尚往来不可与亲戚朋友的感情交流同日而语。

国际生意人互赠礼物切忌奢侈，否则会被认为有意行贿。

在国际生意场上，送礼给自己不熟悉的人要多加小心，甚至宁可不送。两个生意人第一次交往，原则上不送礼，第一次会面尤其不应带礼物去，否则对方会认为你迫不及待要靠拢他，给他造成心理压力，弄不好他会避开你。

国际生意人送礼，通常要送自己国家的产品，并且要在国内市场购买。生意人出境，带上本国的产品虽然诸多不便，却又不能免。如果你怕麻烦，在出访国购物送礼，受礼人便认为你待人缺乏诚意，这是生意人合作的大忌。

以上是国际生意场上送礼的一般原则，下面介绍一些特殊的情况。

（一）女生意人送礼的国际惯例

在国际生意场上，女生意人和男生意人交往应持谨慎态度。无论是西方文化还是其他文化，都把女性置于社交活动的被动位置上。在社交活动中，尤其是生意人交际场合，男士向女士献殷勤往往被视为绅士风度，而女士向男士献殷勤就“掉价”了。

因此，女生意人一般不宜主动送礼给男生意人，尤其是外国男生意人。但是，女生意人收到其他生意人的礼物后，一定要回赠礼物。如果女生意人作为贵宾出席男生意人的宴会或派对，则应该带礼物去。

女生意人欲与男生意人建立交情，最好通过他的妻子。只要你与他的妻子有过一面之缘，每次你到他的国家去做生意，都不妨带点礼物送给他的妻子。男生意人代自己的妻子接受一个女人的礼物，总是十分坦然爽快的。

女生意人送给男生意人妻子的最好礼物，莫过于化妆品、香水和华丽而不贵重的首饰。至于女生意人和女生意人之间，即使是第一次见面也可以互送礼物，通常送旅行箱、提包和雨伞等。

女生意人和自己十分熟悉的外国男生意人见面。主动送点礼物也无妨，但是送礼的品种和方式得十分注意，以免造成误会。

一般说来，女士送衣物给男士是不合适的，尤其不能送睡衣之类的寝室用品。送办公室用品是再恰当不过的了。如果你送的礼物可长时间摆放在受礼人的办公桌上，则更具纪念意义。

女生意人送礼可以充分体现自己的家庭观念，唤起男生意人的家庭意识。

有个女生意人给她的外国生意伙伴公司的每一个管理人员都送一个精美的小相框，而且特意附上一张礼物卡，上书“温馨的家庭”字样，结果所有收到相框的人都用它装上自己的家庭合照，摆在办公桌上。如此送礼可谓十分成功。

女生意人给生意场的伙伴或同事送点食品作礼物，在国际被广为接受。提供食品本是家庭主妇的本职，送食品礼物多少能给女生意人增添一点女性的魅力。其作用是淡化生意场上对女性的抗拒意识，营造和谐的合作氛围。

（二）国际送礼的忌讳

中国有些省份和地区是忌讳送钟作礼物的，因为“送钟”与“送终”谐音。有趣的是，世界上其他很多国家的生意人都喜欢送钟作为办公室礼物，他们通常会把别人送的钟摆在办公桌上，用以加强自己的时间观念。

尽管如此，中国人也不宜送钟给外国人，因为很多国家的不少生意人都了解中国人忌讳送钟的习俗。如果你送钟给他们，恐怕他们会怀疑你送礼的用心，甚至可能认为你诅咒其公司倒闭。

中国的生意人送礼给外国生意人，既要考虑自己的忌讳，又要考虑受礼人的忌讳。

我们中国人自称为龙的传人，自古崇拜龙，以龙为造型的艺术品处处可见。以龙的艺术品作礼物，在国人中间广受欢迎。然而，中国的生意人千万不可以龙的艺术品作礼物送给英美生意人。在英美文化里，龙（dragon）是凶残暴戾的象征，是魔鬼，与中国文化中的龙相去甚远。

中国有些地区如港、澳和珠江三角洲等忌讳“四”这个数字，因为它与“死”字谐音，所以送礼决不送 4 件。中国生意人送礼给外国生意人，当然也不该送“4”，因为不少外国生意人也了解这个习俗。

与中国人的这一习俗相映成趣的是西方人对“13”这个数字的忌讳，这是以基督教为文化背景的一种谜信心理，认为“13”是个不吉利的数字。西方人送礼不送 13 件，中国生意人送礼给西方生意人，切忌送“13”。

有个中国生意人送给美国生意人一支“白翎”（White Feather）牌钢笔，令受礼人很难接受。

这个美国生意人为什么不能接受这支钢笔呢？因为钢笔上刻有 White Feather 英文字样。White Feather 是英美人用以比喻懦夫的贬义词，实际上是骂人用语。如果这个美国生意人把这支钢笔带回美国去，一定会让他的同胞笑话，你想他怎么能接受这份礼物呢？

有学者做过调查，发现好些中国产品的牌子译成英文后不受西方人欢迎，原因是这些英文的含义不好。除了“白翎”（White Feather）牌钢笔外，还有“白象”（White Elephant）牌电池和“雄鸡”（Cock）牌闹钟等等，因为是出口产品，于是望文生义地将中国牌子直译成英文，以致引发文化习俗的冲撞。

不懂英文的中国生意人固然不会了解，White Elephant 是指花钱买的废物，不久就成为累赘的东西；更不会明白为什么英美人望着闹钟上的

"Cock"发笑，因为"Cock"在俚语里是"阳具"。即使是懂英文的中国人，也不一定了解某些英文词语的特别含义，因为这涉及纷繁复杂的文化习俗，要求学英语的外国人一一了解，谈何容易。

那么，怎样才能避免送礼引发文化习俗的冲撞呢？

最好的办法当然是请教熟悉受礼人文化习俗的人了。

如果你找不到这方面的老师，则不妨采取"以我为主"的态度。那就是说，送给外国人完全中国化的礼物、没有写上任何外国文字的礼物。

你送给外国人这样的礼物，意思是"我是主人，你是客人。我按我的中国文化习俗送礼给你，完全出于好意；你可不要按你的英美或其他文化习俗去曲解我的好意。"客随主便也是国际交往的惯例之一。

外国人收到中国人送的中国产品，通常不会特意把牌子翻译过来了解其义，因为他们觉得没有这种必要。同理可推，我们中国人也不必死抠外国文字的含义去翻译其产品的牌子。

国际生意人互赠礼物，原则上送本国本土的产品，不带外文牌子的产品更加本族化，这本族化就是一种诚意，这是国际生意场上的共识。有些中国生意人不懂这一点，送礼给外国生意人总要挑有洋文字的，结果事与愿违，反而冲淡了送礼的诚意。

送本族化的礼物给外国人，最好附上一张用英文或对方国文字写的简短的礼物卡，从本国的文化习俗说明你送这份礼物的良好用意。以便受礼人了解送礼人的文化习俗，万一发生文化冲撞，也可以得到受礼人的理解。

（三）怎样送礼给应邀讲话的外国客人

按照国际生意场的习惯，邀请外国客人在商务会议、新闻发布会或者别的任何集会上讲话，都应该送给讲话人一份有纪念意义的礼物。

国际的做法通常是这样的，如果应邀讲话的外国客人不收取酬金，应该送给他一份有相当价值的礼物，例如本国制造的优质皮箱或公文包一个，或者别的经久耐用的名牌国货。如果讲话者收取酬金，则可以送给他一份薄礼，例如书和文具等。中国的文房四宝送给西方人，比现代任何高级文具都更有纪念意义。

无论你送什么礼物给应邀讲话的外国客人，都应该附上你的生意名片或通信名片，并且用英文或对方国文字写一张礼物卡：

"你的讲话受到与会者一致好评，既实际又生动，我们大家都感谢你。"

送鲜花在世界各地都很流行，但各国有不同的送花习俗和忌讳。送花给外国人，一定要先了解其习俗和忌讳。如果你在国外，只要请教当地鲜花店店主就行。

当今，国际社会，鲜花是既方便赠送又快捷收到的礼物。在全世界范围内，都可通过电话或电报订购鲜花送礼。鲜花象征问候、祝贺和感谢，这是全人类共通的文化习俗。

作为生意人，不管你走到哪个国度，都可以送鲜花为礼。尤其是应邀到别人家中吃饭，鲜花这种高雅美好的礼物是不可或缺的。

西方社会十分流行送鲜花为礼。按照传统习俗，鲜花通常以夫妇的名义送上，或者是一个女人送给另一个女人，或者是一个男人送给一个女人，却没有女人给男人送花的习惯。

然而，当今的西方社会已经改变了女人不能给男人送花的习俗，这体现了男女在社会活动中的平等地位。女士可以因任何理由送花给男士，尤其在生意场上，女生意人送花给男生意人更是司空见惯的交际方式。

商业书信礼仪

我们用文字来表达感情的同时也影响他人。通过文字，任何人皆可带给其他人极大的快乐或极大的沮丧。

当今国际上很多生意人都对书信倾注了极大的热情。他们爱写爱读。倘若在百忙中收到一封措辞优雅含蓄且热情洋溢的来信，不论是商讨业务的还是表达友情谢意的，他们会为之感动和振奋。事实上，不光老板能用动情的书信感动员工，生意人之间动情的书信往来也能产生让你意想不到的生意效果。

一、商业书信往来礼仪

国际生意场上对于使用印有公司名称的信笺和信封持谨慎态度。一般说来，公司信笺只用于生意业务往来，不用于个人交往。高级商业主管写信筹集资金可用公司信笺，但也必须征得最高管理层成员的同意。

公司其他人员更应谨慎使用公司信笺，尤其不应用公司信笺做以下的事情：

（1）政治或慈善基金筹款，尤其是容易使人误会公司在背后支持的活动。

（2）写信给传播媒介发表见解。

（3）个人的赢利活动。

（4）与公司无关的诉讼。

（5）纯粹个人事情，例如写情书、吊唁信等。

商业主管集体负责一项业务时，常有一些书信往来。任何一个参与者收到或发出与这项业务有关的重要书信，都应该给其他成员每人一份复印件。

商业书信不应使用涂改液，更不该把删去部分内容的信寄出，以免引起收信人的疑虑。

不要用公司信笺两面打字或手写书信。

可用普通信笺两面打字或手写书信，但纸张必须厚实。如果纸张过薄，字迹透过背面，两面书写造成字迹不清，则被视为不礼貌，使收信人反感。

手写书信比打字书信更能显示热情和诚意，无论用公司信笺还是普通信笺。尤其是感谢信、祝贺信、慰问信和吊唁信等富于人情味的书信，无论以主管个人名义还是以公司名义，都以手写为上乘。

公司的初级管理人员切忌把自己写的商业书信擅自送出。任何商业书信都应呈交顶头上司过目，有些重要的业务报告则应复印呈交顶头上司保存。管理人员越级向上司报告业务，尤其是带有个人见解的业务报告，必然会引起顶头上司的不满，造成上、下级关系紧张，给自己带来极大的麻烦，甚至会毁掉自己在公司的事业和前途。

初级商业主管不应擅自向公司外的有身份、有地位的人发送重要报告、书信或商业便函，所有这些书信都必须经由高级主管审阅并签名后，才能发出。

初级主管与公司外同等身份地位的人的书信往来，由他们自己签发，不必经由公司高层审阅签名。

公司的打字公函除了加盖公章外，还应有具体负责人的签名才能发出。

商业书信开头对收信人的称呼必须恰当：

（1）如果你在生意活动中认识了一个与你身份地位同等的人，经过接触变得相互熟悉了，分手时已经直呼对方的名字，以后写信给他便可直呼其名。

（2）如果你是个年轻的商业主管，你认识了一位比你年长位高的主管，绝对不能在书信中直呼其名，而应该只称其姓，并在姓氏前面冠以“先生”之类的尊称。

商业书信结尾应写上表示敬意的话语。

当今国际生意场流行商业书信个人化。生意人之间流行以朋友相待、以朋友相称；流行把商业通信称为朋友通信，不失时机、见缝插针地利用商业通信联络感情。

久而久之，商业书信个人化也形成了一定的礼仪和规范：

（1）力求语言精练、优雅、含蓄。

（2）要情真意切，打动人心。

（3）通常在商业书信开头的称呼下写一两句个人的话语，用以联络个人感情。例如：

……真高兴昨天在赛场上认识你。你看上去真棒，这使我想起我答应过给你的东西还没寄去……

或者在业务信件的后面加写一段个人的祝愿语，例如：

……愿你和孩子们过一个快乐的星期天。

（4）如果你有重要的话要对收信人说，但又不想公开它，你可以另加一张纸写个人信件。这样做将不至影响商业书信在公司内传阅。

（5）附加的个人话语要幽默，要赞扬和鼓励人，不写负面的话语。

（6）不能喧宾夺主地多写与业务无关的话，以免影响收信人对商业书信主要内容的理解。

（7）为了保证业务信函条理清晰，应在写信前拟一提纲。例如：

●先赞扬收信人最近表现出的高尔夫球艺。

●介绍你的公司一系列的新产品，说明这些产品对他很有好处。

●提及你的产品专卖权。

●说明他什么时候可以收到货物，并说明交货方式。

●提及价格。

●向他介绍一些老同学的近况。

●签名。

（8）不可为说服对方接受你的产品而夸大其词，这会有损你的信誉。但是，良好的祝愿尽可夸张浪漫地表达。

二、商业文书的撰制礼仪

商业场合要十分注意礼节，一旦失礼或施礼不当，往往会导致不良后果。因此，用于这种交往的文书，必须注意把握事物的联系与区别，分清是纵向联系还是横向联系，长幼有序，上下级有别，亲疏不同，有“礼”有“节”。

商业文书的撰制虽说不如行政公文那样要求严格，但也有其约定俗成的格式和特定的语言文字表达要求。以语言为例，有的趋于典雅，有的崇尚朴实，撰写时要按照特定的格式与要求行文，不宜随意标“新”。

商业文书的种类很多，常用的有如下几种：

一是用于邀约、聘用的，如请柬、聘书等。

二是用于喜庆祝贺的，如贺信、贺电、祝词等。

三是用于慰问的，如慰问信、慰问电等。

四是用于迎送、答谢的，如欢迎词、欢送词、答谢词等。

五是用于哀丧吊唁的，如悼词、唁电等。

（一）请柬

请柬又称请帖，是为请客而发出的一种凭证。

机关单位举行的比较隆重的庆典、企业开张以及其他重要活动、私人的婚宴、寿庆等喜事，往往使用请柬而不用一般的信函。请柬的内容虽然比较简单，但它比普通信函更具有庄重的特点。

请柬在外观形式上和文字表述上都有特定的要求。

外观要求美观、悦目。封面写“请柬”或“请帖”二字，加上图案装饰、烫金，给人以隆重、喜庆之感。

表述要求准确、清晰。正文写明事由、时间、地点（有的需写明席位）、人名等。最后写“恭候光临”或“顺致敬意”之类的祝愿语，落款写明主办单位或个人名称、发出请柬的时间。

请柬的语气要在准确的基础上求典雅、得体。例如不能把“敬备茶点”写成“有茶点招待”；不能把“恭候光临”写成“请您出席”等等。

此外，制发请柬还要注意掌握发送时间。太早，可能被遗忘；太晚，贻误时机。

（二）聘书

聘书，又称聘请书，是用人单位签发给受聘者的证件或证明书。

聘书一旦签发和被接受，对双方都有行政约束力，双方都要信守聘书上写明的任务和待遇，不能随意失约、违约。

聘书的封面或标题要写明“聘书”或“聘请书”字样，字用美术体或仿宋体，给人以鲜明、醒目之感。

正文以极概括的语言，写明聘用目的、被聘请人的姓名、聘用职务（有的要写明具体任务）、聘用时间、待遇等。要注意防止出现职责或待遇不明的现象，以免引起不必要的争端。

文尾通常用“此聘”二字结束，有的写表示敬意的话。

落款用全称，注明发聘书时间，加盖公章，有的还写上主管领导的姓名，以示郑重。

（1）欢迎词、欢送词与答谢词。

欢迎词、欢送词与答谢词的共同特点：一是称谓使用敬辞。如人名要全称，国际友人常在姓名之前冠以“尊敬的”“亲爱的”词语，或加“先生”“女士”称呼；国内一般用“同志”。在整篇讲话稿中都应该体现礼貌待人，相互尊重的气氛，切忌运用不礼貌的粗俗语言。二是有真情实感，不能虚情假意。三是坚持原则，委婉表态。在欢送词或答谢词中常常遇到有原则分歧的问题，这时既要坚持原则，又不能伤害友人，只能就有分歧的问题运用合适的词语委婉的表态。四是篇幅要简短，语言要精练、明快、热情、友好，切忌篇幅冗长、语言拖沓。

欢迎词、欢送词和答谢词的内容与友好往来的意义、作用、目的相一致。其篇章结构一般由标题、正文组成。

标题。一般有两种表达形式：一是只写“欢迎词”“欢送词”或“答谢词”，二是由致词人姓名、职务和会议名称组成。如《广东省省长×××在中国会计学会、香港会计师公会联合举办的“投资问题研讨会”上的欢迎词》。

正文。由称谓、开头、主体、结语四部分组成。称谓，根据不同的对象，运用不同的称呼。开头主要写致词人以什么身份，代表谁，对谁（什么人）表示欢迎或欢送或感谢之类的话语，以表达致词人的感情。主体部分写致词的中心内容，或写意义、作用；或写对友好往来的回顾；或写过去合作的成就以及对此活动的希望等等。结语一般写祝愿之类的话。要注意的是不要讲对方忌讳的内容，以免引起不快。

（2）贺词、贺电与贺信。

贺词、贺电与贺信的共同特点：一是表示庆贺，并有较为强烈的感情色彩。也就是说在文章之中要感情饱满、充沛、热情、真挚，给人以鼓舞、希望、褒扬之感。当然，在颂扬对方的事迹或评价功绩时，应恰如其分，否则将使对方感到不安。二是语言简练，篇幅不宜过长。

贺词（祝词）、贺电与贺信的内容一般要写清祝贺的理由，即向谁祝贺、祝贺什么、为什么要祝贺等内容。如果对节日或重大纪念活动的祝贺，往往还要向被祝贺者提出新的希望和要求。

结构一般由标题、正文两部分组成。

标题。有的只写谁的贺词、贺电、贺信，如《中共中央、国务院贺电》；有的则用谁致谁的贺信、贺电、贺词形式表示，如《国务委员王丙乾致全国财政法制工作会议的贺信》；还有的标题用“××会议的召开××的贺电”的形式表示。

正文。一般由称谓、开头、主体和结尾几部分组成。称谓，则是写接受祝贺的单位或个人的称呼。开头，即用简练的词语写出祝贺的理由，并表示祝贺。主体部分主要写祝贺的内容，如对成绩的赞扬，对功绩的歌颂以及对取得成就的评价等。结尾主要写祝愿、鼓励、希望和要求方面的内容。

（3）慰问信与慰问电。

慰问信、慰问电的种类较多，常用的大致有三种：

一是重大节日、纪念日，组织上给本单位职工、劳动模范或离退休干部的慰问信电。

二是给作出重要贡献的集体或个人的慰问信电。

三是给遭遇意外灾难、蒙受损失、造成困难的集体或个人的慰问信电。

慰问信通过邮政传递，篇幅较长，慰问电更加讲求时效，要通过电报拍发，文字精练，篇幅更为简短。这是二者的不同点。如属于以组织名义发出的信电，内容又带有公开性，还可以登报、广播。这是二者的共同点。此外，它们的篇幅结构形式也大体相同。

标题。通常写“慰问信”或“慰问电”三字，有的写“×××致×××的慰问信”，如《云南省人民政府致云南前线三军的慰问信》；有的标题揭示内容，如《给春节期间坚守生产岗位的职工及其家属的慰问信》。

开头。说明致信、致电的原因或背景，随之表示诚恳、亲切的问候。如1981年9月10日中共中央、国务院《给陕西灾区人民的慰问电》：“你省继7月中旬汉中地区遭受洪水灾害后，最近20多天，汉中、关中以及陕南的一些地区又连降暴雨，引起山洪暴发、山坡滑塌，江河泛滥成灾……国家和人民财产遭受极大损失。党中央、国务院对此深为关切，特向你们表示亲切慰问。”

主体。要注意因人因事而异，防止模式化。有的重在颂扬先进事迹、先进思想，如上述给职工的慰问信，着重表扬他们放弃春节团聚机会，“为我国一项重点建设工程赶制成套优质设备”而“紧张战斗在生产第一线”的动人事迹；并称赞他们的家属“还把饺子送到车间并帮助工厂做些力所能及的事”。

结尾。写精神上、物质上给予支持的决心和行动，鼓舞受信受电人再接再厉，继续前进。如上述给灾区人民的慰问电结尾说：“党中央、国务院时刻关怀着你们，并决定尽可能从资金、物资上给以支援。”希望你们“继续发扬自力更生、艰苦奋斗、英勇顽强的革命精神，夺取抗灾斗争的更大胜利”。

写好慰问信电固然要依据一定的格式，但更重要的是要了解、熟悉对方的处境与心情，力求把话说到对方的心坎上。

三、怎样处理商业意见书

生意场上、公司与公司之间、公司与顾客之间，常有关于业务合作、产品销售问题的意见书信往来。恰如其分地、艺术地处理好这些意见书信，对于公司的形象和生意会产生正面的影响；处理得不妥善则会带来负面的影响。

商业主管答复赞扬信：

如果有人写信给你或你的公司，称赞你、你的公司、公司的产品或服务，回信必须在收到信两星期内寄出，并且必须由你或公司的高级主管亲笔签名。

答复这类来信通常可用这样的语句：

“我已将你的来信交给李小姐。她读到你对她的称赞之词，十分高兴。”或者“我已通过公司的通信部门上传下达你的来信，公司每一个人都感谢你的称赞。”

作为你个人对此类来信的答复，以下是中肯、礼貌而不失热情的：

“在我那一大堆严肃的商业书信中，偶尔出现像你的来信那样轻松愉快的东西，实在是一桩美事。你的来信大大地鼓励了我。”

（一）对合作伙伴表示不满的信

如果你想表示对伙伴的不满，但又不想破坏你们的合作关系，写信当然比口头表达要方便得多。

写这类信十分考验人，除了措辞构句需要斟酌外，还要有良好的心理素质和思想修养。

当你的不满情绪影响你的思维时，不可立即写信给合作伙伴。

信写好后，不可立即发出。搁置一天后，再从头到尾认真读一遍。这时候，你应该以第三者的心情去读自己写的信，以极其冷静的态度去审查推敲每一个词语和句子，坚决删除情绪化的用语。你应该清楚地知道，你的作品将会呈现在很多人面前，切勿让你的情绪化文字破坏你优雅的形象。

事实上，用冷静的理性的语言文字表达自己对别人的不满，比歇斯底里的情绪发泄更能获得对方的反应，而且往往是良性的反应。

请读下面的样板信：

鲁先生：

贵公司印制的请柬收讫，比预定的时间整整迟了两个星期。

我们让贵公司承接印制公司成立50周年庆祝宴会请柬的业务。我们十分重视这些请柬。关于请柬的规格和样式，我们已向你们提供了大量的资料。我们的公关部经理张先生向我提交了一份备忘录，详细地罗列出这批请柬在印刷、设计和色彩间隔方面的大量错误。这批请柬与我们公司的形象不符，我们实在无法接受。

这一切令我们陷入困境。由于我们不能将这批请柬寄出，又不能等待新请柬印出，我们被迫要采取开支很大但又不可避免的做法了。

我建议我们尽快见面，商讨寻求双方都能够接受并且一定要采取的办法，力求在解决你们的账单和你们给我们带来的高花费的问题上达成协议。我知道，贵公司在这一带已是老牌公司，我们的公司也一样，因此我相信，我们能够公平地解决这个问题。

致礼！

副总经理　周明宽

复写副本送　荣立

（二）答复表示不满的来信

商业主管不但要学会写上乘的意见书，还要学会写上乘的回信。据说，这些上乘之作通常会为公司保住数百万元的利益。

据统计，有些公司一年之内可收到数千封表示不满的意见书，答复如此大量的来信需要靠电脑才应付得来。电脑制造的书信通常是程式化的、千篇一律的，这样的回信让人感觉不好。

现在有些公司设计了灵活多变的电脑回信程序，制造出来的回信个个有别，很有针对性，竟能以假乱真，使收信人认为是专门为他设计的回信。

诚然，电脑设计的回信只适宜应付一般性的意见书。至于那些事关公司重大利益的意见，像上面那封对合作伙伴表示不满的来信，则需要公司的高级主管亲自答复。

答复这类生意合作的纠纷和意见，需要十分细心。既要礼貌客气，又要尊重事实，据理力争，保护自己的利益，因为你所写的，将会为你和合作者的谈判作有利于你的铺垫或不利于你的铺垫。

请读下面的样板复信。

周先生：

您的来信刚刚送到我的手中，我感到应该立即作答。

我同意您说今天收到的请柬迟了两个星期。但是，您在信中并没有提到，您的下属在我们提交了请柬的设计样板 8 天后，才把获准签发的样板交回给我们。您也没有提及，你们的公关部经理张先生，在我们提交了印刷校样10天后才交回。鉴于上述情况，我们实在不应对这些请柬的延误交货负责。

我指派负责监制这批请柬的人已经一一回答了您根据张先生的备忘录提出的指责。我想您将会发现，这些回答一个个都是清晰的。

我有急事需要外出一趟，一个钟头后就要离开这座城市。不过，两天后我就会返回，届时我会在约定的时间到您的办公室去，与您讨论整个事件。

很遗憾你们不能使用我们承印的这批请柬。不过我觉得，公正地研究过事情的前因后果之后，将证明我们不该对您的不满负全部责任。我盼望亲自与您讨论此事。

致礼！

印刷服务公司
副总经理鲁格

办公室礼仪

如果你要快乐一小时，小睡片刻；
如果你要快乐一整天，去钓鱼；
如果你要快乐一个月，去结婚；
如果你要快乐一整年，去继承遗产；
如果你要快乐一生，去热爱你的工作。

不管是初出茅庐的新人或是暂栖一枝的上班族，你都已成为各族群中的一员，而别人将密切地注意你。处理同事们初期对你的好奇心并不难，而你也必须在此时，在工作职位上表现出专业的风范。

一、工作的基本原则

（一）主动打招呼，迅速作应答

当你作为商业公司中的一员开始新的一天的工作，精神饱满地踏入公司大门时，你若面带微笑地主动与同事、上司打招呼，别人也含笑回答，你此时的自信心定会增加好几倍。

进入办公室，首先在别人未看到自己时主动地与同事打招呼，问候一声“您早！”如果遇到自己的晚辈、下属，则不妨与其多寒暄几句，体现自己对他们的关心之意。譬如：“怎么样？精神不错呀！你处理的那份业务进展很顺利吧？预定的事就请多费心了！”

早晨的打招呼是一天工作情绪和干劲的发端。要“先发制人”地给予对方以明朗的招呼，打招呼是你自己赋予自己的一方精神良药，把自己焕发的精神传达、感染于周围的人。如果一大早起来就无精打采，以这副样子回报别人对你的问候，只能引起对方的误解甚至于上司的不满，以为你这一天的工作不会是高效率的了。一日之计在于晨，早上的问候礼节是公司员工上班时的头等礼节，切莫忽视它哟！

打招呼是构成人际关系的重要内容。一双能正视对方的坦诚的眼睛，一副面带微笑的面容，声音明朗地向人打招呼，是一个成功的职员应具备的素质。一个连招呼都不打的人如何能在员工之间建立友好关系，在对外交际上展开业务呢？这是不可能的事情。

作为一名职员，当你工作时，若听到同事呼唤，应该迅速地答应，并迅速地站起来。

日常对别人呼唤的应答，是积累别人对你的好印象的要素之一，所以不得稍有迟缓。但也有不少人正在做事、写字时，听到同事呼唤他而默不作声，要不就是回答：“请等一下，我现在正忙……”像这种人，除非真的有事，否则谁也不愿意招呼他。对这种人的评价自然也不会好到哪里去了。要是换了你，你应该迅速地回答你的同事，并站起来到他的身边询问有什么事。如果你现在忙得确实脱不开身，可以向对方解释一下，求得谅解。这样给同事的印象是你是很乐于助人的人。要多增加一份别人对你的好感，那就迅速地回答对方的呼应，何乐而不为。

（二）关心别人的行动，体谅别人的立场

人际关系从口开始，亲切有礼的打招呼才是开拓人际关系重要的一步。尤其重要的是在办公室中，要时时不忘体谅别人的立场，关心别人的行动。

同处一个办公室的同事，每天都是进进出出地忙里忙外，有些人对同事的外出视若无睹。当然外出的同事是不会有所在意的，可是若大家都这样默不作声，公司的气氛岂不是就太沉闷了吗？虽然只不过是一句关怀的问候，但是这对外出者来说，则是无上温暖的关怀，公司的气氛也变得温暖起来。一句关心的话有使公司同事团结的作用。

当同事外出回来时，也不要忘了打招呼致意，“辛苦了！欢迎回来！”它也会令人感到被关怀的舒畅。送给对方一份友情和鼓励，能为日常的工作增添一份默契。

这里提一下当公司有客人来访时，应重视接待礼节。起码一点是要做到对客人热情、周到的接待，若态度上对待客人就冷冰冰的，对别人不理不睬，不但很失礼，给人坏印象，而且生意再怎么做也难扩大。

公司是一个有组织的工作场所，组织中的个人即使再怎么优秀，也只是公司中的一个成员，如果在公司中，各个成员各行其是，充其量也只是散沙一盘。唯有大家将自己的个性能力综合运用，在有组织的领导之下，人与人之间通力合作，不因对方的贫富贵贱而献媚或轻视对方。公司的事要在许多人分工合作之下，取人之长，补己之短，以培养自我的平衡感。关心同事的行动，能提高全体员工的工作效率，以达到取得辉煌成果的目标。

（三）事先打招呼，事后作交代

公司职员有事要外出，一定要注意与同办公室的同事或别的办公室与你协作搞一份业务的同事讲一声，交代外出地点以及联络的地点。公司的业务大都是要靠集体同心协力地运作，才能获得成功的果实。办公人员如果未打一声招呼就任意地离开公司的情形，不但容易被认为是旷班、不尽职守的行为，而且很容易破坏团体互助合作的进程。因此，即使是要外出洽商业务，也应该向同事打声招呼，告知将要前去的地方或联络电话。另外，就是要在预定的时间内返回公司，如有变动，就要随时与公司联络，告知领导或同事变动的具体情况。

如果遇到处理重要的业务，一时回不来，也要设法打通电话向主管报告一下事情进展的情况，也好让主管了解你所办理的业务的大致情况，以便有所准备，能够接受更上一层领导的查询。

人的交流有时确实是相当的困难。明明这样做就会结果圆满，但偏偏中间某个环节出了问题，有了变化而无果而终。于是要消除这些不良因素的影响，就有赖于自己的临时反应。比如当你在外地要与公司里预先约定的某位同事联络事宜时，电话却无法联络，那就请他的同伴代为传达也是一个好办法。

（四）虚心当学生，发奋图自强

商业活动必须靠团体同心协作，不要因个人的行动而妨碍到团体的协作正常业务。要珍惜和同事之间的关系，有了突发事件你才会得到同事们的帮助。这就要从平时做起。比如说，参加会议时，不要喧宾夺主，只顾发表自己所谓的高论，应该多注意别人的发言，倾听别人的发言并做摘要记录，事后再重新研究考虑。这既是对别人意见的尊重，显示自己的礼貌，又可以从别人的意见中多吸取一些好的经验，为我所用。如果一味地发表自己的看法，给人留下一种夸夸其谈的印象，别人会对你产生一种厌恶的感觉，你讲到一些比较中肯的意见也可能被别人所忽视，别人也不愿吸取你的经验，也不愿对你的讲话提出某些修改的意见。这样你岂不错过了学习、总结工作经验的机会?

会议上自己挨批评时，更是要“拉下面子”，诚心诚意地、专注地接受领导、同事对你的批评。千万不要摆出一幅玩世不恭、淡而化之、无所谓的态度去对待别人的批评。这种态度很容易使你忽视工作中失误的地方，别人中肯的意见听不进去，你将来在工作中不是很容易犯类似的错误吗？而且又将加深你留给同事、领导们的坏印象。

在商业社会中，我们应积极地面对现实，首先就是要积极、主动，多了解事物的本质，对待工作要不厌其烦，坚韧不拔，专心不二。如某大学企业管理系毕业的小张，刚到某商业公司，非常激动，踌躇满志地等待公司安排他一份比较得意的工作，哪知被安排去先捆货打包商品的事，小张不情愿地接受了这份差事，最终熬不过两个月就辞职了。对一个无工作的人来说，别说是让他干捆包发送的工作，就是打扫卫生的工作，都会令他欣喜若狂的。但是小张却没有这份欣喜感，熬不过两个月，无可厚非，人是各有想法的。小张的态度，是他自己的抉择。他觉得自己的知识结构与这份工作是多么的不协调，多让自己“掉价”。可是他忽视了公司对他的培养，公司总不会是单纯地请一个高学历的人来做这么单纯的事吧！公司可能是有意地把他从基层训练起，以作为管理级的得力工作人员。或许是公司要他研究捆包发送业务的合理化而故意这样安排的。所以，作为一名职员应该踏踏实实地从小事做起，从基层锻炼开始。

工作就是工作，好坏的区分那是个人的想法问题。一个对工作具有研究、创造的人，将会化腐朽为神奇，使看似单调无聊的工作趣味横生。有的人对工作感到厌烦，事实上是缺乏对工作的热情，没有研究、创造精神所引起的。

商业的社会是现实的，竞争的，尤其是商业公司更是在竞争激烈的商场中力求发展与壮大。而作为商业公司中的一员，也应该具有现代意识、竞争与进取意识，只有不断进取，向前冲，才能不断走向成功。若沉溺于一时的成功，不思进取，没有敏捷、善变的思维，这种状态在竞争激烈的商业社会中是有害的。有高学历的人更需要虚心，遇有不会的事不应该维持自己的虚荣心而不去积极地请教别人，应该虚心请教。你的高学历是你在过去的学习中获得的，现在从事具体的工作，应完全从头开始，做个虚心的学生。试图以过去来掩饰现在，无疑是不思进取。在具体工作中应多问、多听、多看。在办公室里，不能过于抬高自己的身价，而要努力学习，随时充实自己。这才是正确的工作方法。

（五）服从但不盲从，尊重而不庸俗

这里谈谈下级和上级的关系。下级服从上级，这是一条组织纪律。作为下级，应该遵守这条纪律。坚持贯彻这条准则，是每一个社会组织、社会机构得以存在、发展的必要条件。但下级对上级的服从绝不是盲从。正确的态度是，在一项决策尚未出台以前发表意见，在决策执行过程中及时指出问题，在上级有明显失误时严肃地提出意见、建议，以及在上级没有意识到自己的失误时据理力争，这既是下级的权利，又是下级的义务，是对整体利益以及上级个人负责的态度的表现。作为下级，可能会因敢于直言而遭受不公正的待遇，但是必须坚持真理。

下级对上级关系还要有尊重而不庸俗的态度。一方面，下级对上级要采取尊重爱护的态度，对上级的繁忙要予以体谅；另一方面，又不能对上级阿谀奉承，投其所好，更不能搞请客送礼，打“小报告”等小动作。凡此种种，都是把与上级的关系庸俗化的表现。

下级在上级面前，言谈举止应该庄重文雅，不能过于随便或轻浮。但在上级面前也不能过于拘谨，说话办事缺乏个性，处处谨小慎微。作为下级，要想与上级建立良好的关系，应该依靠自己认真、积极、有创造性的工作，并且不断为实现组织目标作出自己的贡献。

（六）公司即为家，凡事要认真

身为公司的职员就应该有以公司为家的工作态度，有为工作献身的使命感，正视现实环境，凡事都要积极地对待，以公司的工作优先，并激发创造进取的精神。

有的职员利用工作时间想做自己的事，对公司的事漠不关心，做一天和尚撞一天钟，得过且过。这种人特别关心自己的职称评定、房子、工资报酬等问题，经常为此事和领导吵架，搞得双方都很疲倦，见面如同见了仇敌，关系很不融洽。也许这次评上你，下次就轮不到你了。例如，一位职员是位家庭至上的职员，太太也是一位职业女性，他经常利用上班时间给太太打电话，讨论如何为孩子做晚餐的问题，而对工作一点也不放在心上，没有一点儿事业心。因此，他在公司将近20年也没有什么成就。虽然他也没有犯什么大错误，但是这种在夹缝中求生存，没有魄力的作风，终究是成不了大器的。公司是工作的地方，唯有在这个大前提下，才能使一切行为合乎节度。当然，连休息吃饭时间也在忙着公司事，这也是过分了的，既影响了吃饭休息，又会让人误解你的工作效率低。

（七）忍耐再忍耐，怒火自熄灭

工作必须做到忍耐和努力的境界。忍耐和努力是完成工作使命的两大要素，也是创造幸福人生的基本条件。特别是作为公司的公关人员更应该培养自己的自控、应变能力。比如，在谈判桌上，对方提出了出乎意外的苛刻条件时；有顾客前来投诉，态度暴躁，而且实属“吹毛求疵”时；竞争对手不择手段，为了压倒他人，在宣传中竟然有意诋毁本公司时。在这种情况下，作为公司中的一名职员，你能忍住逼近心头的这把利刃吗？

然而，如若不忍，关系立即就会呈现紧张状态。也许，为了这次谈判的进行，为了改善本公司在顾客心目中的形象，为了与兄弟单位建立友谊合作，大家已经花费了很多精力，如今因在某个环节上沉不住气，就前功尽弃，这又是否值得？

作为一名涉交场合的职员如公关人员最苦恼的还在于常被别人当“出气筒”。一位酒店公关经理说，他有时接到的电话简直是一个“炸药包”。

“喂，公关部吗？我请你们报告公安局来调查这里失窃的事！”一个充满爆破力的声音。“您什么东西失窃了？”只能耐心地问明白。

“浴巾！”一条浴巾要生这么大的气？

“您这条浴巾是什么时候丢失的？”

“不是我的浴巾，是您的浴巾！”愈发使人糊涂了，怎么成我的浴巾了？

“一条浴巾还不够？难道我还把你们的床也搬走？”看来，每句话都会造成火上加油的效果。靠通电话无济于事了，只能实地调查了。

后来，才弄明白，原来是服务员打扫卫生时，发现少了一条浴巾，他不假思索就去问客人，语气生硬了一点，客人的自尊心受到了侮辱，立即火冒三丈！“你以为我付了几百元来这里住，为的是来偷你的浴巾？”

不能说他的生气全无理由，服务员的提问确实有欠考虑。然而，引起客人这样大的火，也是他始料不及的，他感到委屈。因此，公关经理不能再指责服务员了，只能让客人的怒火往自己身上发泄。不管怎样，他得沉住气，有礼貌地向客人道歉。为这个服务员作些解释。

这虽然举的是酒店的例子，商业公司面临顾客的投诉并不比这少，而且更多、更复杂，所以应具有自控能力，否则气跑了顾客，只会给公司的生意带来损失。

自控也是一种涵养。给你介绍一些国外谈判专家为悉心研究谈判对手的心理而进行的某些研究，也许会有助于你认识自控是多么必要。

许多商场谈判专家都从实践中认识到，为了准确地把握谈判，单从对方的讲话去揣摩他的心理已经不够用了，还必须借助观察人的姿势、脸部表情、动作等形体语言来测定对方的意向，从而作出足以制胜的决策。

为了对以上的几种无声语言作出分析和归纳，专家们从谈判现场上拍摄了大量录像资料，然后对这些资料加以细致的观察和分析。

比如，他们观察到，在平常状态下，人坐着的时候脚尖是静止、安定而着地的。但一到心情紧张的时刻，脚跟的肌肉便变得僵直，脚尖也自然地抬高了。这就是说，今后只要看一看谈判对方的脚尖是着地还是抬高，就可以判断他的心理是平静还是紧张的了。

再比如，他们又观察到，在正常情况下，吸烟人熄灭烟蒂大都保留一定的长度，甚至连熄烟蒂的方向都很一致，可是，一到非常情况，放下的烟蒂就可能很长。他们由此推论，如果你发现对方手上的烟蒂还很长，却已放下拧熄，你就要有准备，他打算告辞了。

不妨这样设想一下：在你面前的正是这么一些厉害的观察家、心理家，他们正在力图用各种方式来刺激你，然后着力揣摩你的心境，以制定出下一步征服你的策略。那么，你能不能竭尽你的自控能力，不让自己的情绪跃至“面”上或“手”上“脚”上，让人了如指掌呢？

（八）设身处地，冲突可免

有时交涉双方各执一词弄得面红耳赤，看来争端实难解决，但是，如果对方能在某一方面站到对方立场上去思考一下问题，矛盾也就可以缓和了。

有一个顾客在喝酸牛奶时，从吸管里吸出一小块玻璃碎片，于是怒气冲冲地到牛奶公司去投诉。

不用说，他的措辞是激烈的，情绪是愤怒的，一路上，他已打好腹稿，搜罗了许多尖锐的词句。他还感到自己不是为了个人，而是为了千千万万个孩子，为全市人民去责惩这个单位负起社会责任来的。他还想到，如果牛奶公司不服，就要把这件事向报界揭发，或者告到消费委员会去……

一开口，他的言词就十分激烈：“你们难道只顾赚钱，把别人的健康置之不顾？”“你们考虑过这玻璃足以致命没有？”

可是，接待他的人员并没有因为这些刺人的话而恼怒于色，表情十分关切，听完陈述，第一句就问：“那玻璃碎片可伤着您没有？舌头、喉咙有没有事？”当知道顾客幸未受伤害后，他才转忧为喜：“那真是不幸中的万幸，要是老人，特别是小孩子喝到这瓶酸奶，那后果真是不堪设想啊！太对不起您啦！”这一句设身处地为顾客说的话，一下子把气氛缓和了。顾客的怒气消了一半。接下去，他继续给牛奶公司提建议，该如何采取措施保证不出这类事故等，愈谈愈融洽，彼此发现原来大家想的都很一致，竟是站在一个立场上！

平时，在洽谈商业业务时，双方都毫无疑义要朝着自己的目标去奋斗，也都想到获得利益占据优势，要哪一方轻易妥协或让步都是不可能的。但是，在考虑各种方案时如能设身处地为对方想一想，也同样会有助于双方目标的实现。

（九）错误虽难免，责任不可推

在工作中，谁都会有错失的时候，问题是在出现错失的时候要坦诚地担当起责任，绝不能试图掩藏私了，并且要对错失的处理状况详细地作报告。

生意场上变化多端，难免顾此失彼，以至影响了公司的利益。对个人来说，一个无法完成交代任务的人，将永远不被重用。诚然，对工作很难期望事事都能如期完成，但是一个有责任感的职员应随时注意自己的工作进展情况与预定计划是否相符，并在确定工作无法如期完成之前，应尽早向领导报告。一来领导可根据你的工作实际情况作临时调整，二来也不至于因事出突然而出现措手不及的窘境。

商业活动必须靠团体的齐心协力，才能顺利地开展。因此，团体中的个人一旦有了过失，就会造成牵一发而动全身的影响，公司内部起了一系列连锁反应。若你不及时地向领导公诸出来，而是自己偷偷地设法解决，只能是欲盖弥彰。自己不靠领导妥善安排而私了，非但可能解决不了过失，反而可能对公司造成更大影响，自己也会受到领导的批评。

例如，把商品的买主弄错了。甲客户接到了不是自己订购的东西，乙客户那里却是终日苦等着来货，当然甲乙双方都会向出货的公司查询。这时候负责出货的人如果能坦诚地站出来，大家便能迅速地作出适当的处理。相反地，若负责出货的职员推诿责任或刻意地掩饰过失，不但容易造成业务的混乱而且让客户因换货的延误而对该公司产生不好的印象。

（十）遇事分缓急，报告要明晰

公司职员不但要积极参加会议，详细记录领导的命令和指示，而且在处理工作时要有缓急之分，工作完成后一定要向领导报告。如果公司要求我们在中午以前把合同书写好，千万别大意认为时间充裕得很，就把合同书的草案搁在一旁，先做其他事。否则，万一客户在 12 点来，那该怎么办呢？

如果等时间迫近才赶工，这是很不明智的。因赶时间而匆匆做的工作，效果肯定不好，何不及早从容地处理一些业务。就算因为自己的事而分身时，也要报告，取得领导的同意与体谅。

职员向领导报告，报告的主题要明确，领导可能询问的问题事先就讲明。最好先从结果谈起。例如某业务员一看到领导走进办公室，便急忙地迎上身去，汇报问题："科长，有关这次包装盒设计的问题……"

又如某主任碰到一名业务员，这位业务员询问他负责销售的旧商品碰到的问题，而主任满脑子尽是想看新产品的问题。现在这位业务员一听主任开口闭口都是新产品的事，一时之间，自己也支吾起来。"呀，其实是……"到底说什么呢？现在大家都忙得很，可没有时间磨蹭呀！

当要找人商量或想做报告，一开始就要明确地说出主题，听者才能忖度事情的确切性，而明白地表达意思，而且向领导说明，要简明扼要，切勿拖泥带水，使领导听得厌烦。

（十一）公司事务忙，要做多面手

现在商业社会不断发展，公司中的公文、文件、情报、报告、计划书、书信……均显得特别重要，公司里的职员更应该具备此方面的技能。

例如你为公司业务去外地考察或办理业务，回来后就得写份报告书。

写报告书时，最好在报告书中的最前面写上结论，这样使领导阅览报告书能够一目了然，效果更好。

随着近年来业务范围的扩大，信息需求量的增多，即使是小小的一家10人公司，少说也会积存上千份的文件。文件要归类分档，以便查阅。不管这种工作做得如何精细，如果文件本身写得条理不清，阅读起来还是令人烦躁的。因此，文件的制作，应首先以精简明了为原则。最好的方法是在文件或报告书的一开头，就把所要述说的事件、目的写出，让阅读的人能在最短的时间内了解文件的要旨，然后叙述事件的内容和经过。

内容这部分，通常都是比较琐杂冗长的。为了使阅读者看得清楚明了，最好的方法就是采取系列要点的方式来论述。不管写报告书或一般文件，只要按照"主旨、要点、说明"的公文格式来书写，就能使文件达到精简明了的要求。

对职员书写公文的另一个要求，就是书写格式要规范，字体要端正清晰。你的领导总是喜欢看精简明了，字体端正、优美的公文，从你的公文中，他能够了解你工作勤劳肯干、善于钻研的一面。你若呈交领导一份字体潦草的公文，领导看时不免要皱皱眉了，即使你的公文很精彩，但由于字体太糟，也失去它应有的光彩了。所以，若想给领导留个好印象，就要把公文写得端正、清晰。

公司文件的重要性表现在：它不但是企业成功的关键，还是互相传递商业信息的工具。所以，公司文件作为你公司的代表，其文字千万不能草率，书写不能龙飞凤舞，力求文字正确、工整，才会给人好感。

作为公司一员，要随时处在工作高亢的情境里，并愿意担负新的任务，做得比别人所期望的更多。不要以达成别人交付的责任而志得意满，面对额外的工作也不可以“这不是我的工作”为借口来推托搪塞，应该尽量去做，不断扩展工作领域，进而增加个人存在的价值。自愿参与公司的新计划而不退缩。那些永远等着别人告诉他下一步该做什么的人，他们的价值将永远不会增加。

（十二）温柔而机敏，处事尤谨慎

在公司里，女职员是公司的门面和颜面，所以在工作时应当自觉、温柔而机敏。她不但会帮助公司带来好的影响，也可以给公司带来损失。下面有两个例子，就反映出两种不同的效果：

一位中年男子边看着家电器具橱窗，边走近电器公司的服务台，向坐在那里的服务小姐客气地询问：“请问，摆在那儿的×型烤箱，在烤鱼时，是否会烤煳呢?”不巧，坐在那儿的两位小姐正在热烈地谈论时装的事，对中年男子爱答不理地撇了一个冰冷的眼光，“你等一下，我们正在谈要事儿呢!”说完，两人又投入到她们的时装世界中去了。中年男士“嗯?”了一声，便不满地走了。很明显地，这家公司将注定少了一位客人了。

公司的女职员是否有礼貌，往往直接影响到公司的声誉。有一次办公室电话响了：“喂！喂！徐科长，你们公司的商品……我是三大组的小陈呀?”不巧徐科长刚好不在，于是由女职员叶小姐代接电话。“是小陈吗?徐科长现在刚好到外面办事，等科长回来，我再请他回电话给您好吗?”听到叶小姐亲切温柔的声音，小陈也镇静了许多“啊！是叶小姐吧！不好意思又要麻烦你了，请多包涵。”温柔亲切这就是叶小姐的魅力，所以有很多客户都因为欣赏她而肯主动到公司谈生意。这不但为公司带来了生意，也扩大了公司的声誉。

下面有一个例子，虽然是小事，但是恰恰给公司的声誉造成不良的影响：

有一天公司女职员小林要去复印室复印文件，碰到了另两名职员小王、小高。“嗨！小王、小高，要去复印吗?唉！我也是呀！每天都做好几次，真是烦透了。”三个女职员就这样边埋怨边说，一下子，话题就转到化妆品的事上去了。“××美容实习班，最近引进了一套新颖的美容化妆法，效果确实不错，很值得一学。”“小林，难怪你最近变得这么漂亮，前天在电梯口看到你的时候，差点就认不出你了……”

本来只是去复印文件，结果三人却挤在一起聊上化妆的事，而且还聊个没完。这种情形落在外人的眼里，很容易使人觉得这是一个没有效率的公司。

不管是复印文件或做其他事，一接到命令就要迅速地做好。迅速、扎实的工作态度，是一个女职员明朗、优美的表现。特别是办公室里大家围成一堆聊天，既妨碍观瞻又妨碍工作效率，是办公人员最忌讳的事。

（十三）团结又友爱，合作加竞争

公司职员要团结友爱。建立和发展良好的同事关系，最根本的是，必须对同事关系的性质有一个正确的认识。同事关系既有互助合作的一面，又有互相竞争的一面。

（1）敢于“冒尖”。俗话说：人往高处走，水往低处流。上进之心人皆有之。时代要求我们在处理同事关系的观念上，要抛去那些不合时代潮流的成分，敢于“冒尖”，通过不断提高自己的才干，多为集体、社会作贡献，来赢得同事的尊敬和喜爱。

（2）正确对待他人的成绩。同事之间各有所长，其他同事必然会在某些方面超过自己。我们应该欢迎同事超过自己，勇于承认差距，虚心学习别人的长处，并以此为动力，激励自己赶上并超过他们。害怕别人超过自己，害怕同事之间的积极竞争，既不利于个人进步，又不利于企业发展。

（3）加强交流。信息交流是时代的特点，同事之间应当经常进行信息交流，就工作问题交换意见，开展批评与自我批评，互相帮助、互相促进。还应当有感情交流，诸如逢年过节互相拜访，一道参加单位里的文娱活动等等，都是增进友谊、增进团结较为有效的方式。

（4）要妥善处理矛盾。同事相处，难免会因种种原因而产生这样或那样的矛盾。当矛盾出现时，每个人都应当冷静分析，然后根据矛盾性质的不同而采用不同的解决办法，我们要发扬严于律己、宽以待人的美德。

（5）互相帮助、满腔热情地从各方面帮助同事，是良好的同事关系的重要内容。在工作上，当看到同事忙不过来时，应当尽自己所能为其做些辅助性工作；当看到同事的工作难以获得进展时，应当主动地为其出主意、想办法；当看到同事正在或将要犯过错时，应当及时地指出；当看到同事因受挫折而产生思想波动时，应当真诚地帮助其解除思想负担，振奋精神。在生活上，当同事患病或发生家庭困难时，应该热情地表示关心，从精神上和物质上给予力所能及的帮助，为其分忧解难。

（6）谦虚也是很重要的。换句话说，就是必须使自己变成大家都欣赏的人。在公司中，每个职员都应有一种协助公司达成交易的意念，这就更需要大家共同努力。对任何身份的客人都应热情地打招呼，千万不可疏忽。在商场上，对客户的亲切是再怎么也不嫌多的。发自内心的笑容，心存感谢的礼仪态度才能制造明朗而富有人情味的生意气氛，这一点，办公室的每一位职员都必须做到。

（7）保留个人隐私。撇开朋友情分不谈，千万不要让你的私生活演变成办公室的肥皂剧。当有人向你问候“近来好吗?”，可别像倒垃圾般把日常生活琐事倾囊而出，否则搞不好会有人拿这些事来攻击你。如果无法控制自己的心情及嘴巴，就保持沉默吧！少管别人闲事，也不要在办公室里和同事讨论薪水或个人隐私。

（8）乐于助人。如果事与愿违，不要沮丧，换个角度用正面的态度重新看事情及周围的人，你将惊讶地发现一切事情都会改观，一切噩运都远离了。信任你的同事并应在公开场合支持他们。当你的经理有所决定时，全心全意支持他，至少在大家面前必须这样做。尤其当经理需要你去和他协商、向他请教时，你要表现得既积极又全力以赴。

（十四）团队精神意义大，公关人员勤努力

商业公司的职员在社交场合中，有时不知不觉地在为企业做公关宣传。尽管他不是公关人员，而只是一名普通员工。但唯有如此，其影响才比广告、海报及新闻报道等来得更为直接、更令人信服。

一个企业公关工作开展得怎么样，主要看其每个员工是不是都能在亲朋好友面前通过自己的言行来为企业树立良好的形象。但这里有个前提，即必须使员工有归属感或团队精神。当然，这种精神不会无缘无故地产生，而要靠企业公关人员的长期培养。

深圳有家商场，为在激烈的商业竞争中取得有利地位，不久前作出了“售出服装如不合意可酌情予以退换”的内部规定，以供营业员自己掌握。谁知一个新招进来的女营业员竟把此规定透露给她的亲朋好友，于是，这些人纷纷前去该店购买平时买不起或根本不打算买的各种豪华时髦的衣裙，并穿着在各类约会、宴会、舞会上炫耀，等出足了风头后再去退换。

很显然，就这个营业员来说，她缺乏起码的职业道德，但从这个事例中还可以看出，该商场的公关人员没有尽到职责，忽略了对员工进行归属感的培养。只要那位营业员对商场还有一点忠诚与合作，把商场看成是自己的家，把商品看成是自己的财产，那就不会出现这种损公利己的事了。

员工的归属感并不是很容易就能培养起来的，它要靠企业公关人员的不懈努力，并处处从小处做起。除了制定尽可能完善合理的人事制度和奖惩制度，让员工觉得升迁有望，奖惩得法外，还得注意以下几点：

（1）企业应通过广告、捐赠等形式，多参加一些社会活动，如国际国内的重大体育比赛、慈善福利与救灾活动等，以提高企业在社会上的知名度和良好声誉，激发员工的自豪感。

（2）经常召开员工会议，简要介绍企业的近况，并听取员工的建议，让普通员工也参与企业的重大决策，从而使他们对企业产生一种主人翁态度。

（3）设立员工沟通信箱，让员工畅其“怨”言！对这些怨言必须予以解释，至少要做到有“问”必答，并保证把员工的抱怨（譬如对上级的看法或不满）作为公司的最高机密予以保密，以避免泄露出去后员工容易受到打击报复。

（4）逢年过节，尤其是遇到企业的周年庆典，应该举办全体员工聚会、展览会、成果报告会等，以报告公司近年来的发展成就，同时感谢员工的支持和合作，以鼓舞士气。

（5）经常举办舞会、郊游、体育比赛等各种文娱活动，以联络和协调员工之间的感情与关系。

（6）定期邀请员工家属来企业参观访问，向他们介绍企业的历史和成就及他们家属在企业中的地位和所起的重要作用，感谢他们以往的支持，以取得今后更大的支持。

（7）在员工的工作环境、健康保健及食堂伙食等方面，要经常予以必要的重视和关心。

（8）企业应该有自己的口号、歌曲、徽章及制服等。这种形式上的统一，可以增强员工心理上、精神上的归属感。

（十五）言而有信，知人善用

公司领导要通过自己的行动对下级产生较大的影响，同下级保持密切关系。

一要甘做公仆。上级要树立“领导就是服务”的思想，主动关心下级的疾苦，经常倾听下级的心声，积极帮助下级解决各方面的困难，热心地为他们的工作、生活创造有利条件。

二要实事求是。作为公司的上级要敢于公开承认自己的短处，假若工作没搞好，责任在自己就应当承担，有错误就应该检讨并努力改正，遇到自己所不知或不能做的事情，要敢于真心地说“我不懂”或“我不行”。上级这样做，能够使员工感到自己的上级是一个实实在在的人，乐于同上级接近、交往，上下级关系自然会随之融洽。

三要言而有信。上级领导对员工许下的诺言或答应解决的问题，只要是正确并且条件允许的，就必须兑现。假若一时无法办到，则应当诚恳地说明原因，不要不了了之或干脆丢到脑后。为了做到言而有信，许诺要符合实际，要经常看兑现以后的情况，要积极为实现诺言而作出具体努力。

四要知人善任。上级知人善任，对下级员工进行合理分工，可以使下级心情舒畅，充分发挥积极性和创造性。

五要一视同仁。上级不能对下级员工抱有成见，也不能凭自己的感情而对下级员工有亲有疏。对于那些犯过错误，当面顶撞过自己或反对过自己又反对错了的下级员工，上级决不能嫌弃或记恨他们。对于每一个下级员工，无论其是否经常主动与自己接近，都应当一样对待。如果只愿意接近那些总是说自己好话，为自己办事，依顺自己的人，那将助长阿谀奉承的不正之风，并容易被少数人利用，导致与更多的下级员工关系恶化。归根到底，上级要搞好与下级的关系，必须依靠正确的指导思想，采取合理的方式，从多方面去努力。

二、服装举止礼仪

在工作场所，除了必须尊重办公室的规定、办公室的伦理外，在服装举止方面，还必须注意哪些礼节？是不是穿制服？做一个职业人（男性或女性）到底该穿什么样的服饰，仪容如何修饰等都是我们需要探讨的问题。

（一）服饰应和实际生活配合

符合便利、舒适及经济实用的价值，尤其应注意年龄、身份（职位）的不同而有所选择。

（二）式样、质料及颜色的选择

服装的效果可使上司及同事判断你的工作能力，或让客户对你产生好感，使生意做成功。因此，上班族对服饰的式样、质料及颜色均需有所选择。注意设计，考虑性别、工作单位（场所），是否耐洗、质地会不会太差，颜色适不适合你的个性及肤色等等，都应该考虑在内。鲜艳的颜色常代表活泼、生气、热情，深色则代表高贵、稳健。

（三）“以最少的服装来发挥最大的效果”

职业妇女常有“穿什么衣服好呢？”的烦恼。在有限的薪水范围内买所需的衣服，必须知道如果配合本身的体型、场合，搭配得宜，充分表现“穿衣的艺术”，那么你一定可以穿出品味，穿出个性来。有人建议：“端庄美丽的职业妇女，基本的服装是西装式上衣再配上合适的裙子、衬衫、简单饰品。”

（四）服饰检查要点

（1）随时保持个人服装、仪容整洁。

（2）帽子：清洁、戴正。

（3）头发：不宜过长，并应梳洗整洁，发型宜配合脸型，上班族以容易梳理为原则。

（4）脸：男士胡须要刮干净、鼻毛常修剪。

（5）领子：应保持干净。

（6）领带：花纹和颜色宜调配，避免过于鲜艳，并应保持干净平整。

（7）纽扣：注意是否扣好。掉了就应马上缝好，尤其是女性。

（8）拉链：注意是否拉好。坏了就立即换掉。

（9）袖口：和领子同等重要，应保持干净，并检查是否磨破。

（10）手（指）：指甲要剪短，并应常保干净。办公室女职员视需要可选用淡色指甲油。（某些公司规定：不可留长指甲及擦指甲油。）

（11）鞋、袜：应时常保持干净，皮鞋应擦亮。

（12）手提箱（袋、包）：形状、花色宜适合。亮丽手提包上班不宜使用。

（13）西服：应笔挺，口袋忌放太多物品，西装裤尤应烫直。

（14）仪容装扮：可选用适合皮肤的保养霜或古龙水。女性需化淡妆，除手表、戒指外，不必佩戴贵重饰物，以确保安全。装扮以高雅、大方为宜。

（五）举止礼仪

机关员工在规定工作时间内，应遵守“有所为”和“有所不为”的义务。一般均以法令规章明定之，以便遵循。

有所为的义务，主要有下列四项：

（1）执行职务。应忠心努力，力求切实，并遵守誓言，除法令规定或经上司许可外，不得擅自委由他人代理。

（2）服从命令。上司的命令（在其职权内）有服从的义务。如有意见，应随时向上司陈述理由。但如上司不接受，仍有服从的义务。

（3）保守机密。公务或商务主管事项，或虽不属主管事项，但因参与或获悉的机密应保守（公务员不但在职期间应严守机密，离职后亦同）。

（4）保持清誉：诚实清廉、谨慎勤勉，并重视协调和互助合作以保持清誉。

有所不为的义务，主要有以下五种：

（1）不因循苟且：不畏难规避、推诿或无故稽延。

（2）不图谋利益：不假借权力以图利本身或他人。

（3）不接受招待馈赠：尤其是公务人员，不得利用视察之机会接受招待或馈赠。对有隶属关系者无论涉及服务与否，均不得赠送财物，对所经办事项，不得收受任何馈赠。

（4）不滥用公款公物：非因规定，不得动用公款，或公物。对职务所保管的文书财物，应尽责保管好。

（5）不徇私不滥发言论：未经上司允许，不得以私人或代表机关名义，任意发表有关职务的谈话。

员工应按规定上下班，如穿制服员工上下班时，在指定地点换穿制服。

员工除在指定地点外，一律严禁吸烟。

在上班时间内，不得吃零食、看书报杂志、睡觉或聊天。

应随时保持办公场所的整洁。

对于顾客、同事应注意礼貌及亲切的态度。

服务顾客应保持适当距离，不宜过分亲昵或近距离攀谈。

办公室内不得穿着拖鞋或奇装异服，亦不宜浓妆艳抹，或有勾肩搭背、拥抱之动作。

三、求职和离职的礼仪

（一）求职的一般礼仪

（1）求职乃推销自己，必须妥为准备介绍自己的资料。其中不能缺少的为履历表，列有姓名、年龄、籍贯、学历、通讯处、曾任职务等，应工整地填写，并贴上相片。

其次为自传，一般必须包括身世、出生地点、家庭状况、求学经历、工作经历、兴趣、专长、宗教、信仰、将来之抱负等。公务机关必须填写公务人员履历表，而外国机关则常要求外文撰写的自传。由于履历表和自传将作为评估你的基本资料，因此务必让人觉得你进取乐观并有抱负，文笔流畅，内容生动，常可让人有好感，对求职的成功，大有帮助。

（2）面试前，对自己所应征的工作应先进行了解。不要面谈时，一无所知，或难以对答。

（3）赴约面试对自己的仪容必须注意，包括：

男士以着西装打领带，至少着衬衫打领带为宜，女士以穿裙子、高跟鞋为宜；服装不可太华丽，以整齐大方为主。头发必须梳洗干净，发型以自然大方为宜。

女士不可刻意化妆，淡妆为佳，首饰不要戴太多。

指甲必须修剪。

洁身以赴，不要存有体臭。

(4) 由于面试关系着录用与否，因此出发前不能大意，宜提早出发，最好提早10分钟到达；抵达后勿忘整衣，注意鞋子是否干净。

(5) 出发前必须检查应携带的证件，是否有遗漏。

(6) 等候面试时，应冷静镇定，不必与人寒暄聊天，宜思索自己应对方法。

(7) 面试时，应注意下列原则：

态度要从容大方，不要过分谦卑；

对任何问题，必须诚实回答；

不必隐瞒自己的身世，须知英雄不论出身低；

注意聆听面谈者提出的问题，抓住重点回答；

谈话不要太快，音调也不要太高或太低，不可借机大谈自己的抱负，坦诚交谈，从容应对，较易留下诚实稳重的感觉；

提醒自己，坐姿要端正，讲话时不要比划，眼睛必须注视对方。

(8) 面谈完被暗示可离开时，勿忘起身，放好坐椅，以立正姿势，鞠躬并说声“多谢您给我面试的机会”。如面试者伸手，有意握手道别，应伸手相握，并勿忘说“谢谢”。

(9) 离开时，必须从容，开门、关门宜轻，对招呼你的秘书小姐应表示谢意。

(二) 离职时应注意的礼仪

(1) 离职不论是被解雇，或自行离职，必须留意公司所规定预告的时间，不得我行我素，从事抗争。

(2) 离职时，必须向人事单位办理离职手续。

(3) 如担任相当职务者，应就职务范围内经管的财务、财产、物品、印信、卷宗、书籍等，列具清单，以供移交。

(4) 办理移交时，必须在人事或业务单位监交人监视下，逐项当面清点，签名为凭，勿忘索取副本一份留存备查。

(5) 如所从事的业务单据并无所谓移交，亦应在人事或业务单位监视下移交，如制服、识别证、钥匙等，应上交。

(6) 如自动离职，可请公司核发服务证明及离职证明。如与雇主关系良好，而离职原因具善意者，亦可洽请雇主酌发介绍函，以任新职时所需。

(7) 凡事有始有终，即令离职，亦应有礼貌，同事间的送别意思表示如便餐或宴会，公司的意思表示如主管的约见送别，均应善解人意，加以接受，事后勿忘答谢。

（8）离职时，切勿携走公物或公司机密，清清白白地来，也要清清白白地去。

外交礼仪须知

外交礼仪是指在对外交往活动中向外宾表示尊重、友好的各种惯用交际形式及各种礼节、仪式和习惯的规范。在改革开放的时代，掌握好外交工作的原则、礼宾工作的基本要求，明确和熟悉外交礼仪中的迎送、会见与会谈、宴请、馈赠、参观游览、文艺晚会与涉外舞会及日常涉外交际礼仪等环节和方面的常规做法与具体工作，都将对我国开展对外交往、发展相互关系、增进友谊产生积极作用与深远影响。

一、外事工作的礼仪与原则

（一）外事工作的礼仪及其特点

外事工作主要是根据本国的对外方针政策，组织安排对外交往的有关活动。所谓外事工作礼仪，就是指在对外交往中所涉及的礼仪活动、各种礼节、仪式的规范化做法。在我国改革开放政策实施以来，来华进行经贸洽谈、文化交流、观光游览的外宾及各地华侨、港澳台同胞不断增多，外事礼仪也就日显重要。一方面，涉外人员必须掌握外事礼仪常识，遵守涉外工作准则和外事纪律，对外宾既要彬彬有礼，又要维护国家尊严。另一方面，要把握外事礼仪的特点。外事礼仪具有较高的政治性，礼宾工作要为我国的对外政策和国家利益服务；外事礼仪具有固定性与变通性，国际交往中的许多礼宾活动都有固定的仪式、礼节和国际惯例，同时各国又都有各自的风俗习惯、礼仪礼节，如遇到特殊情况，可作相应的变通和灵活的处理。

（二）外事工作的基本原则

1．国家之间一律平等的原则

外事工作是我国对外政策的具体推行与实践体现，我国的外交政策强调国家不分大小、强弱、穷富等，相互之间一律是平等的交往关系。因而，任何单位、任何部门、任何个人在外事交往活动中必须贯彻平等原则，要热情友好，落落大方，彼此尊重，不卑不亢，坚决反对大国主义。

2．尊重国格、尊重人格的原则

在涉外交往中既要维护本国的利益、尊严，又要尊重他国的利益和尊严，国家不分贫富、大小，人不分种族、信仰，不分民族、宗教、风俗习惯，一律平等，以礼相待。不能厚此薄彼，不能做任何有损国体、有辱国格的事。另外，在与外宾交往中，既要坦诚、谦恭、热情、周到，又不能低声下气、卑躬屈膝、失去自我，要自尊自爱。

3. 遵守外事纪律的原则

在外事接待工作中要坚持维护国家主权和民族尊严，自觉遵守外事纪律，不得失密泄密；不利用工作之便营私牟利、索要礼品；不背着组织与外国机构及个人私自交往；不私自主张或答应外国客人提出的不合理要求；参加外事活动，要严格按照规章规则办事。

4. 注重礼仪与礼节要求的原则

我国对外政策也要求与之相适应的交际礼仪，做到礼仪周到而不烦琐，热情接待而不铺张，活动内容丰富而不累赘。接待外宾的人员应仪容整洁，仪表大方，表情亲切、自然，熟悉各国各民族的风俗习惯，陪同外宾时，要注意自己的身份和所站的位置，言行举止要符合礼仪要求，坐立姿势应端庄，对外宾的穿着不品头论足，以使来宾真有“宾至如归”之感。

（三）外事礼仪的总体要求

1. 友好相处，互惠互利

对外交往要以宽阔的胸怀和精神相处，双方在互利互惠的原则下进行相互合作与交流，即使由于条件所限而难以达成互利协议，也不应采取欺诈、强制等手段来谋取自身的利益。

2. 遵守时间，不得失约

这是国际交往中非常重要的礼节。参加各种外事活动，都要按时抵达。过早抵达，会使主人因准备未毕而难堪；过迟到达，会使主人与客人空等过久而失礼。如确因故迟到，应诚恳向主人和客人致歉并说明原因。万一因故不能应邀赴约，要礼貌地告知主人，并表示歉意。

3. 尊重老人与妇女

尊重老人与妇女既是我国的传统美德，也是涉外交往中的必备品质。在上下楼梯，进出电梯、车辆时，都应礼让老人与妇女，让其先行，必要时给予适当帮助；对同行的老人、妇女，男子应帮助他们拿较重物品；进出大门，要主动帮助他们开门、关门；进出房屋时也可帮助他们穿、脱大衣外套；同桌用餐时，男子也应主动帮助他们入座、离席。

4. 尊重各国的风俗习惯

不同的国家、民族，由于不同的历史、文化、宗教等因素，各有其特殊的风俗习惯和礼节，在外事交往中均应予以重视。如第一次到一个国家或初次参加活动，应多了解、多留意、多观察，不懂或不会做的事可仿效别人。

5. 注意个人卫生与举止言谈

国际交往中要注意个人卫生，衣着要整齐美观，衣领袖口要干净，皮鞋要上油擦亮，穿西装要打好领带，穿中山装要扣好领扣、领钩，梳理好头发，刮净胡子，修剪好指甲。

举止要落落大方，端庄稳重，表现自然，和蔼可亲，站有站相，坐有坐相。另外，参加活动前不能吃葱、蒜等带有刺激味的食物，注意吸烟的场所及烟量。

言谈的态度要诚恳、自然、大方，语气要亲切，表达要得体，谈话内容要事先有所准备，应开门见山地说明来意后就进入正题，要留给别人说话的机会，言谈中手势不要过大，讲求倾听的艺术，不要询问女士的年龄、婚否、工资收入等私人生活方面的问题，不要随意谈论当事国的内政、外交、宗教等问题。

二、礼宾次序及要求

（一）礼宾次序的内涵及排列依据

所谓礼宾次序，是指国际交往中对出席活动的国家、团体、人士的位次按某些规则和惯例进行排列的先后次序。它体现东道主（东道国）对宾客所给予的礼遇。礼宾次序在国际性集会上还体现各国的平等地位。

礼宾次序的排列主要依据如下：

（1）按宾客的身份与职务高低来排列。社交、国际交往活动中，礼宾次序主要按宾客的身份与职务的高低来依次排列。

（2）按姓氏顺序排列。多边活动中，礼宾次序可按宾客的姓氏顺序来排列。

（3）按字母顺序排列。有的多边活动对来宾的礼宾次序的排列，可以按参加国的国名字母（一般以英文字母为准）为排列顺序。

（4）按通知代表团组成的日期先后排列。按通知代表团组成的日期先后排列礼宾次序，也是常用的礼宾次序排列方法之一。

第一，东道国对同等身份的外国代表团，按派遣国通知东道国该国代表团组成的日期排列。

第二，按派遣国决定应邀派遣代表团参加该活动的答复时间先后排列。

第三，按各国代表团抵达活动地点的时间先后排列。

当然，采用何种排列方法，东道国在致各国的邀请信中均应加以注明。

礼宾次序的排列往往不能用一种方法，可几种方法交叉，考虑包括国家之间的关系、活动性质与内容、对活动所作的贡献及参加活动者的资历、威望等因素。

（二）礼宾次序的排列要求

1. 社交场合的一般要求

在一般社交场合，约定俗成的做法是：凡涉及位次顺序时，国际上都讲究右贵左贱，即一般以右为大、为长、为尊，以左为小、为次、为偏。行走时，应请外宾走在内侧即右侧，而我方人士则走在外侧即左侧；进餐时，主人应请客人坐在自己的右边。

2. 不同场合的特殊要求

同行时，两人同行，以前者、右者为尊；三人行，并行以中者为尊，前后行，以前者为尊。

进门、上车时，应让尊者先行。尊者先上车，最后下车；卑者最后登车，最先下车。上车时，低位者应让尊者由右边上车，然后从车后绕到左边上车。坐轿车时，以后排中间为高位，右边次之，左边又次之，前排最小。

迎宾引路时，迎宾，主人走在前；送客，主人走在后。

上楼时，尊者、妇女在前；下楼时位低者在前，尊者、妇女在后。

在室内，以朝南或对门的座位为尊位。

重大宴会上的礼宾次序，按礼宾次序规则，主要体现在桌次、席位的安排上。国际上的一般习惯，桌次高低以离主桌位置远近而定，主宾或主宾夫人坐在主人右侧。我国习惯按客人职务、社会地位来排次序；外国习惯男女搭配安排，以女主人为准，主宾在女主人右上方，主宾夫人在男主人右上方。如果是两桌以上的宴会，其他各桌第一主人的位置可以跟主桌主人的位置同向，亦可面对主桌的位置为主位。

（三）影响礼宾次序排列的其他因素

政治因素。在多边活动中，礼宾次序的排列需要尽可能考虑客人之间的政治关系。若双方政见分歧大，两国关系紧张，就要尽量避免安排在一起。

身份、语言、专业的因素。席位安排主要依据礼宾次序来排，在排席位前，要将已经确定可以出席的主、宾双方名单分别按礼宾次序开列出来，并综合考虑语言习惯、专业对口等因素，以便于来宾在宴席上交谈与沟通。

（四）礼宾次序排列中其他应注意的问题

在实际操作时，礼宾次序是一个政策性较强、较敏感的问题，若礼宾次序不符合国际惯例或安排不当，就会引起不必要的误解，甚至损害到两国之间的关系。

席位安排的忌讳。安排宴会的席位时，有些国家忌讳以背向人，特别是安排长桌席位时，主宾席背向群众的一边和正面第一排桌背后主宾的座位，均不宜安排坐人。许多国家，陪同、译员一般不上席，为便于交谈，译员坐在主人和主宾的背后。

外事、礼宾部门的指导。为了做到礼宾次序排列的准确无误，重大的、涉外的礼宾次序一定要在外事、礼宾部门的指导下，慎重细致地加以安排。

选择礼宾次序的最佳方案。礼宾次序的安排应慎之又慎，我们在安排时应尽量避免因礼宾次序安排不周而产生矛盾，这就要求多拟出几种方案，从中选择最佳或最满意的方案。

努力做好善后工作。由于安排、考虑不周或其他原因而引起礼宾次序上的风波，组织单位、部门和主管人员对这种已出现的波折要努力做好善后工作，主人应作解释，尽量缓解“一人向隅，举桌不欢”的气氛，并使这种情形的影响减少到最小范围和最低程度。

总之，在外事交往工作中，外事接待人员和其他有关成员必须了解礼仪、礼宾方面的基本知识与社交规范、礼节及仪式，遵循外事工作基本原则，掌握和学会礼宾次序的基本要求，才能更好地为对外交往作出努力与贡献。

三、外事迎送礼仪

迎宾和送客是外事接待工作的两个重要环节，在整个涉外活动中，占有极其重要的位置。一个精心安排的欢迎仪式，能使来宾一踏上被访国就留下良好的第一印象；一个周到圆满的欢送仪式，会给来宾留下美好而难忘的回忆。因此，热情迎送，善始善终，使来宾高兴而来，满意而归，就显得尤为重要。在国际交往中，对外国来访的客人，常常有视其身份、访问性质和目的以及两国之间的关系等因素，安排相应的迎送活动。

（一）迎送的安排

正式迎送来访者之前，首先要有一个对迎送活动的周密安排。一般说来，迎送活动分两种档次：

（1）隆重迎送。这主要适用于各国对外国国家元首、政府首脑的正式访问，往往都举行隆重的迎送仪式。对军方领导人的访问，也举行一定的欢迎仪式。

（2）一般迎送。这适用于一般人员的访问，对一般代表团和人员的访问，一般不举行迎送仪式。

当然，对应邀前来的访问者，不管是官方人士、专业代表团，抑或是民间团体、知名人士，在他们抵达和离开时，均应安排相应身份的人员前往迎送。对长期在本国工作的外国人士、外交使节或专家，当他们到任或离任时，各国有关方面亦应安排相应人员迎送。

（二）确定迎送规格

对来宾的迎送规格，各国的做法不完全一样。通常，确定迎送规格，主要是依据来访者的身份、访问性质和目的，适当考虑两国关系，同时要注意国际惯例。

确定迎送规格，主要是确定哪一级人员出面迎送，是接待来宾的一个礼遇规格，应根据主管部门接待要求来办。主要迎送人通常都要同来宾的身份相当，以便综合平衡；但由于各种原因不可能完全对等时，可灵活变通，由职位相当的人士或由副职出面。总之，主人身份与客人的身份不能相差太大，以同客人对口、对等为宜，以示对客人的尊重。当事人不能出面时，无论作何种处理，应从礼貌出发，向对方作出解释。在特殊情况下，为了两国的外交关系或政治需要，可打破常规，安排较大的迎送场面，给予较高的礼遇。但要避免产生不必要的误会，以免造成厚此薄彼的印象。

（三）掌握抵达和离开的时间

为顺利迎送客人，迎送人员必须准确掌握来宾乘坐的飞机（火车、船舶等）的抵离时间。如有变化，应及时告知。由于天气变化等，飞机、火车、船舶可能不准时，迎行人员应在客人抵达之前到机场、车站或码头，不能出现让客人等候的现象。送行人员应在客人启程之前到达，如有迎送仪式，应在欢送仪式之前到达，并直到客人乘坐的交通工具看不见时再离去。

（四）献花

献花适用于礼遇较高的外宾，迎接普通外宾，一般不需献花。献花须用鲜花或由鲜花扎成的花束，花束要整洁、鲜艳，忌用菊花、杜鹃花、石竹花和黄颜色花朵。给贵宾献花，通常由儿童或女青年在参加迎送的主要领导人与客人握手之后，将花献上，并向来宾行礼。有的国家由女主人向女宾献花。

（五）互相介绍

客人与迎接人员见面时，应互相介绍。通常先将主人介绍给来宾，职位从高至低，可由礼宾交际工作人员、接待翻译或迎接人员中职位最高者介绍。有时也可做自我介绍。客人初来乍到，一般较为拘谨，作为主人应主动与客人寒暄。

（六）迎送中的陪车

迎送车辆都应事先安排好，不可临阵调遣，给人以仓促之感。客人抵达或迎送仪式结束后，从抵达地到住处，以及访问结束后，由住地前往机场、车站、码头等地，一般都应安排迎送人员陪同乘车。陪车时，应请宾客坐在主人右侧。上车时，客人要从右侧门上车，主人从左侧门上车。如果客人已先上车并坐在了主人位置上，则不宜再请客人挪换座位。

（七）其他迎送中的事项

迎送贵宾时，应事先在机场（车站、码头等）准备好贵宾休息的地方，准备好饮料。

客人的住处、膳食应事先订好。如有条件，在客人到达之前，就应将住房地点、用膳方式、日程安排、联络方式、联络人等事宜通知到具体客人。如做不到，可将上列事项打印好，在客人到达时分发给每个客人，这样可避免混乱，使客人心中有数，主动配合。指派专人协助办理出入境手续及机票（车船票）和行李提取或托运手续等事宜。客人到达住处后，应给客人安排休息的时间，再开展其他活动。

整个迎送活动应安排得热情、周到、有条不紊，使客人有“宾至如归”的感觉，不能出现冷淡、粗心或怠慢客人的情形。

常见外交礼仪

一、会见与会谈

会见与会谈是外事礼仪中的另一个重要环节。无论是正式访问、谈判，还是礼节性拜访，通常要安排会见与会谈，以加强了解，发展友谊，增进相互间的合作与交流。

二、会见及其性质

所谓会见，特指为了一定目的而进行的约会、见面。会见，在国际上一般称为“接见”或“拜会”。凡身份高的人士会见身份低的，一般称为“接见”或“召见”；凡身份低的人士会见身份高的，或是客人会见主人，一般称为“拜会”或“拜见”。拜见君主，又称“谒见”“觐见”，我国一般不作上述区别而统称“会见”。接见和拜会后的回访，称“回拜”。

会见的性质有礼节性的、政治性的、事务性的，或兼而有之。其中，礼节性的会见时间较短，话题较为广泛。政治性会见一般涉及双边关系、国际局势等重大问题。事务性会见则有一般外交交涉、业务商谈、经贸、科技及文化交流等。

三、会谈的内涵

所谓会谈，特指双方或多方就某些重大的政治、经济、文化、军事及其他共同关心的问题交换意见。会谈也可以指洽谈公务和业务谈判。一般说来，会谈的内容较为正式，政治性、专业性较强。

四、会见与会谈的安排

提出会见，东道国和来访者及外交使节的权力是平等的。主客双方都可以在认为合适的时候提出会见的要求。当然，从礼节和两国关系上考虑，东道国应根据对方身份及来访目的，在来访者抵达的当日或次日，安排相应的领导人和部门负责人会见。来访者及外交使节亦可根据两国关系和本人身份及业务性质，主动提出拜会东道国某些领导人和部门负责人。

通常礼节性拜会，由身份低者拜会身份高者，来访者拜见东道主；如是正式访问或专业访问，则应考虑安排相应的会谈。外交使节到任后和离任前，就对与本国有外交关系的国家驻当地使节作礼节性拜会。外交团之间对同等级别者的到任礼节性拜访，按惯例均应回拜，身份高者对身份低者可以回拜，也可以不回拜。

五、会场布置与座位安排

（一）会见与会谈的场地

高级领导人之间的会见，通常安排在重要建筑物的宽敞的会客厅（室）内进行，亦有在宾客下榻的宾馆的会客室内进行的。会谈桌上常放置两国国旗，现场设置中、外文座位卡，卡片的字体应工整、清晰，以便与会者对号入座。会谈场地正门口，还要安排人员迎送客人。人多时需要安装好扩音设备，调试好，确保会议使用。

（二）会见座位的安排

会见的座位安排有多种形式，有分宾主各坐一方的，有宾主穿插坐在一起的。通常这样安排：主宾、主人席安排在面对正门位置，客人座位在主人右侧，其他客人按礼宾顺序在主宾一侧就座，主方陪见人在主人一侧按身份高低就座。译员、记录员通常安排在主宾和主人的后面。

（三）会谈座位安排

会谈分为双边会谈与多边会谈。双边会谈通常用长方形或椭圆形桌子，多边会谈采用圆形桌子或方形桌子。不论什么形式，均以面对正门为上座。

双边会谈时，宾主相对而坐，以正门为准，主人占背门一侧，客人面向正门。主谈人居中。我国习惯把译员安排在主谈人右侧，但有的国家亦让译员坐在后面，一般应尊重主人的安排。其他人按礼宾顺序左右排列。记录员可安排在后面，如参加会谈人数少，也可安排在会谈桌就座。

如会谈长桌一端向正面，则以入门的方向为准，右为客方，左为主方。

小范围的会谈，也有不用长桌，只设沙发，双方座位按会见座位安排。

六、谈话时的礼节

谈话时表情自然，语气亲切得体。谈话时可适当做些手势，但动作不要过大，不要用手指指人。与人谈话时，应保持一定距离，不可太近，也不可太远。注意不要唾沫四溅。不要旁听别人的个别谈话，若有事需与某人说话，应等别人说完。有人与自己主动说话，应乐于交谈。第三者参与谈话，应以握手、点头或微笑表示欢迎。发现有人欲与自己谈话，可主动询问。谈话中遇有急事需暂停谈话，应向对方打招呼，表示歉意。

不要只与一两个人说话，而不理会在场的其他人。也不要与个别人只谈两个人知道的事而冷落第三者。如所谈问题不便让旁人知道，则应另找场合。

在交际场合，要善于聆听对方谈话，不轻易打断别人的发言；别人说话，可适时发表个人看法，一般不提与谈话内容无关的问题。如对方谈到一些不便谈论的问题，不要轻易表态，可转移话题。在相互交谈时，应目视对方，以示专心。对方发言时，不作左顾右盼、心在不焉以及漫不经心状。

男士一般不参与女士圈内的议论，也不要与女士无休止地攀谈而引起旁人的侧目反感。与女士谈话更要谦让、谨慎，不与之乱开玩笑，争论问题要有节制。

谈话中要使用礼貌语言。如：你好、请、谢谢、对不起、打搅了、再见、好吗等等。不要讲“你吃饭了吗?”“你到哪里去?”等，有些国家认为这样说不礼貌。在西方，一般见面时先说“早安”“晚安”“你好”“身体好吗?”“最近如何?”“一切都顺利吗?”“好久不见了，你好吗?”“夫人（丈夫）好吗?”“孩子们都好吗?”；对新结识的人常问：“你这是第一次来我国吗?”“到我国来多久了?”“你喜欢这里的气候吗?”“你喜欢我们的城市吗?”；分别时常说：“很高兴与你相识，希望再有见面的机会。”“晚安、请向朋友们致意。”“请代问全家好！”等。

在社交场合谈话，应彬彬有礼。不要讲刺激性、挑衅性话语，即使有争执，也不能不辞而别，而要主动握手告别。

七、涉外演出与涉外舞会

（一）涉外演出和涉外舞会的含义

涉外演出是指邀请外国客人观看文艺演出和体育表演，是开展对外活动的一种方式。这既宣传了本国文化、艺术、体育成就，对客人来说也是一种艺术享受和娱乐。外宾来访，各国都习惯安排观看演出。一个国家驻外使领馆往往利用本国文艺体育团体来访，邀请驻在国有关方面观看演出。驻在国亦为常驻外交使团及其他客人举行文艺晚会或电影招待会。

在西方，去大剧院观看演出是一种隆重高雅的娱乐活动，服饰均按最隆重场合穿戴，就像出席正式宴会。剧场秩序要求也很严格，演出时观众自觉保持肃静，迟到者只能在幕间进场。电影招待会要求在放映时保持安静。体育表演则较随便。

涉外舞会是指国际社交礼仪活动中一种跳交谊舞的集会。它通常在晚上举行，可以作为一项单独活动，也可以作为宴请的余兴活动。遇有重大喜庆节日，有些国家的舞会甚至通宵达旦。大型舞会，中间往往穿插安排短小的文艺节目。

（二）涉外演出的程序

1．选节目

选定节目要从两方面考虑：一要从活动的目的与性质出发，二要适当考虑客人的兴趣。主要应安排客人观看具有本国民族特色的节目。对节目的内容应事先了解，以免因政治内容或宗教信仰、风俗习惯等问题引起不愉快。组织专场晚会，如歌舞节目，尽可能安排一些外宾所在国家的节目，以体现对外宾的友好。

2．发邀请

发邀请与宴请大致相同。商定邀请人数时，要考虑场地的容量，一定要给客人准备足够的座位。

3．排座位

观看演出应按客人的身份事先安排座位。观看文艺节目，贵宾席一般是第七八排座位（外国大剧院以包厢为最好）。看电影则是15排前后（宽银幕影片再靠后一些）。专场演出通常把贵宾席留给主人和主要客人，其他客人可排座位，也可自由入座。如对号入座，可将座位号与请柬一道发出。

4．专场演出的入席与退席

专场演出，可安排普通观众先入座。主宾席客人在开幕前由主人陪同入场。他们入场时，其他观众应起立鼓掌欢迎。演出进行中，观众不得退场，演出结束，全场起立向演员热烈鼓掌表示感谢，一般观众待贵宾退场后再离去。

5．摄影

许多国家禁止在演出期间摄影，这既是为了保证演出效果，也是维护剧团专利。外国文艺团体演出，拍摄电影、电视、照相、录音，尤其是现场转播，事先必须征得剧团同意。音乐演奏会，演出过程中，不要因拍照而随意加灯光。我国招待外宾举行的专场文艺演出，可以拍摄新闻照片和电视。

6．说明书

如是专场演出，应备有说明书，用中、外文印成，并提前将剧情介绍或说明书提供给客人。

7．献花

许多国家习惯在演出结束时向演员献花。我国在专场或首场演出结束时，也往往献花篮或花束，主宾在主人陪同下登台向演员致谢。这种安排，主人一般不提示客人献花，更不一定要让客人登台与演员握手。但我国代表团出国访问，则应事前了解情况，如当地有献花习惯，应主动表示献花。也有客人献花而不登台，但不献花而登台则较罕见。

（三）涉外舞会的程序

发邀请时，被邀请的男女客人人数要大致相等。对已婚者一般均请夫妇。

请柬上应注明舞会起止时间，客人可在其间任何时候到场和退席。

舞池地板上要上蜡，保持光滑。最好安排乐队伴奏。

举办舞会，通常在餐厅备有咖啡、茶水、点心等饮料食品，以便客人可以随时到餐厅取用。

（四）涉外演出的礼节要求

接到请柬，能否出席，应及早回复主人，以免剧场空缺，影响气氛。如不能出席，已送来的戏票按主人意见处理。

请柬如附有座位号码，应对号入座。如无座位号，应到现场了解座位分配情况，然后入座，不要贸然坐到贵宾座上。

演出进行中应保持肃静，不要谈话，不要大声咳嗽或打哈欠，更不要打瞌睡。观看节目，主人可略作介绍，主要让客人自己欣赏。陪同翻译声音要轻，否则会引起周围观众不满。演出场所禁止吸烟，更不能嗑瓜子、吃零食。

节目在演出进行中不要鼓掌，不要叫好，更不要吹口哨。节目终了，报以掌声。切忌对节目表示不满或失望。除有政治问题外，一般都鼓掌。

观看体育比赛，要发扬优良的体育道德，尊重客队，不起哄，不吹口哨，不鼓倒掌、喝倒彩。对客队的领先，应热烈鼓掌。

（五）涉外舞会的礼节要求

参加舞会，服装要整齐。国外惯例是，在请柬上注明服装要求，以穿晚礼服和西装为主。即使天气炎热，如主人未表示请宽衣，男宾不能随意脱下外套。跳舞时，穿戴要整齐。

第一场舞，主人夫妇、主宾夫妇共舞（如夫人不跳，也可由已成年的女儿代替）。第二场，男主人与主宾夫人，女主人与男主宾共舞。舞会中，男主人应陪无舞伴的女宾跳舞，或为她们介绍舞伴，并要照顾其他客人。男主宾应轮流邀请其他女宾，而其他男宾则应争取先邀女主人共舞。男子避免全场只同一位女子共舞，切忌同性共舞。

男方邀请女方共舞，如有其丈夫或父母陪伴，则应向其丈夫或父母致意。请舞时，应立正，向对方点头邀请，待对方同意后，陪伴进舞池。如对方不同意，不能勉强。一曲完毕，男方应向女方致谢，并陪送回原处，并向其周围亲属点头致意后离去。女方无故拒绝男方邀请是不礼貌的；如实在不愿意同某人共舞，可婉言辞谢，但一曲未了，不要再同别的男子共舞。跳舞要注意舞姿，男方应挺胸收腹，右手在女方腰部正中。自己不熟悉的舞步，不要下场。跳舞时不能吸烟、戴口罩。

涉外舞会上，如有人将一位外宾女士介绍给你，你就必须请她与你跳一曲舞，如果自己跳得不好，可以问一问她，是否愿意在你身边稍坐一会儿而不去跳舞。如果邀请外宾女士跳舞，可走到她面前，彬彬有礼地鞠躬，并说："可以请您跟我一起跳一曲舞吗？"涉外舞会一般有节目单，如她愿意与你跳舞，她会告诉你在奏哪一支曲子时愿意跳舞，如果没有节目单，她可能婉言谢绝，你则应说："对不起，打搅了。"作为中方女士，如有外宾邀舞，一般不要拒绝，而应落落大方与之共舞。

八、涉外参观游览

（一）涉外参观游览的含义

涉外参观游览，是指外国客人在访问或旅游期间对一些风景名胜、单位设施等进行实地浏览、观看和欣赏。来访的外国人以及我国出访人员，为了解去访国家情况，达到出访目的，都应组织一些参观游览活动。

（二）涉外参观游览的程序

1．选定项目

选择参观游览项目，应根据访问目的、性质、客人的意愿、兴趣、特点以及我方当地实际条件来确定。对于外国政府官员、大财团、大企业家一般安排参观反映我国经济发展情况的部门单位和经济开发区，以及重点招商项目。对于一般的企业家、商人和有关专业人员可安排参观与其有关的部门、单位，同时安排一些有地方特色的游览项目。

年老体弱者不宜安排长时间步行的项目，心脏病患者不宜登高。一般来说，对身份高的代表团，事前可了解其要求；对一般代表团，可在其到达后，提出方案，共同商定。对方提出的要求，在可能的情况下尽量予以满足，如果确有困难，可如实告知，并作适当解释。

2. 安排日程

当参观游览项目确定后，应制订详细的活动计划和日程，包括参观线路、座谈内容、交通工具等，并及时通知有关接待单位和人员，以便于各方密切配合。

3. 陪同参观

按国际惯例，外宾前往参观时，一般都安排相应身份的人员陪同。如有身份高的主人陪同，宜提前通知对方。接待单位要配备精干人员出面接待，并安排解说介绍人员，切忌前呼后拥。参观现场的在岗人员，不要围观客人。遇客人问话，可有礼貌地回答。

4. 解说介绍

参观游览的重头戏是解说介绍。如参观部门单位，可先全面介绍其概况，伺机宣传我国改革开放政策和投资环境。有条件的可播放一段有关情况录像，这样既可节省时间，又可事先让客人对情况略有所知，然后实地参观，效果会更好。陪同、解说员和导游应对有关情况有所准备，介绍情况要实事求是，运用材料、数据要确切，不可一问三不知，也不可含糊其辞。实在回答不了的，可表示自己不清楚，待咨询有关人员后再答复。遇较大团级，宜用扩音话筒。另外，遇有保密部位的，则不能介绍，客人提出要求，应予婉拒。

5. 乘车、用餐和摄影

在出发之前，要及时检查车况，分析行车路线，预先安排好用餐。路远的还要预先安排好中途休息室，要把出发、集合和用餐的时间、地点及时通知客人和全体工作人员。一般地方均允许客人摄影。如有不能摄影处，应事先说明，现场要竖中英文“禁止摄影”标志牌。

（三）在国外参观游览的礼节要求

出访人员、团组要求参观，可通过书面、电话或面谈方式向接待单位提出，经允许后方能成行。参观内容要符合访问目的和实际，要注意客随主便，不要强人所难。在商定之后，要核实时间、地点和路线。

在参观过程中，应专心听取介绍，不可因介绍枯燥或不对胃口而显露出不耐烦和漫不经心状，这是极不礼貌的。同时，应广泛接触、交谈，以增进了解，加强友谊。注意尊重对方的风俗和宗教习俗。如要拍照，事先向接待人员了解有无禁止摄影的规定。参观游览，对服装要求不严格，不必穿礼服，穿西装可以不打领带，但应注意清洁整齐，仪容亦宜修整。参观毕，应向主人表示感谢，上车离开时，应在车上向主人挥手道别。

九、国旗升挂礼仪

（一）国旗的含义

国旗是指某个国家由宪法规定的代表国家的旗帜，它是国家的一种标志，是国家的象征。人们往往通过悬挂国旗表示对本国的热爱或对他国的尊重。但是，在一个主权国家领土上，一般不得随意悬挂他国国旗。有些国家还对悬挂外国国旗作了专门规定。在国际交往中，已形成了为各国所公认的悬挂国旗的惯例。

（二）国旗悬挂规范

室外悬挂国旗，应日出而升，日落而降。国旗不能倒挂，升旗要升至杆顶。需降半旗致哀时，应先将国旗升至杆顶再下降至离杆顶相当于杆长1/3处。

降旗时，先将旗升至杆顶，再徐徐降下。升旗时，服装要整齐，并立正脱帽，面对国旗行注目礼。不能使用破旧污损的国旗。

悬挂双方国旗，以右为上，左为下。两旗并挂，以旗正面为准，右为客方，左为主方。

汽车挂旗应在车头两端置旗座，司机右手方向挂客方旗，左手为主方旗。

各国国旗的比例不同，两国国旗放在一起时，常会大小不一。所以，并排悬挂不同比例的国旗时，应将其中一面旗缩放一些，使两旗面积大致相同。

从国际准则和礼遇出发，一国国家元首、政府首脑访问外国时，在去访国住地和交通工具上，可悬挂本国国旗（或元首旗）。去访国在接待外国元首和政府首脑时，在其住地和交通工具上应悬挂来访国国旗（或元首旗）。另外，驻外使节有权在办公地、官邸和交通工具上悬挂本国国旗。在国际会议上，各国政府代表团团长可按规定在一些场所或车辆上悬挂本国国旗。在大型国际性展览会、体育比赛等活动场合，也可悬挂本国国旗。

（三）几种国旗悬挂法

1. 两面国旗并挂

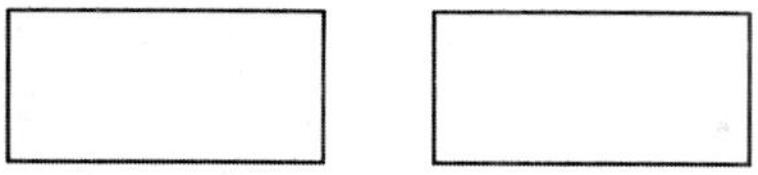

（客方）　　（主方）

2. 三面以上国旗并挂

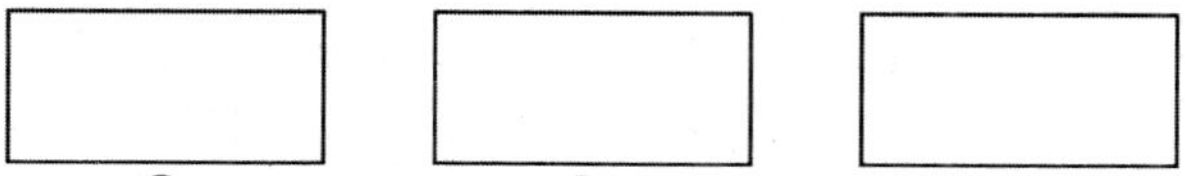

①　　②　　③

注：多面并列，主方在最后。如系国际会议，无主客之分，则按会议规定的礼宾顺序排列。

3. 并列悬挂

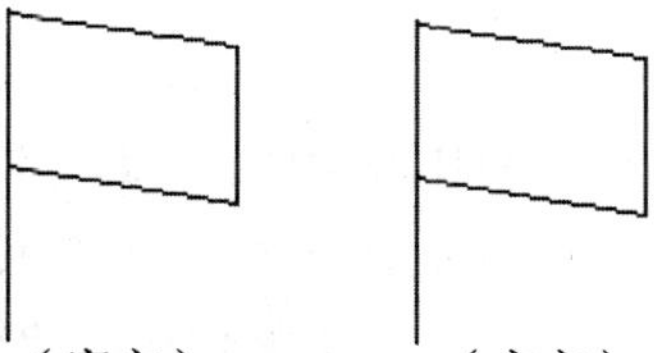

（客方）　　（主方）

4. 交叉悬挂

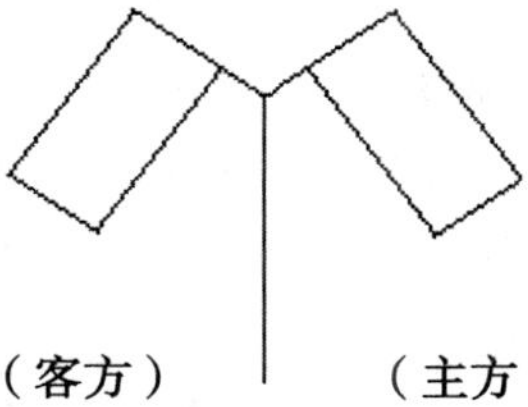

（客方）　　（主方）

5. 竖挂（客方为反面，主方为正面）

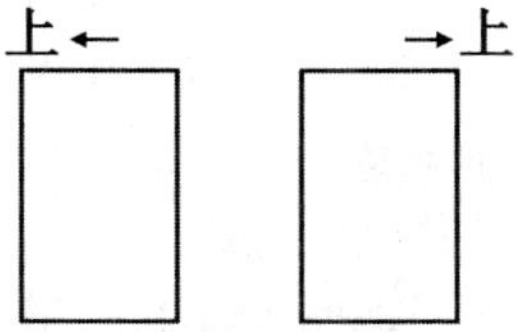

（客方）　（主方）

6. 交叉挂

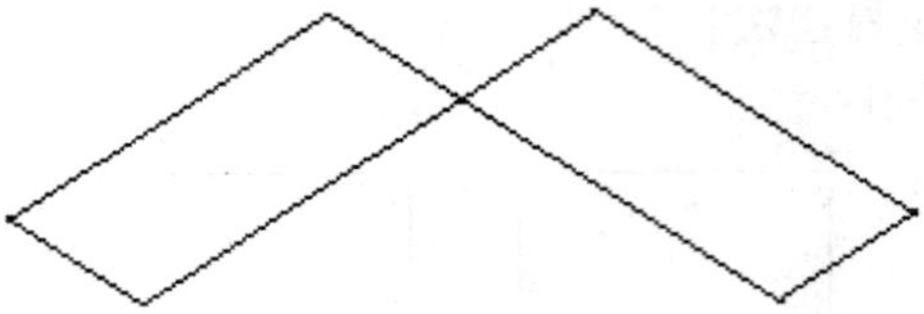

（客方）　　　（主方）

7. 竖挂（双方均为正面）

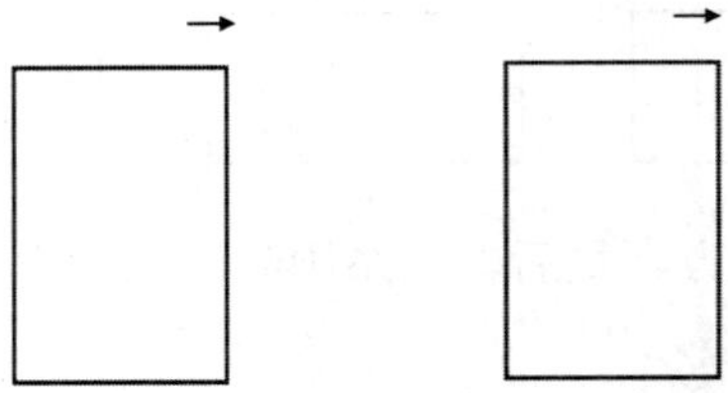

（客方）　　　（主方）

十、涉外服饰的礼节

在国际交往中，要注意服装穿着和仪容。朴素、大方、整洁的服装不仅体现了中国人的精神面貌，同时是对外宾（或主人）表示礼貌与尊重。在国际社交场合，人们的服装大致分为便服和礼服两种。从原则上讲，正式、隆重、严肃的场合多着深色礼服，一般场合可着便服。

（一）我涉外人员服饰要求

我涉外人员服饰总的要求是朴素、大方、整洁。一般情况下，我国男士礼服为深色西服或上下同色同质的毛料中山装，配黑色皮鞋。参加正式活动时，穿西服应系领带。各式外衣与长西裤则为便服，配颜色相宜的皮鞋。少数民族可着民族服装。

夏季出席庆典活动、正式会见、宴会等隆重场合，除穿西服、中山装和民族服装外，也可穿敞领短袖衬衫。

参观游览时可穿便服，如穿西装可不系领带。

女士按季节与活动性质的不同可穿西服（下穿西裤或裙）、民族服装、中式上衣配长裙或长裤、旗袍和连衣裙等。夏季也可穿长、短袖衫配裙子或长裤。

军人参加对外活动，按有关规定穿戴。

我出国人员在国外应尊重当地的习惯和东道主的要求，如请柬要求穿礼服，男士应穿西服、中山装和民族服装，女士最好穿旗袍或长裙。

1. 几种特殊场合的服装

最隆重场合应穿严肃、大方的礼服。如国家庆典、国宴、国家最高领导人接见、国王登基、国家元首任职、授勋等。这些场合，男士一般着深色中山装和西服，女士着西服或长裙（最好是单色连衣裙）。在国外名剧院看戏，听音乐会，一般穿礼服。

参加葬礼和吊唁活动，男士一般可着黑色或深色礼服，女士着深色服装，内穿白色或暗色衬衣，不抹口红、不佩戴装饰品。

参加婚礼、联欢会，做客等，应穿着美观大方，女士应适当修饰打扮。

郊游、旅行，可穿上下装不同颜色的便服。但在旅行访问途中，如上下飞机、车、船前后，有迎送仪式，则应考虑更换服装。遇迎送仪式应着礼服。

2. 穿着礼节

任何服装均应注意清洁、整齐、笔挺。衣服应熨平整，裤子熨出裤线。衣领袖口要干净，皮鞋要上油擦亮。穿中山装要扣好领扣、领钩、裤扣。穿长袖衬衣要将前后摆塞在裤内，袖口不要卷起。穿短袖衫（港衫），下摆不要塞在裤内。长裤的裤管不要卷起。任何情况下不应穿短裤参加涉外活动。女士除军人、学生外，衣着不要雷同。女士穿袜子时，袜口不能露在衣裙之外。

参加活动，进入室内场所均应摘帽，脱掉大衣、套鞋等，并送存衣处。男士任何时候在室内不得戴帽子、手套。西方女士的纱手套、帽子、披肩、短外套等，作为服装的一部分则允许在室内穿戴。

在室内一般不要戴深色眼镜。就是在室外，遇有隆亘仪式或迎送等礼仪场合，也不应戴深色眼镜。

有眼疾须戴有色眼镜时，应向客人或主人说明，或在握手、说话时将眼镜摘下，离别时再戴上。

在家中或旅馆房间内接待临时来访的外国客人时，如来不及更衣，应请客人稍坐，立即换上服装，穿上鞋袜。不得赤脚或穿着内衣、睡衣、短裤接待客人。

（二）西方国家的服装

各国人士日常穿着的服装，如各式外衣、衬衣、港衫和各式西服等均为便服。参加各种隆重的典礼仪式则应穿礼服或深色西服。西方传统的礼服有：

（1）晨礼服，上衣为灰、黑色，后摆为圆尾形，下着深灰色底、黑条子裤，系灰领带，穿黑皮鞋，戴黑礼帽等。这种礼服在白天参加典礼，星期日教堂礼拜，以及参加婚礼等场合适用。

（2）小礼服，也称夜小礼服或便服，为全白色或全黑色西装上衣，衣领镶有缎面，腰间仅一纽扣，下着配有缎带或丝腰带的黑裤。系黑色领结，穿黑皮鞋。这种礼服一般为参加晚上举行的晚宴、音乐会、剧场演出等活动时用。

（3）大礼服，又称燕尾服，黑色或深蓝色上装，前摆齐腰剪平，后摆剪成燕尾样子，翻领上镶有缎面。下着黑或蓝色配有缎带、裤腿外面有黑丝带的长裤，系白色领结。配黑皮鞋、黑丝袜、白色手套。

（4）女士的服装种类、样式花色繁多。日常均穿着便服。礼服也可分为长礼服、小礼服和大礼服等。长礼服为质料、颜色相同的上衣与裙子，可戴帽子与手套。小礼服为长至脚背而不拖地的露背式单色连衣裙式服装。大礼服则为一种袒胸露背的单色拖地或不拖地的连衣裙式服装，并佩戴颜色相同的帽子、长纱手套及各种头饰、耳环、项链等首饰。

现在大多数国家在穿着方面均趋于简化。很少有人穿着上述传统的男士礼服参加涉外活动，很多隆重场合只是穿着深色、质地好的西服。

许多国家规定民族服装为礼服，在国庆、民族节日等重大庆典和最隆重场合穿着，其他正式场合着西服。

十一、仪容和日常卫生礼节

保持外貌整洁美观。及时理发，经常梳理，胡须要刮净，指甲要修，鼻毛应剪短，若头皮屑太多应洗干净。内衣、外衣经常保持整洁，特别是衣领、袖口要干净，皮鞋要擦亮，布鞋要刷净。参加涉外活动前应梳理打扮。

保持动作文明优雅。不要当众擦鼻涕、掏鼻孔、搓汗污、挖眼屎、打哈欠、修指甲、剔牙齿、挖耳朵等。咳嗽、打喷嚏时应用手帕捂口鼻，面向一旁，避免发出大声。

保持环境卫生。不准随地吐痰，不随地扔果皮纸屑。注意保持地毯、地板的清洁。尽量不吸烟。吸烟时，把烟灰弹入烟缸。保持桌椅、沙发的清洁，不要用脚蹬踏。进入地面干净的室内，应先在门口踏擦鞋底再进入。如是雨雪天，应把雨具存放在门口或前厅。

参加活动前，不要吃葱蒜等辛辣食品，必要时含一点茶叶，以消除口中异味。

有病不要参加外事活动。如感冒、外露皮肤病等都会令人反感。口臭患者对外接触时，要注意口腔卫生。

其他礼仪与禁忌

一、几种特殊礼节

在有些国家，常有一些传统的特殊礼节，对此我们应了解并熟悉它们，做到心中有数，以免引起误会。这里仅介绍其中一部分。

合十礼，在印度和东南亚佛教国家通行，相当于握手，即把两个手掌在胸前对合。在国际交往中，当对方用这种礼节向我们致礼时，我们也应以合十还礼。但我们一般不主动使用这种礼节。

鞠躬礼，是日本通行的见面礼，最常见的是屈体礼。屈体礼又分为“站礼（站着行礼）”和“坐礼（坐着行礼）”。行站礼时，双手自然下垂，手指自然并拢，随着腰部的弯曲，身体自然向前倾。行最高礼时，腰要弯到脸面几乎与膝盖相平的程度。坐礼一般在日本式房间的榻榻米（房内地板上铺的垫席）上进行。坐礼又分为“指建礼”“屈手礼”和“双手礼”，其中“双手礼”为最高的行礼方式。

亲吻拥抱礼，是西方、东欧和阿拉伯国家通行的见面礼，亲人、熟人之间见面时多是拥抱、亲脸贴面颊等。夫妻之间是拥抱亲吻，父母子女之间是亲脸、亲额头，兄弟姐妹平辈的亲友都是贴面颊。一般在公共场合，关系亲密的妇女之间是亲脸，男子之间抱肩拥抱，男女之间是贴面颊，晚辈对长辈一般亲额头，男子对尊贵的女宾往往亲一下手背（手指）以示尊敬。在一些欢迎宾客的场合或祝贺、感谢的隆重场合，在官方或民间的仪式中，也有拥抱的礼节，有时是热情友好的拥抱，有时则纯属礼节性的。这种礼节，一般是两人相对而立，右臂偏上，左臂偏下，右手扶在对方左后肩，左手扶在对方右后腰，按各自的方位，两人头部及上身都向左相互拥抱，然后头部及上身向右拥抱，再次向左拥抱后，礼毕。

脱帽礼，指西方男子戴礼帽时，两人相遇可摘帽点头示意，离别时再戴上帽子。有时与熟识的相遇者侧身而过，从礼节上讲，也应回身说声“你好”，再用手掀一下帽子。

吻手礼，是欧洲和拉丁美洲较古老的礼节，就是男士以亲吻女士的手背来致意。行礼时，女士可不脱下手套，伸出右手，男士微微俯身，用右手捏住对方的手指部分，拿起来用嘴唇轻轻吻一下。这种礼节现在已不太流行，只有在较隆重场合，或对一些身份特别高的女士才行此礼。我们不“随俗”，主人也不会介意。但对方行这种礼节（多见于外交场合），我们也不必见怪。

除上述介绍的特殊礼节外，有些国家有许多独特的礼节和禁忌。比如，在法国，把手插在裤兜里同别人谈话，被认为是礼貌的举止，而在东方则被视为不严肃。在东欧一些国家，用一只手进餐而把另一只手放在膝盖上，被看做不文雅的行为。在日本，日常生活中人们最忌讳“死”这一字眼，连所有发“死”音的词均被忌讳。日语中的“4”与死谐音，“42”与“死”的训读谐音，因此全遭禁忌。日本人用餐时，忌讳说“一片”，因其与“杀人”谐音，也忌讳说“三片”，因其与“杀身”相谐。给日本人送礼时，一般要送奇数，因为按日本人习惯，奇数表示“阳”“吉”，故礼品数字最好是5、7、9。在泰国，人们非常重视头部，而轻视两脚。认为头神圣不可侵犯，如用手触摸泰国人的头部，会被认为受了极大的侮辱，尤其不能打小孩子的头，认为这样做会带来疾病。还有在泰国用脚踢门，或用脚指东西，都属失礼冒犯。在西方，人们不能询问年龄、婚姻、个人收入、宗教信仰以及投票选举何人等个人私事，因为他们认为这是个人隐私，不能被侵犯。在巴西，人们喜欢当着送礼人的面打开礼品包，然后致谢。送礼时，不能轻易送手帕，因为巴西一些地方的人认为，送手帕会引起吵嘴。

二、饮食习俗

饮食习俗在不同国家、不同地区、不同宗教信仰的地方差异极大，弄清一些国家的基本饮食习惯，对于顺利开展外事交往工作十分必要。

英国人每天四餐，即早餐、午餐、午后茶点和晚餐。早餐喝牛奶、麦片粥、煎鸡蛋加煎西红柿；午餐简单随便；晚餐较讲究，用餐时对服饰、座次、用餐方式等都有规定。英国人一般只吃八成饱。口味尚清淡、酥香，不爱吃辣，烹调以烤、煮、蒸、烙为主，喜欢吃烤牛肉，鳗鱼、青鱼等鱼类，虾等。同时，他们喜欢在固定时间喝茶，多半是大清早、每顿饭后、午茶时及临睡前，一次只喝一杯，还爱喝啤酒、葡萄酒和低度酒。

美国人一日三餐，早餐一般是果汁、鸡蛋、牛奶、面包，午餐很随便，晚上较丰盛些，最常吃的是牛排和猪排，最典型的饮食是快餐。口味尚咸中带甜、清淡，烹调以煎、炒、炸、烤为主，不吃蒜、酸辣食品、清蒸食品、红烧食品，忌食动物内脏。爱喝矿泉水、冰水、可口可乐及啤酒，威士忌和白兰地常当茶水喝。每餐比较讲究喝饮料。

法国人很讲究吃，素有“食在法国”的美誉。口味方面喜欢肥嫩、鲜美、浓郁，不爱辣味，烹调用料讲究，制作精细，色、香、味、形俱美。爱吃肉类、水产、家禽、蔬菜及海鲜，喜欢喝浓咖啡，爱喝葡萄酒、苹果酒及白兰地。

德国人的早、午餐比较讲究，晚餐比较简单。口味喜酸、甜，不喜欢辛辣和油腻食品。烹调多为烧、烤、煎、煮和清蒸，喜欢吃猪肉、牛肉、鸡、鸭、野味等肉食，不太喜欢鱼、虾。平时最喜欢喝啤酒，是世界上饮啤酒最多的国家之一。

俄罗斯人的早餐时间与我国相仿，午餐和晚餐则较晚，口味喜浓，油水要足，喜欢酸、甜、微辣味，爱喝由土豆、西红柿、卷心菜制成的“罗宋汤”，爱饮伏特加酒。

日本人的“日本料理”，主食是米饭，副食主要是蔬菜和鲜鱼。口味以清淡、少油、味鲜带甜为主，烹调讲究炒、炸、生拌、蒸。喜欢吃咸水鱼、海带、对虾等，爱吃牛肉、精猪肉及各种蔬菜瓜果，特别爱吃青菜、豆腐，爱喝中国绍兴酒、茅台酒，喝茶特别讲究。

三、进入外国人室内的进退之礼

假如被准许进入外国人的室内，要注意以下几点：

（1）到外国人办公室、住所，均应预约、通知，并按时抵达。如无人迎候，进门先按门铃或敲门，经主人应声后方得进入。房间无人或未经主人允许，则不得擅自进入。

（2）因事急或事先无约定，但又须前往时，则应尽量避免在深夜打扰对方；如万不得已，非得在休息时间约见对方，则应见到对方后立即先致歉意，说：“对不起，打搅了”，并说明打搅的原因。

（3）经主人允许或应主人邀请，可进入室内。尽管有时洽谈的事情所需时间很短，也应进到室内，不要站在门口谈话。有时，主人未邀请进入室内，则可退到门外，在室外进行交谈。进入室内，若谈话时间较短，可不必坐下；若谈话时间较长，则要在主人邀请之下方可入座。在事先未约定的情况下，谈话时间尽量不要过长。

（4）应邀到外国人家里拜访、作客，应按主人提议或同意的时间抵达。早到或迟到都是不礼貌的。如因故迟到，应表示歉意并说明原因。进行拜访一般安排在上午 10 点或下午 4 点左右。西方习惯备有小吃和饮料招待，客人不要拒绝，应品尝一下，接受的饮料应尽量喝掉。

（5）不经主人的邀请或没有获得主人的同意，不得要求参观主人的庭院或住房。在主人的带领下可参观住宅，但即使是比较熟悉的朋友，也不要碰触除书籍、花草外的个人物品和室内的陈设，不得随意打开门窗。

对主人家里的人都应问候，尤其应问候夫人（或丈夫）和子女。若有小孩子在场，应主动与孩子握手、拥抱表示喜欢。对主人家中养的猫、狗，不应表示出害怕、讨厌，不要去踢它、轰它。离开时应有礼貌地向主人告辞，感谢主人的款待。

四、外国人的忌讳一瞥

古人云：“入境而问禁，入国而问俗，入门而问讳。”现在世界上由于种种因素，就有各不相同甚至相反的礼节与习俗，在外事工作中就应了解各国的风土人情，入国问俗，谨慎从事，尤其要注意各国的主要避讳，以免犯忌，造成误会和尴尬的场面出现。下面择要列出。

日本人忌讳颇多。到日本人家里作客要有约在先，非请莫入，非请莫坐。忌讳窥视卧室；忌翻阅除书报外的其他物品；寄信忌倒贴邮票，因为这意味着绝交；吃饭时用筷子有八忌：忌舔筷、忌迷筷、忌移筷、忌扭筷、忌掏筷、忌插筷、忌跨筷、忌剔筷；忌三人并排合影，中间一人被夹着预示不祥或死亡之兆；忌讳数字“4”（日语中“4”发音与“死”相似）和“9”（日语中“9”发音与“苦”相似）。

印度人忌讳白色，认为白色象征内心的悲哀；忌讳弯月的图案；忌用左手传递东西或食物；把1，3，7视为不吉利的数字。

阿富汗人忌食猪肉、海味和鱼虾；忌猪、狗图案；禁忌邮寄烟灰缸、通心粉、明信片、日历、口香糖等；忌讳数字13和39。

韩国人忌讳宴请中吃东西发出声音，忌数字“4”。

新加坡人忌黑、白、黄色，交谈时忌跷二郎腿。

缅甸人忌外出时碰见蛇；忌公鸡在天未亮啼叫和母鸡在布面上下蛋；忌星期天送礼物；忌不脱鞋进入庙宇、佛塔。

巴基斯坦人忌酒，忌拍打人肩背，忌讳邮寄手帕给亲人。

沙特阿拉伯人忌讳吸烟、喝酒、舞蹈、赌博。

蒙古人忌讳黑色，忌吃鱼虾、海味、肥猪肉。

英国人忌讳用人像作装璜，交谈时忌讳谈个人私事、家事、婚事、年龄、职业、收入、宗教问题，站着交谈切不可背手或手插口袋，坐着交谈时切忌两腿叉开，忌数字“13”和星期五。

德国人忌讳邮寄可可粉和“对国家安全有害”的文学作品，忌用白色、黑色、咖啡色的包装纸包扎礼品，切忌用丝带作外包装，忌讳直呼其名。

法国人忌黄色花朵，忌摆菊花、牡丹花及纸花，忌讳核桃，忌邮避孕用品，忌讳数字“13”和星期五。

意大利人忌紫色、仕女像、十字花图案。

保加利亚人忌邮寄毛毡、床单和蚊香。

瑞士人忌讳猫头鹰图案。

罗马尼亚人忌讳过堂风。

捷克人忌讳包装纸上出现红三色。

美国人忌讳在交往时互相攀肩搭臂，忌讳数字“13”和星期五。

加拿大人忌讳铲雪。

巴西人忌讳棕黄色。

埃及人在正式用餐时忌讳交谈，忌用左手，忌饮酒，忌吃猪肉、狗肉，忌讳黑色、黄色，忌穿有星星图案的衣服，忌讳数字“13”。

埃塞俄比亚人忌讳出门作客穿淡黄色衣服。

涉外社交礼仪常用文

涉外社交礼仪常用文是指在国际社交活动中，从礼仪和礼节的需要出发，按国际惯例和通行的格式形成的文体。学习此类文体的写作，有助于我们在国际交往中，做到既热情友好、尊重对方，又维护国家主权和国格、人格。

涉外礼仪常用文从范围上分，有外事文书和私人、事务文书两种。前者适用国家机关、政府部门、单位的对外公务交往；后者适用民间的对外往来，两者的形式、种类及其格式、写作要求，均有很大区别。下面将分别介绍，同时要同步介绍英文书信的写法和要求。

一、外事文书

外事文书是国与国之间，外交代表机构和有关部门进行对外交涉和礼仪往来的书信形式。它必须完全体现国家当前的对外方针政策和有关法规。即使是礼节性函件，如果格式、行文或内容不合常规，也可能引起收件方的误解和不愉快，甚至影响到国家间的关系。因此，在外事文书的草拟和发送方面要求很严格，要做到文字严谨、准确，客套用语和格式合乎惯例。同时，收发文要及时，尤其是外交上的文书往来，收下回复或不予置理以至拒收退回，均反映一种政治态度，不能有半点马虎。

（一）几种外事文书

1. 照会

照会是指国家之间用于外交方面有关事宜的通知，有关问题的交涉，外交礼仪的表示以及对某一问题的正式表态等方面的外交往来文书。按其重要程度分为正式照会和普通照会两种。

正式照会由国家元首、政府首脑、外交部长、大使、代办、临时代办等人签名发出，并用第一人称写成，一般不盖机关印章。

普通照会由外交机关（外交部）或外交代表机关发出，行文用第三人称，如盖机关印章，一般不签字。但有的国家要求加盖印章后再由使节或授权的外交官签名。

正式照会和普通照会的区别主要在于它们的使用范围不同。

正式照会用于：一是重大事件的通知。如国家领导人的变更，大使、领事的更换，对某国承认、断交、复交等事项的正式通知。二是重要问题的交涉。如建议缔结或修改条约，建议召开双边、多边国际会议，互设领事馆，委托代管本国财产，国家元首、政府首脑的访问以及其他有关政治、军事、经济等重要问题的交涉。三是隆重的礼仪表示。如表示庆贺、吊唁等等。四是为了表示对某一件事的特别重视。

普通照会用于进行一般性交涉、行政性通知、办理日常事务和交际往来。由于外事文书日趋简化，普通照会的使用范围也越来越广，政府之间关于重要问题的来往，现在也多使用普通照会。

普通照会以同样内容普遍分发给当地各外交代表机关的，亦称通告照会。例如，外交部用以向外交团发送各种事务性通知、规定、条例等照会，以及各外交代表机关用以通知大使，临时代办离任、返任，外交官到、离任，休假日等。这类通告照会可油印，受文机关可写“各国驻××国外交代表机关”。

2. 对外函件

对外函件（包括外交函件）是指国家领导人、外交人员以及政府各部门各机构写给外国相应人员与机构的书信。根据内容情况，凡涉及重要内容的，为正式函件；凡属事务性和礼节性的内容，并由有关人员签署的国家领导人和外交代表之间的亲笔签名信应属外交函件。

3. 备忘录

备忘录是一国与别国外交代表机关之间使用的代表本国政府对某一事件或问题进行外交交涉时，说明有关事实、立场和法律的观点，或者辩驳对方观点，或者重申某些外交会谈内容等的一种外交文书。备忘录可面交或送交对方，无客套语、致敬语，开头就叙述事实。在会谈或交涉中为了对方便于记录谈话的内容避免误解，可预先写成备忘录面交对方，也可在谈话后将要点用备忘录送交对方。为了叙述事实或陈述、补充自己的观点、意见或驳复对方的观点、意见，如果用照会过于郑重，则可使用备忘录。有时为了提醒某一件事，作为一种客气的催询，也可送交备忘录。

备忘录也可以作为正式照会或普通照会的附件。

面交的备忘录不编号、不写抬头、不盖章，送交的则要编号、写抬头、要盖章。有的标上“备忘录”三字。

4. 外事电报

外事电报是指各级国家部门、机构及人员同外国相应机构及人员进行外事往来，为祝贺、慰问、吊唁及各种事务性联系而制发的一种简要文书。抬头应写清受电人国名、地名、职衔、姓名，落款要写明发电人职衔、全名或机构名称和发报地点。

（二）外事文书的文体要求

使用外事文书首先要注意格式，不要用错。如外长和外交代表使用正式照会，不要用普通照会的格式，非外交代表机构使用对外函件，不要用照会格式等等。

人称要与文书格式相适应。正式照会、外交函件、电报均是以签署人的口气用第一人称写成的。普通照会一般以单位名义用第三人称写成，称对方也用第三人称，一般不用“贵方”或“贵馆”等措词，而是重提受照机关的名称。以机构名义书写的对外函件也用第三人称。

签署者与受文者要相适应，即人对人、单位对单位。如：正式照会是人对人，普通照会是单位对单位。在个人对个人的外交文书中讲究身份对等，如总理对总理，外长对外长。但也有特殊情况，如大使作为国家的全权代表可对外长、总理、元首，而代办一般只对外长。其他的对外函件可根据实际情况书写。

客套用语要与格式相适应。如普通照会开头的“×××向×××致意”这一客套用语不能用做个人函件中的开头语，非对外机关发的对外文书也不用这一套语，照会结尾的致敬语使用时要注意与对方的身份、关系和场合相适应。如：致代办处的文书一般用“顺致敬意”或“顺致崇高的敬意”；给外交部和大使馆的文书则一般用“顺致最崇高的敬意”。事务性的文书也用“顺致崇高的敬意”。致敬语不能自成一页，应紧跟正文后面另起一段。

称呼方面，文书抬头即受文人的职衔、姓名等要用全称，文中第一次出现职衔、姓名也要用全称。第二次出现则可用简称。

文书信封和文中的抬头的国名等均用全称。文中第一次出现时用全称，以后可用简称。有些国家由于发生政变或其他原因，国名可能改变，须随时变更。

对外文书一般以本国文字为正本，但为了使收件人能够确切理解文件的实质内容，往往附有收件国文字或通用的第三国文字的译文。本国向外国常驻代表机关发送事务性函件，也可仅用本国文字，不附译文。较为重要的文书则附以译文为好（有的国家译文本上注有“非正式译文”字样）。各国套语用法以及行文格式与中文不同，翻译时要注意，应符合各种文字的用法。一般函电也可用接受国文字或通用文字书写。

我国对外文书格式范例如下。

正式照会：

××国总统×××阁下

阁下：

××××××××××。

顺致最崇高的敬意。

中华人民共和国主席（签字）

一九九×年×月×日于××

普通照会例一：通知协定生效

（××）部×字第××号

××国驻华大使馆：

中华人民共和国外交部向××国驻华大使馆致意，并谨通知如下：

中华人民共和国政府对于一九××年×月×日在北京签订的中、×两国政府×××合作协定已履行了法律手续。鉴于××政府已于一九××年×月×日通知中国驻××国大使馆，××国政府批准了该协定，根据协定第×条的规定，该协定将自本照会发出之日起正式生效。

顺致最崇高的敬意。

（盖外交部带国徽铜印）

一九××年×月×日于北京

普通照会例二：申述态度

（××）×（省名简称）外字第××号

××国驻上海总领事馆：

××省人民政府外事办公室向××国驻上海总领事馆致意，并谨就×××问题申述如下：

××××××××××××××××。

顺致最崇高的敬意。

（盖××省人民政府外事办公室带国徽铜印）

一九××年×月×于××

普通照会例三：申办领事认证事宜

×（省名简称）外（1995）认字第××号

××国驻上海总领事馆：

××省人民政府外事办公室向××国驻上海总领事馆致意，并请对×××公司的全权委托书，计壹份，公证书上××省人民政府外事办公室印章和出国管理处处长×××签字予以认证。

顺致崇高的敬意。

（盖××省外办带国徽章）

一九九五年×月×日于××

对外函件例一：吊唁

××国××州州长××阁下

阁下：

惊闻××州××（职衔）××先生仙逝。我谨代表××省政府并以我个人的名义向你，并通过你向××州政府和××先生的家人，表示深切的哀悼。

中国××省省长（签字）

一九九×年×月×日×于××

对外函件例二：通知

××国驻××总领事馆：

我办根据我国有关部门的决定，现通知贵总领馆如下事项：

×××××××××××××。

顺致崇高的敬意。

（××省外办印）

一九××年×月×日于××

便函例一：婉拒

亲爱的×××先生：

蒙您邀请我参加圣诞晚会，甚为感谢。因我近日身体不适，不能前往，特致歉意。

祝您愉快。

×××（签字）

一九××年×月×日于××

备忘录例一：对外表态

××国总理致××国总理×××的备忘录

一、中国政府欢迎并且支持一九××年×月×日至×日在××举行的××××会议为促进中×两国解决××问题所作的努力。

二、××××××××××××。

以上两点只在中×双方官员会晤以前和会晤期间有效，不影响双方官员在会晤中提出的其他建议和作出的最后决定。

一九××年×月×日于××

注：此件是作为照会附件发出的备忘录。

备忘录例二：陈述意见

备忘录

根据××州政府关于签订××××协定的建议，××省政府表示同意进行签订该项协定的谈判。

××省政府的意见，在××××协定中应包括下列各款：

××××……

……

当然上述各款可按双方愿望补充或变更。

请将上述事宜转达贵州政府。

一九××年×月×日于××

注：此件为面交备忘录

电报例一：贺电

×××（日本×县首府名称）

×××县知事×××阁下：

欣闻阁下连任贵县知事之际，我谨向阁下表示祝贺。

祝贵县在阁下的领导下繁荣昌盛，人民幸福。

中国××省人民政府省长×××

一九××年×月×日于××

电报例二：慰问电

×××（州首府名称）

×××州长××阁下：

惊悉阁下因车祸负伤，谨向阁下表示诚挚的慰问。

中国××省人民政府省长×××

一九××年×月×日于××

电报例三：祝寿

××××（日本县首府名称）

××县日中友好协会会长×××先生：

在您××岁寿诞之际，我代表××省人民对外友好协会，并以我个人的名义，向您表示衷心的祝贺。

祝您健康长寿。

中国××省人民对外友好协会会长×××

一九××年×月×日于××

二、私人书信

在国际社交活动中，人们之间的交际、事务联系往往借助电话、电报、传真等现代通信技术，但鉴于费用、篇幅及涉及隐私等因素，书信往来仍然是进行对外联系的一种重要手段。在对外交往日趋频繁的今天，我们有必要准确地了解和掌握私人和事务两种书信的行文方法及书写格式。这里同步穿插介绍一些英文书信的常用套语。

私人书信是指那些涉及私事，告知自己近况的家信，以及亲戚、朋友、熟人之间的互通情况保持联系的信件。它包括约会、介绍、邀请、接受邀请、婉拒、感谢、问候、祝贺、送礼、送别和告别、唁函（电）等。

（一）私人书信的格式

私人书信通常由下列五部分组成：信头（含发信人地址、发信日期）、称呼（对收信人的尊称）、正文（发信人要说的内容）、结尾（发信人对收信人的谦称或致敬语）和签名（发信人姓名签字）。如下图所示。

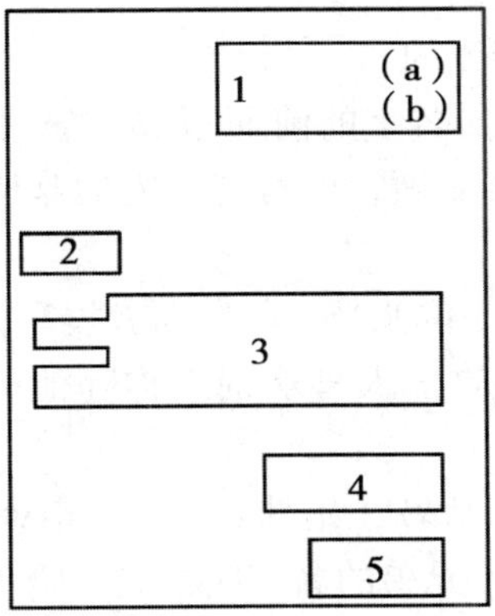

注：
1.信头
a.发信人地址
b.××日期
2.称呼
3.正文
4.结尾
5.签名

（二）私人书信的写作要求

1．信头

信头位于信笺的右上角（如上图），包括发信人地址和发信日期，通常是以写信人自己的地点开头。给好友、熟人的信，可以不写地址，只写日期。有的信笺上已经印好地址，就不必再写。

信纸上的地址写法应与信封上的写法一样，每一行末应该用逗号，在最后一行的末尾用句号。每行末也可不用标点，但行中省（州）名与国名、省名与市、县名之间，均需用逗号。

在地址下面紧接着写日期，信首日期须按 July 1st，1995 或 15th July，1995 的写法。7/15/95 或 7 – 15 – 95 之类的写法不用在信头，只可用在信的正文部分。年份之前须有逗号。

2. 称呼

称呼是对收信人的尊称语，通常写在信纸的左边，在信头下面半英寸左右的地方。在私人书信中，除了 Mr、Mrs、Miss 等称号外，熟人和亲友之间通常以教名（或昵称）相称。下面是私人书信中常用的称呼（接亲密程度顺序排列）：

Dear Anna	亲爱的安娜
My Dear Anna	我亲爱的安娜
Dearest Anna	最亲爱的安娜
My Dearest Anna	我最亲爱的安娜
My Dearest	我最亲爱的
Darling Anna	亲爱的安娜（夫妻之间的称呼）
My Darling	我亲爱的
My very own darling	我最亲爱的

写给同龄的友人，通常在朋友名字的前面冠以“亲爱的”或“我亲爱的”。如果你朋友的姓名是鲍伯·威廉，就写“亲爱的鲍伯”或“我亲爱的鲍伯”。

写给长者或熟人，比如是给一位亚当·戴维斯教授写信，恰当的称呼是“亲爱的戴维斯教授”。不过要是收信人喜欢别人称呼他的名字，你也可以写“亲爱的亚当”。

写给兄弟、姐妹或堂（表）兄弟（姐妹），在“亲爱的”之后加上他（她）的名字。假如你的堂（表）兄弟的名字叫亨利·哈里森，那就写“亲爱的亨利”。

写给家庭中比你年长的其他成员，如你的父母、祖父母、叔叔、姑妈等，就写亲属关系的名称，如“亲爱的妈妈”“亲爱的叔叔”等等。

3. 正文

信的正文应该在称呼下面一行开始，信纸的左边要留有一英寸左右的空白。私人写信话题广泛，可不拘形式，语言随意。

4. 结尾

私人书信中的结尾套语通常是几个常用的词或词组，接在信的正文下面。结尾的第一个词应该大写，最后一个词的后面有逗号。不同的结尾套语将取决于发信人和收信人的亲密程度。

私人书信中一般常用的结尾语是：

With best wishes，致以最良好的祝愿

All the best，但愿诸事如意

With kind regards，致以亲切的问候

With kindest regards，顺致最亲切的问候

Kind regards，此致亲切的问候

With all good wishes，祝万事顺利

Best regards，顺致敬意

All my love，致以衷心的爱

With undying love，但愿友谊长存

Yours，你的朋友

Yours ever，你的莫逆之交

Ever yours，你的莫逆之交

Yours as ever，永恒的朋友

Yours sincerely，你忠实的朋友，你真诚的

Your devoted friend，你的挚友

Sincerely yours，忠实于你的，你的忠诚的

Yours very sincerely，你最忠诚的朋友，你最忠诚的

Yours affectionately，你的亲密的

Love，爱你的

5. 签名

在结尾下面空开一点，略偏右的地方签上姓名。如果是打字的，习惯上仍需亲笔签名。私人书信一般只签教名。当然，不太熟悉的人之间也有签全名的。在私人书信中，写信人为了表示对收信人的亲密和尊重，一般不应将自己的职务或职衔写上。

三、事务书信

事务书信是指涉及各种事务问题、联系商洽工作的信件。这种书信的格式和写作要求比较严格，要特别慎重对待。

（一）事务书信的格式

事务书信通常由下面七部分组成：信头、收信人名称和地址、称呼、正文、结尾套语、签署及其他。另外，有的事务书信还有下列项目：投递说明、收件人或注意事项、事由、备查、抄送说明。

（二）事务书信的写作要求

1. 信头

信头位于信纸的中上方，印有包括公司名称、地址、电话号码、传真号、电报挂号，以及公司负责人的姓名等。信头的设计要美观、简洁。

如临时打印信头，则寄信人的名称和地址，应打在信纸的右上角，位于日期上面。正式函件只在第一页信纸印上或打上信头，其他续页可用空白信纸，只需写上页码、收信人名称及日期即可。

2. 日期

事务书信的日期不可漏写。日期应打在信头下四至六行的右方，或在寄信人地址的下方。月份最好不要使用略字，也不可用数字来代表，必须完整地写出来。有两种写法：英式为 19th April，1995；美式 April 19，1995。英式写法日期在先，月份在后，而美式则相反。如全部使用数字表示日期，容易引起误解，应避免使用。

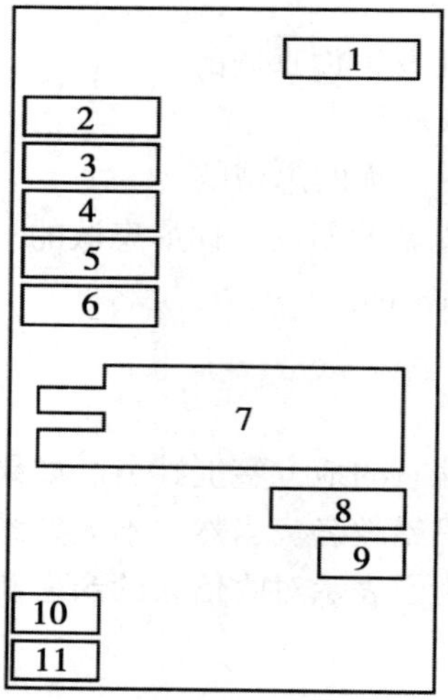

1.信头
2.投递说明
3.收信人地址
4.注意事项
5.称呼
6.事由
7.正文
8.结尾套语
9.签字
10.附件
11.抄送说明

3. 收信人名称及地址

信内名称、地址仍应重写一次，并与信封上的收信人名称、地址一样。通常打在信纸的左边，低于日期二三行，也有打在信末端左边，在签名下二至四行处。

收信人的单位名称如何排列，应严格按收信人所定的方式，出于礼貌和准确性，切勿擅自更改。

敬语的用法及略写也有一定习惯。比如，Mr（Mister）冠于男子姓氏前。Messrs（Messiears）是英语 Mr 的复数，相当于 Gentlemen，不含人名而冠以定冠词 the 的公司名称，均不用 Messrs。在英国，如公司行号含人名时，多用 Messrs。例如：Messrs Lake Kane&Co，Ltd；Mrs. 为已婚女子，则在后面写其夫姓，Mrs Judd；Miss 为未婚女子，其复数为 Misses；Dr（Doctor）冠于博士姓名前；Rev（Reverend）用于神职人员姓名前，可加定冠词 the。另外还有市长、内阁部长、议员、大使、法官姓名前用 Hon，总统、总经理、会长、大学校长的姓名前用 Pres，教授姓名前用 Prof。

信内地址写法，英美格式差别较大。美式写法：门牌号前没有 No. 字样，后面也没有逗号，而英式写法则相反。如：

Mr Clark Cooper

No. 8，Queen Victoria Street

London，E. C. 2

England

注：E. C. 2 指伦敦东区 2。

4．称谓

事务书信中的称谓应是礼貌称呼。公文中常用较正式的礼貌称呼：Sirs。公司行号等商业书信多用 Dear sirs，英国人在其后还要加上逗号；美国人多数用 Gentleman 称呼公司行号，但仅限于复数，在其后用冒号，Gentleman 和 Dear Gentleman 根本不用。当收信人只有职称而无姓名时，不能单独用单数 Sir，而要在 Sir 前面加上 Dear，即 Dear Sir。也可写上姓，如“Dear Sir Lewes：”。

5．正文

正文就是信的内容、主体。正文在称谓下两行开始，顶端书写（不像中文信要空两格）；段落之间空双行。正文的文字不要太长，尤其是头尾两段，一定要简短一些。正文在打字时，普通纸占用信纸的四分之三位置，两边及信纸上方要留有适当的边缘，下方的空白要更大。左边边缘垂直整齐，右边则尽可能整齐。

6．结尾套语

结尾套语相当于中文书信信末的“××敬上”等词。通常紧贴信文最后一行下一两行书写，并加逗号。较常见的有：Yours truly，Yours very truly，Truly yours，Very truly yours，Yours faithfully，Faithfully yours。如果收信人是个人，则可用：Yours sincerely，Sincerely yours。

7. 签署

签署就是签上发信人的姓名。因是代表笔者，所以其形体和写法应保持固定。签名最好用钢笔。署名必须难以模仿又要清晰易解。为便于辨认，一般事务书信，常在结尾语下面空五行处签名，然后将发信人的姓名用打字形式打出，也有将其职衔一道打出的。其签署格式和规则如下：

签名者代表公司、行号名义时，应在结尾套语下方打出全部大写的单位名称，然后签署。

女性签名时，为便于回信人正确使用称呼，应在打字的姓名前加注（Miss 或 Mrs）。

当负责人不在而由经办人员代签名时，要加上 by、for 或 perpro 字样。

8. 其他事项

其他事项包括注意事项、事由、备查、附件、附言等。

注意事项（Attention，缩写：Attn），这是发信人要求特定的人注意时用的，谓指“请某人亲阅”“请某人注意”。通常放在信内“姓名及地址”下面，或与称谓同一行的右边。

事由（Subject），其作用是便于收信人迅速了解信的主要内容，它位于正文的上方，以提醒阅信人注意。

备查，为明确责任，便于日后查考，在信纸下端写上发信人和打字员姓名的第一个字母。其排列方式很多，发信人的姓名缩写要大写并要排在前面。

附件（Enclosure，缩写为 Encl），在“发信人及打字员姓名首字”下面，应附注表明有几个附件，以方便收信人查点。如：Encl.：One check（指附有一张支票）；Encl，a/s（指附件如信中所述，a/s 即 As stated）。

附言（Postscript 的缩写 P. S.）。“附言”要用得合理，一般情况下不要用。如附言的主体与信文分开时，或信文写完后，又有新情况而又必须通知对方时，才能使用。它通常用 P. S. 开头，写在信的最后一行，附件下一行处。

四、私人书信和事务书信的区别

事务书信通常是打字，一式两份，正本寄予对方，副本留底；私人书信则一般用手写，以示亲切，但也有打字的。

在称呼上，事务书信除了较熟悉的业务往来可以用 Mr 或 Miss 外，通常称呼：Dear Sir，Dear Madam，Mesdames（缩写为 Mmes.），Gentlemen，Ladies and Gentlemen；私人书信则除了 Mr，Mrs，Miss 外，熟人和亲人之间通常以教名（或昵称）相称。

在签字习惯上，事务书信一般签全名，而且须用打字机在手签的名字下面打上签字人姓名，以便辨认；私人书信则一般签教名，但不太熟悉的人之间则签全名。

（一）约会书信的写法

约会书信行文必须婉转、恳切和有礼。要强调如约会给对方带来不便，则可推迟或取消。文字则要简短，只需简单说明请求安排约会的理由，并提出一个合适的时间和地点，请求对方同意。

接到约会书信后应及时回复。复信有两种：一是同意安排约会，可对约会时间或地点要求商榷；二是拒绝安排约会。为不伤害对方感情，语气要婉转，说明不能赴约的理由，否则容易失礼。

（二）介绍信的写法

介绍信分为两种：私人介绍信、正式介绍信。

私人介绍信是写信人向亲友介绍第三者，语气亲切随便，格式随意。

正式介绍信则是写信人因公把自己的同事或业务关系介绍给某单位或个人。这类介绍信，语言、格式较规范严谨，篇幅宜简洁。一般有以下内容：

（1）简单介绍一下被介绍人身份、情况；

（2）说明事由，并要求对方给予被介绍人某种帮助；

（3）对对方的帮助预作感谢；

（4）如对方是老朋友或老关系，可附带询问工作近况或问候一下对方。

两种介绍信既可邮寄，也可由被介绍人面交。

（三）请帖和邀请书的写法

在国际交往中，我们常会碰到写请帖或邀请信的情况。如邀请外国朋友出席宴会、酒会和某项仪式等较正式的活动。而邀请出席非正式场合则一般通过面邀或电话等口头方式。

请帖的格式较固定，没有信头、称呼和结尾套语，甚至没有签名。可在印好的帖子上用手填写或打字。如要求被邀请人回复，则应在请贴上注明 R. S. V. P. 字样（此系法语 Respondz Sil Vous Plait 的缩写，意为“请答复”）。也有用 please reply 或 Regrets only 字样的。如果对被邀请人在着装方面有所要求，应注明 Formal（着礼服）或 Informal（着便服）。

邀请信一般较简短，但要写得热情，并把有关邀请事项（如邀请对象、活动时间、地点）交代清楚，以免出差错。主要内容如下：

（1）向被邀请人表示一下简短的问候；

（2）请对方出席什么活动及邀请原因；

（3）活动的具体安排；

（4）如有必要，请对方确认能否参加。

（四）接受邀请书信的写法

受邀请时及时答复，是起码的礼节。复信要写得热情、诚恳、简洁。对正式邀请，通常用第三人称答复，不用签名，文字简短；对非正式邀请，作书面答复时，通常用第一人称，要签名，而且要有一个较大段落，或分成几小段。包括：

（1）感谢对方的邀请；

（2）愉快地接受对方的邀请；

（3）表示期待应邀赴约的心情。

（五）婉拒（邀请）书信的写法

这种书信总的要求是要写得简洁明了而婉转，不给人被拒绝的感觉。对于正式邀请的谢绝，一般用第三人称写，或由秘书代写，不必签字；对于非正式邀请的谢绝，一般由第一人称写，并要签名。其内容包括：

（1）首先感谢对方盛情邀请，并对不能应邀赴约表示遗憾；

（2）再简单陈述不能应邀的理由；

（3）最后表示相信今后一定会有机会见面，或向邀请人致以问候。

（六）感谢信的写法

在应邀赴宴、收到礼品或得到帮助之后，出于惯例和礼貌，应及时给对方写一封感谢信。

感谢信不必过长，或说得过分，否则会使人觉得言不由衷，但也不能太简单，否则使人觉得缺乏诚意。当你对对方不甚满意时，出于礼貌，还是要写信感谢，使对方不至于太难堪。其内容包括：

（1）对对方提供的帮助、给予的接待或赠送的礼品表示衷心感谢；

（2）说明对方的帮助所起的作用或表达对赠送的礼品的喜爱；

（3）再次表示感谢或问候对方。

（七）问候健康书信的写法

这类书信用于当亲友身体不适时，写信表示问候。要求写得简短，但要表达真挚的关切之情。其内容包括：

（1）对对方患病表示同情；

（2）表示愿在某些方面尽力提供帮助；

（3）祝对方早日恢复健康。

被问候人一般应亲自或请自己的亲人及时回信，表示感谢。

（八）节日问候、祝贺和送礼书信的写法

在对外交往中，每逢圣诞节、新年等节日或生日、婚礼等场合，我们应及时给外国朋友写信问候、祝贺或赠送礼品。这类书信可分为正式和私人两种。前者用词较拘谨，常使用客套语；后者则用词亲切，带有个人感情色彩。写信时要写得生动适当，既要防止夸张，又要防止呆板。其内容包括：

（1）说明问候、祝贺或送礼的原因；

（2）如系赠礼，应说明是何礼品，已于何时寄送出；

（3）向对方表示衷心祝贺。

送礼人应及时回信表示感谢。

（九）送别、告别书信的写法

当和外国朋友要分别时，有时常用书信形式，为对方送别或向对方告别。写这类书信时，要亲切热情，可口语化一些，尤其是私人朋友之间，更要写得活泼动情，富有感情色彩。正式告别则用词严谨，格式也要规范。内容包括：

（1）表示惜别之情；

（2）回顾以往相处时的合作成果和建立的友谊；

（3）向对方表示良好的祝愿。

（十）唁电（函）写法

唁电（函）分为私人和正式两类。在写法上其共同点是：只限于哀悼，不涉及其他内容。措词须表达出对死者的尊敬和悲痛的心情。内容简单明了直接，防止累赘。

但私人和正式唁电（函）也有区别，如私人唁电（函）侧重表达个人真实情感和伤感色彩，口语化一些；而正式唁电（函）则较庄重，格式较严谨，语言较规范。

在结构上，只需一个段落，篇幅要短。其内容包括：

（1）提及某人逝世，并表示沉痛心情；

（2）简述死者个人品格、贡献；

（3）对死者亲人表示慰问。

对唁电（函）一般应给予简单答复，包括确认收到唁电（函），对对方的哀悼和同情表示感谢。

处理电话的礼仪和原则

1876年3月10日，亚历山大·葛兰罕·贝尔（Alexander Graham Bell）打了全世界第一个电话。而现在在某些城市电话甚至比人还多。不管你从事什么行业，在公司里担任什么职务，你会发现，大家都在利用电话联系事情，几乎达到50%以上。

使用电话的最大问题是你没有办法利用办公室的大小、脸上的笑容或穿着来加深对方对你的印象。对方只能从两个线索对你产生印象——你的态度与声音。只打过一次电话到你办公室的人，将会利用这个电话揣测出你办公室九成的样子。你相信吗？通话者可由电话中判断出你是否愉快、是否睡眠充足，甚至当时的你是否坐得很直。因此，如何适当地使用电话便显得相当重要。

一、接听电话的基本礼仪

（一）坐直，深呼吸，微笑

美国数据（AT&T）公司曾经用“微笑的声音”来做广告，但现在这种声音已经很少听到了。不要觉得在电话里微笑是件愚蠢的事——当你微笑时，声音听起来完全不一样。世上再也没有比和一个带着真诚、自发性微笑的人谈话更愉快的事。

（二）准备好一小张纸和笔

除非你是在开车或走路，否则最好在你打电话之前先准备好一小张纸和笔。以便你在接听电话时记下谈话要点或传达给其他单位。

（三）电话响第三声前接听

很快接听电话会让打电话的人觉得你很重视他的时间，而且不希望让他久等。当你手边正在忙其他事情时，请你记住一点，打电话的人没有办法知道你正在做什么，他们只知道电话没人接听。迅速接听电话可以为你公司及你自己建立起良好的声誉。

（四）立刻告知自己的身份

甚至在自己车上或使用无线电话时也不例外。在公司里，你必须马上报上自己的部门及姓名，如“业务部，我是杜小姐！”“业务部，我是杜美丽！”前者较正式，后者则比较不正式。直接告诉对方自己的身份就不必费疑猜，并可节省时间。最好通话者也自己表明身份，省得接听者还要问对方是谁。如果对方没有告诉你他的姓名，而你却告知你是谁时，可以减少敌对的气氛。

（五）语调应谦恭有礼、友善、专业、热心而柔和

电话礼节的守则其实和商场礼节是一样的：使用好礼貌、发出好的音质、尊敬善待每个人，并且推敲你所说的话。在电话中与人交谈就如同在办公室谈话一般。实际上，外国许多企业招聘秘书，其中最重要一个条件是声音悦耳。当然，对于许多嗓音不足的人，不能强人所难，但力争做到口齿清晰，这并不难。打电话时，你应自然发声，嘴要离开话筒约一小手指的距离。

（六）专心

通话者不应该需要和别的事竞争来引起你的注意，不要边吃东西或喝饮料边听电话，甚至批评经过身边的人。如果有事先预约的访客上门时，请马上结束电话交谈或请对方保留电话，直到招呼好来访的客人后再接听。如果你真的必须分身来照顾其他事，请向通话者解释并请他们稍候，并按电话保留。千万不要用手握住听筒，因为这种举动不但粗鲁而且对方一样会听到。

（七）必要时才转电话

转电话前必须先问清楚对方的需求并解释原因。转电话是处理电话应对最微妙的环节。如果有人打电话来，电话一转再转，马上就会转掉他对该公司的好感。如果你能当场处理就立即解决，千万不要告诉打电话的人说这不是你的工作。下面提供一个例子供您参考。“对不起！李先生，这方面的事我并不很清楚，我会转给财务部李小姐，请你直接和她沟通。”不要只说“对不起！”就不再管它了。另外，如果打电话来的人工作也很忙，并不愿意久等，你就告诉来电者说：“好的！我会转告李小姐回您电话。”

（八）如果必须空出电话线，则须向对方解释并尽快回电

“李先生，我现在找不到您需要的资料，是否请你留下可以联络到你的电话号码，只要一找到，我将会马上回电。”当有电话进来而你必须保留线上电话去接听时，请向第一个通话者道歉并让他知道你会马上回来：“是否请你稍候一会儿？我必须接听另一个电话。”立刻向第二个通话者说明你尚有另一通电话，请他或她稍等，你会马上接听。更好的办法是告诉第二个通话者，你会稍候再回电。通常应该优先处理先进来的电话，除非第二个非常紧急需要亲自处理。当你回电时，不要忘了感谢别人不厌其烦的等候。

（九）对别人讲话必须有反应

就算你只是说“是的”“我了解”“我同意”，最少会让对方觉得电话这头的人还在听他讲话。

（十）尽量减少其他声音

虽然这端收音机的声音不会困扰你，但对另一端的人可能是相当大的干扰。

（十一）愉快地结束对话

“我很高兴和你讲话，李先生。”“李先生，谢谢你花时间和我谈话，希望能很快和你见面。”让打电话进来的人先挂上电话，以便确定他确实已经讲完了。

二、遇到这类电话怎么办

有时你会处理一些并不是和你一样训练有素、懂得谦恭的人打来的电话，打这些麻烦电话的人，通常可分为以下几种类型，在此提供几个应对方法。

（1）一心二用型：和你通电话的人同时又在和别人讲话。应付这样的人，可以建议他在不忙时和你见面再谈，或要求他们重复刚刚说的话：“杜太太，我这里听得并不很清楚，听起来你好像也正在和其他人说话！”

（2）顾左右而言他型：当他们避重就轻时，你可以直接切入主题：“李先生，你心里到底想什么？我要如何才能帮你忙？”

（3）喋喋不休型：立刻打断他的话：“对不起，张太太，我不认为这件事我能帮什么忙，但听起来应该和我们的业务部有关，请你稍等，我帮你转业务部李小姐。”（这将打破先前说过的规则，可是有时候某些状况不得不这样做。）

（4）反复陈述型：马上说：“鲁先生，容我对你刚才所讲的做个总结，如果有遗漏或错误的地方，请随时更正或补充。”

三、如何过滤电话

在今天这种商业社会里，几乎所有决策者都会请公司员工代接电话。这种做法通常会令人感到决策者遥不可及，员工都处在警觉状态中。

因为过滤电话的做法，可能会引起打电话者的反感，因此你必须更圆滑老练地应付。告知他们要找的人不在或无法接听电话前，若只是单纯问对方说：“你是哪位？”可能会激怒对方，如果他们要找的人在，但要先知道对方是谁时，试着用较委婉的口气说：“是的，他在，我是否可以告诉他谁打电话找他？”或许他只接听某些人电话时，你可以说：“他现在离开座位，是否请你留下姓名及电话号码，我会请他回电。”但如果把电话号码及姓名告诉他时，而他未回电，这种行为也颇没礼貌，等于告诉打电话来的人，他们不是什么重要的人物。

如果他们要找的人正好外出，不必向他们解释他的去处。只要这样回答即可：“张经理刚好离开座位。我是马丽，很乐意为你服务。”不要让打电话来的人知道某人出差出国，除非他们两人很熟。这样做的原因是：第一，某人去哪里不关他们的事；第二，你可能正在告诉一个陌生人他家正在唱空城计。

回话时也别太深入私人问题："很抱歉，他现在正在洗手间"或"很抱歉，她刚生完小孩，有点手忙脚乱，可能要离开一阵子"或"不，李先生刚离婚，今天心情不好"不要觉得好笑，以上的例子经常发生在我们的身边。

避免使用"他还没进来"或"她已经离开几天"等话，这样会让对方感觉不管任何时间打来，要找的人永远"不在"。

当你留言时，最好能包含对方姓名、电话号码、公司名称、对方职位，或其他任何有助于了解对方打电话的目的的蛛丝马迹。能做完整留言的人，对任何组织都会有重大贡献。

你可以要求你的经理提供一份不需过滤的名单——家人、朋友、事务代理人等，作为你的行事依据。最好每天早上先请教经理他在等谁的电话，这些电话必须马上接通，并要求主管明白告知什么情形属于紧急事件，可以转进去。

当然，你应该听得出常打电话来的人的声音，这时候，你可以不必再问对方是谁，有什么事，只要直接告诉上司是谁打来的即可。

如果上司指示你事先查明来电者来意时，你可以说："我是不是可以告诉张副总你找他什么事?"或者说："抱歉，罗先生，张副总现在不在，请告诉我有什么事，或许我帮得上忙?"

如果你温文尔雅地请教别人问题，相信对方也会很有礼貌地回答。但偶尔也会碰上一些不礼貌的人不愿回答你的问题。遇到这种情况也不必生气，只要当做你在做分内的工作就好了。如果上司指示你要记录来电者的姓名，你就有权利及义务坚持来电者必须呈报姓名。你可以提醒他们你只是在执行任务："很抱歉，如果你不留下姓名，张副总根本不会接听电话的。"

假如来电者仅仅通报自己姓名而拒绝告诉你打电话的目的时，你比较好的反应应该是"很抱歉，除非让他知道你来电的目的，否则他不会接听电话的。"不要让这些强大的压力把你吓坏了，反而变得粗野无礼。记住，如果来电者真有很重要的事，一定会告诉你他的目的。

四、打电话及回电的礼仪

不管你自己或替别人打电话或回电话，有些基本要点须切记：

（1）自己拨电话。有些人喜欢请人代拨号码，等接通后再保留转接，这种行为很不礼貌。如果你要给资深的工作者打电话，你必须在电话这端等候直到上司接听，虽然你也可能先请秘书代拨，但仍须自己等候。如果是和公司以外的人通电话，则更须如此了。但当你很忙时，请你的秘书代拨是可被接受的，但在要找接听之前，就应该电话这端等候了。

（2）记得回电。如果你没有这样做的话，你已经触怒了打电话给你的人，而且这件事将被宣传开来。

（3）每个电话都有目的。

（4）上班时间才打电话。大部分人并不喜欢在家里接到谈公事的电话。

（5）周详规划电话联系事宜。确知你应该谈话的对象，最好不要在对方正准备外出或很忙时联系，应该在适当的时间里见机行事。确定你拨对号码，假使拨错号码，应该诚恳地道歉。顺口问对方“这里是什么号码?”则是很不好的行为，最好能以另一种方式问：“请问这里是 2345678 吗?”

如果对方使用答录机接听电话时，请留下完整的信息，而且最好留下自己的电话号码，以便对方回电时不需花时间找电话号码。除此之外，最好也留下日期和时间，以利对方判断这个留言是否在通话前就录进来了。

（6）有礼貌地回应过滤电话的人。你可能有多次无法直接和本人通话的经验，但不要觉得沮丧，每个人都曾有过这种经验。此时先向接电话的人解释你的来意，如果事情紧急也可告诉他。大部分的秘书或助理具有高度判断力来处理它，且会对你有很大帮助。如果你真的想知道对方是谁，试着换一种热诚的方式：“我是李娟娟，我可以请教你的名字吗?”

（7）有礼貌地向通话者问好，并立刻说明自己的身份及打电话的目的。甚至是打电话给自己的好朋友——当电话铃响起，你的朋友前去接听时，心里也许正想着别的事，不论你是第一次或第十次打电话给某人，都同样要告诉对方你的名字。如果你使用移动电话，可明白告诉对方，因为大部分人都知道移动电话费用很高，通常都会优先接听。

（8）长话短说。每个人都重视办公时间，如果你的电话需花费很长的时间，当对方接听后应立刻请教他是否有时间讨论，如果没有时间，先约定时间再打来。假如你打某人的移动电话，更要长话短说，只讨论最重要的事情。

（9）假使你打给对方而未联络上，对方回电你又没接到，你需回电。

（10）徐徐挂上话筒。谈话最后要让电话那端的人听到自己名字：“再见，李小姐”后才挂断，不要在对方耳朵边摔听筒，好像用力把门摔在某人鼻子上一样。

（11）时间急迫时请利用传真机。虽然办公室里的传真机不是用来送信或当电话使用。如果你需要把信息传给好几个人，无论如何，别指望对方收到后会帮你复印给别人，最好传送给每一个需要的人。使用传真时记得不要用铅笔记或红笔做记号，因为无法传得很清楚。不要把你的原稿当做备份来传送。传送到法院的文件，必须合法并易于装订。